미움받는 식물들

미움받는 식물들

아직 쓸모를 발견하지 못한
꽃과 풀에 대하여

존 카디너 지음 * 강유리 옮김

윌북

추천의 글

*
*
*

무언가를 연구한다는 것은, 그 대상을 지키고 보존하기 위한 목적인 경우가 많다. 나 역시 식물을 보존하기 위해 그림으로 기록한다. 그러나 이 책의 저자는 다른 운명을 지녔다. 사람들에게 부정당하는 식물, 없애야 하는 식물을 연구하는 것이 저자의 일이다.

식물이라고 하면 떠올리는 이미지가 있다. 언제나 다정하고 우리에게 위안을 주는 감상의 대상이라는 것이다. 그래서 식물책의 제목에 '미움'이 들어가는 것조차 이색적이라고 느끼는 사람도 있을 것이다. 그러나 저자는 식물, 더불어 '잡초'와 '잡초다움'이란 것도 고정된 개념이 아니라고 말한다.

이 책에는 세상에 부정당하는 대상을 연구하는 이의 단호함과 단단함, 그리고 냉담과 환멸이 있다. 나는 그런 저자를 응원한다. 그의 냉담은 식물을 여성의 신체에 비유하는 습관, 식물에 관해 잘못된 정보를 공유해온 산업계, 감상의 대상으로만 생물을 바라봐온 사회를 향해 있다. 페이지를 넘길수록 여느 식물책에서 느끼지 못한 공감과 희열의 감정을 느꼈다. 내가 꼭 하고 싶었던 말을 이 책의 저자가 하고 있다.

이소영_식물세밀화가, 원예학 연구자

『미움받는 식물들』은 문명을 잠식한 여덟 가지 잡초를 중심으로 잡초의 역사, 계보, 인간과 잡초의 관계에 관한 독특한 관점을 제시한다. 멸시받는 민들레, 한때 가치 있었던 어저귀, 과소평가된 망초, 불멸의 비름에 관한 글을 통해 존 카디너는 그 잡초들의 시작이 어떠했고 현대에 들어와 어떻게 멸시받게 되었는지 이야기를 풀어나간다. 식물의 가치를 진정으로 이해하는 사람이라면 즐겁게 음미할 만한 이야기들이다.

윌리엄 S. 커란_펜실베이니아주립대학교 식물과학과 명예교수

인간과 잡초의 '길고 지속적인 관계'를 탐구한, 전문가적 식견이 돋보이는 책. 흡입력 있고 매혹적이다.

《퍼블리셔스 위클리Publisher's Weekly》

예리한 분석력으로 식물과 역사의 얽히고설킨 이야기를 하나하나 풀어주는 여덟 개의 타래. 친숙한가 하면 낯설기도 한 여러 잡초를 만나보게 될 것이다.

《네이처Nature》

존 카디너는 자전적 일화와 역사적 사건을 날줄과 씨줄처럼 엮어

내고 식물의 생리에 관한 명쾌한 설명을 곁들이면서 현재 잡초 혹은 '미움받는 식물'로 여겨지는 여덟 가지 식물의 진화에 인간이 어떻게 관여했는지 놀라운 시나리오를 제안한다. 농업과 생태학에 관심 있는 이들이라면 카디너가 재치 있게 풀어낸 잡초의 역사를 즐겁게 읽고, 이 식물들을 좀 더 존중해야 하는 이유와 그 방법을 곰곰이 생각해보게 될 것이다.

《초이스Choice》

존 카디너는 이 책에서 여덟 가지 잡초에 관한 개인적인 일화를 폭넓은 연구 결과와 버무려내면서 매우 유연하고 포괄적인 방식으로 다양한 주제를 다룬다. 식물학, 생태학, 진화생물학, 농업의 영역을 넘나드는 이 책은 흔히 잡초라고 일컬어지는 '부적격 식물'과 인간의 복잡하고 뒤얽힌 관계를 매혹적이고 이해하기 쉬운 이야기로 전달한다.

《이코노믹 보타니Economic Botany》

*

제임스와 앤젤리나,

그리고 뒤따른 모든 이에게

차례

머리말

*
*
*

나는 농학 중에서도 가장 흥미로운 분야에서 일한다. 바로 잡초에 관한 일이다. 남들이 난초를 기르듯 잡초를 재배하며, 잡초를 살피러 돌아다니고, 시들어가는 잡초의 곁을 지키기도 한다.

지난 30년 동안 오하이오주립대학교 우스터 캠퍼스의 오하이오 농업연구개발센터OARDC, Ohio Agricultural Research and Development Center에서 잡초 연구와 교육을 해왔다. 그전에는 조지아주 티프턴의 미농무부USDA에서 근무하면서 잡초라는 주제에 관해 탐구했다.

오랜 시간 잡초를(그리고 잡초 때문에 걱정하고 좌절하고 짜증 난 사람들을) 관찰하다 보니 잡초에 관한 생각이 달라졌다. 잡초와 인간의 상호작용이 보이게 된 것이다. 또한 잡초가 자연, 정원 가꾸기, 음식 등에 대한 우리의 신념, 태도, 행동과 깊숙이 얽혀 있다는 사실을 깨달았다. 이 책에서 나는 인류의 삶에 끼어든 잡초에 대해, 그리고 잡초와 인간의 길고 복잡한 관계를 탐구해보고자 한다.

이 책은 여덟 가지 잡초(혹은 잡초 무리)를 중심으로 구성했다. 이 잡초들은 인간과 식물이 서로 반응하며 일어난 '잡초화化'의 여덟 가지 방식을 각각 대표하는 잡초들이다. 이 책을 쓰면서 나 역시 잡초화의 공범임을 점점 더 깊이 깨닫게 되었다.

각 장에 실린 내용은 공식적으로 발표된 연구 결과뿐 아니라 학자, 정원사, 자연 관찰자, 역사책 독자인 내 개인적인 의견을 바탕으로 한다. 직접 겪은 일을 서술할 때는 사건에 대한 내 해석을 따랐다. 관련자에 대한 기록과 자료를 토대로, 듣고 이해한 대화 내용을 되살리고자 최선을 다했지만 일부 인명과 지명은 변경했고 두어 개는 꾸며내었다. 인용한 대화는 정확한 문구가 아니더라도 내가 기억하는 의미를 최대한 담아낸 것이다. 발생한 일의 본질이 달라지지 않는 선에서 좀 더 매끄러운 이야기 전달을 위해 사건의 순서를 조정하기도 했다.

잡초에 대해 설명하기 위해 진화생물학, 유전학, 식물 생식을 아우르는 기초적인 생물학 지식을 동원했다. 또한 잡초를 죽이려고 쓰는 제초제의 원리를 설명하고 제초제를 뿌려도 왜 잡초가 계속 나는지도 설명했다. 잡초와 제초제에 관해 읽다 보면 식물에 관한 과학을 이해하는 것보다, 식물을 상대하는 인간을 이해하는 것이 더 어렵다는 것을 깨닫게 될 것이다.

잡초라는 식물에 대하여

*
*
*

우리 시대의 많은 문제가 잡초와 뒤얽혀 있다. 건강, 부동산 가격, 밥상에 올릴 음식에 관한 개인적인 걱정부터 먹거리 문제, 환경오염, 기후 위기 같은 중대한 이슈조차 이 미움받는 식물들과 상당한 연관성이 있다. 따라서 잡초에 관한 책은 당신과 나에 관한 책이자 자연과 인간의 관계에 관한 책이다.

인간이 잡초와 얽히게 된 역사는 수천 년 전으로 거슬러 올라간다. 인간은 특정 식물에게 진화하기 좋은 조건을 만들어주었고, 기회를 잡은 식물은 널리 퍼지고 끈질기게 살아남아 문제를 일으켜왔다. 인간은 잡초라 불리는 식물의 전 세계적인 확산에 이바지해왔다. 골칫거리 식물의 존재에 인간이 지극히 인간답게 반응한 결과, 골칫거리 식물에게 유리한 조건이 형성되었고 이들이 존재감을 과시하게 되었다.

나는 이 책에서 인간과 식물이 영향을 주고받으며 쌓아온 상호작용의 역사를 보여주고자 한다. 어떤 식물은 인간이 그 식물에게 유리한 방식으로 반응해준 덕분에 성공적인 잡초가 되었다. 평범하고 눈에 띄지 않던 식물들이 생존에 유리한 형질을 유전받아 생태학적으로 성공하고 잡초의 특징이 강한 유전자를 전 세계에 전파했다. 이는 식물 혼자의 힘으로는 할 수 없는 일이다. 인간은 본의 아니게 식물의 특정 형질이 진화하고 살아남는 방향으로 선택압selection pressure 다양한 형질 중 환경에 적합한 형질이 선택되도록 하는 압력˚옮긴이을 행사했다. 그리고 원치 않는 식물이 자라나는 것을 본 사람들은 환경에 대한 태도를 수정하기에 이르렀다. 그 결과, 잡초와 인간은 공진화coevolutionary 한 종이 진화하면 관련된 다른 종도 함께 진화하는 현상˚옮긴이를 일으키며 닮게 되었다. 식물은 인간 없이 잡초가 될 수 없고, 인간은 잡초 없이 지금의 인류가 될 수 없었다는 뜻이다.

나는 각기 다른 '잡초의 역사'를 보여주는 여덟 가지 잡초를 골랐다.[1] 민들레는 인간의 인식과 사회적 관념이 변하면서 잡초가 되었다.[1] 어저귀는 미국 건국의 발자취 속에 생물의 힘을 무시한 기업가들의 헛발질이 더해져 골칫거리 식물이 되었다. 기름골은 작물이기도 한 잡초인데, 쌍둥이인 추파와는 달리 빈곤과 방치의 종이 되는 길을 택했다. 미국 남부를 대표하는 플로리다 베가위드는 노예 상인과 기회를 좇아 미국에 발을 디딘 사람들, 끈끈한 꼬투리 덕분에 의도치 않게 씨앗이 퍼졌다. 눈에 띄지 않던 망초는 유전공학의 발달에 따라 제초제 저항성을 획득하면서 예상치 못한 잠재력을 뽐내게 되었다. 비름은 똑같은 실수를 반복하는 인간의 성향 덕분에 성공적인 잡초가 되었다. 돼지풀은 전쟁과 경제개발의 여파를 타고 강변에서 농경지로 진출했고 전 세계로 전파되었으며 기후변화 속의 오염된 토양에서 잘 자라는 능력을 발휘했다. 강아지풀은 제2차 세계대전 이후 농업의 확장으로 대평원에 진출할 길이 열리면서 주요 잡초가 되었다. 자연의 리듬에 관심을 기울이는 것만으로도 잡초를 예측하고 대처하는 것이 가능하다는 것을 알려주는 강아지풀은 인간과 잡초의 공존과 지구의 미래에 대해 힌트를 제시한다.

모든 잡초가 그렇듯이 이 여덟 종은 모순적이다. 혐오의 대상이자 흠모의 대상이고, 무용지물인 동시에 필수적인 작물이며, 뿌리 뽑아야 할 대상이면서 유용한 유전자원현재는 물론이고 미래의 농업 및 식량 생산에 유용한 유전적 소재로서 보존 가치가 있는 종자, 미생물, 곤충, 동물 등의 생물체를 총칭하며 넓게는 식물의 조직체, 꽃가루, DNA를 포함한다。옮긴이이다. 잡초는 식량, 노동, 자연과의 관계를 둘러싼 인간의 양가감정이 불러온 결과물이다. 잡초는 농부, 정원사, 식물 애호가, 정원을 가꾸는 사람들, 그리고 희망에 부풀어 씨앗을 심어본 모든 사람의 노력을 수포로 만들어버린다. 직접적인 방식으로든 드러나지 않는 방식으로든 잡초는 꽃과 과실을 즐기려는 모든 이를 힘겹게 한다. 북아메리카 교외 지역에서 잡초는 신경을 거스르는 존재로 여겨지고, 미국 중서부 농경지에서는 농사의 주적으로 취급된다. 가난과 싸우는 전 세계 농부들에게는 가족의 노동력 중 상당 부분을 들여야 하는 생존 과제다. 하지만 어떤 잡초는 아름답고 어떤 잡초는 실용적인 쓰임이 있으며, 생태계 기능에 중대한 역할을 하는 잡초도 많다.

혼란을 더하는 또 하나의 요인은 '경작cultivate'이라는 단어의 모순된 개념이다. 꽃이나 작물을 경작한다는 것은 심고 돌본다는 뜻이다. 하지만 정작 경작을 시작하면 심는 일보다 잡초를 없애는 데 많은 시간을 들이게 된다. 경작의 또 다른 의미는 괭이나 경운기로 잡초를 제거한다는 뜻이다. 잡초는 경작해 없애야 할 대상이고, 작물은 경작해 길러야 할 대상이다. '경작'의 의미는 정반대지만 목표는 똑같다. 작물이 잘 자라날 수 있도록 잡초를 없애는 것이다. 잡초를 없애지 않고서는 작물을 키울 수 없고, 작물이 없다면 굳이 잡초를 없앨 필요가 없다.

잡초는 여전히 당혹스러운 대상으로 남아 있다. 밭이나 정원에서 낯선 식물을 발견하면 다음과 같은 궁금증이 터져 나오기 마련이다. '이 식물은 뭐지?', '어떻게 여기에 들어왔지?', '이 식물이 여기 있다는 것은 무슨 뜻이지?' 그리고 마침내 이런 의문이 든다. '이걸 어떻게 처리하지?' 한 녀석을 없애면 다른 녀석이 자라날 공간이 넓어질 뿐이다. 같은 자리에 십여 포기가 자라나기도 한다. 잡초를 통제하기 위해 발명된 도구들은 하나같이 이 성가신 녀석들을 부추기기만 해서 더 큰 피해를 유발하고 더 통제하기 어렵게 만들 뿐이다. 식물계의 깡패인 잡초는 언제나 승리한다. 어떻게 이럴 수가 있을까?

이러한 의문에 대한 답은, 그냥 두었으면 큰 영향을 미치지 않았을 하찮은 식물이 인간이라는 공범의 도움으로 잡초가 되기까지 거쳐온 길에 숨겨져 있다. 그 길은 잡초마다 다르지만 모두 식물의 진화가 인간의 행동과 뒤얽혀 발생했다는 공통점이 있다. 잡초는 동반자인 인간처럼 다른 개체의 희생을 담보로 자원을 차지하는 기회주의자다. 잡초는 유전적 변화를 통해 인간에게 저항하고, 인간은 잡초를 그럭저럭 견딜 만한 존재로 만들 기회에 저항한다는 차이만 있을 뿐, 잡초와 인간 모두 서로에게 저항해왔다. 하지만 어리석음을 과시하는 것은 인간뿐이다.

잡초란 무엇인가

잡초가 흥미로운 이유는 정의 내리기가 너무 어려워서이기도 하다. 잡초에 관한 책이나 수필은 물론 '잡초란 무엇인가'에 대한 철학적 논쟁도 유구하다. 하지만 정원을 가꿔본 사람이라면 누구나 한눈에 잡초를 알아본다. 농사를 짓는 사람이라면 누구나 잡초와 깊은 관계를 맺고 있다. 하지만 잡초에 대한 정의 대부분은 그다지 만족스럽지 않다.

잡초란 "장점이 아직 발견되지 않은 식물"이라는 랠프 월도 에머슨Ralph Waldo Emerson 19세기 미국의 초월주의 사상가·옮긴이의 경구에 사람들은 웃음을 터뜨린다.[2] 영리한 표현이 아닐 수 없다. 그러나 아주 흔하고 성가신 이 식물들이 요리, 의학, 일상생활에 두루 요긴하게 쓰였다는 사실은 수 세기 동안 잘 알려진 사실이다. 하지만 매년 수십억 달러의 방제 비용이 들어가는 오늘날의 교잡성, 다배수성, 제초제 저항성, 후생변형성 잡초는 초월주의자를 묵상에 잠기게 하거나 어린 시절에 소박한 기쁨을 주었던 식물이 아닐 가능성이 크다.

잡초는 "제자리를 벗어난 식물"이라는 옛 말을 만족스럽게 여기는 사람들도 있다.[3] 그러나 잡초는 자신에게 맞는 장소라면 어디든 자리를 잡고 번식하는 식물이다. 따로 정해진 자리는 없다. 잡초는 토양 교란, 화학 농법, 유전자변형 작물, 농약으로 인한 지하수 오염이 나타난 땅에서 자라는 경우가 많다. 사실 이 골칫덩어리 식물들은 인간이 없애려고 애쓰다 본의 아니게 적응을 도와준 결과 득세하게 되었다.

그보다 일반적인 잡초의 정의법은 다음과 같다. 우선 잡초를 없애야 하는 이유를 나열한다. 그리고 그 목록에 부합하는 식물을 잡초라고 정의한다. 가장 흔한 '잡초의 특성' 목록에는 쉬운 발아, 끈질긴 종자, 빠른 성장, 자가수분, 다량의 씨앗, 종자 산포 능력 등이 포함된다.[4] 이 중 몇 가지 특성을 충족해야 잡초로 인정받을 수 있는지는 아무도 모른다. 이런 특성이 전혀 없어도 잡초일 수 있는지, 아니면 모든 특성이 있더라도 잡초가 아닐 수 있는지 누구도 모른다. 진정한 잡초는 그러한 범주화를 거부한다. 어떤 사람에게 잡초인 식물이 다른 사람에게는 귀한 식물, 야생화나 약초일 수도 있다. 그래서 사람들이 잡초를 성가셔하고 짜증스러워할수록 내 직업 안정성은 높아진다.

나는 미국 연방대법관 포터 스튜어트Potter Stewart의 "딱 보면 안다1964년 음란물에 대한 법적 판단 기준을 언급하는 과정에서 쓴 표현이다。옮긴이"만큼 잡초에 잘 들어맞는 정의를 찾지 못했다. 애매한 정의지만 솔직하고 기능적이다. 식물은 인간의 가치 기준에 따라 잡초가 된다. 인간의 가치 기준이란 경제적 이익, 아름다움에 대한 인식, 사회규범 등을 의미한다. 바꾸어 말해, 어느 농부가 고부가가치 작물을 기르려고 거금을 투자했는데, 어느 순간 돌연변이 괴짜 식물이 밭에 들끓어 작물을 말려 죽이고 손쓸 수 없는 상태가 되었다면, 그 식물이 정말 잡초인지에 대한 어떠한 철학적 반추도 필요하지 않다. 문제의 괴짜 식물은 성행위나 신체 기능과 관계된, 생생하고 거칠고 상스러운 표현으로 정의될 가능성이 크다.

'잡초'라는 개념을 정의하기 어려운 이유는 '잡초'가 말 그대로 개념이기 때문이다. 달리 말해, 어느 식물이 사람들에게 혐오스럽게 여겨지면 잡초가 되는 것이다. 이 사회식물학적 순환 논리에서 식물 생리와 인간 문화는 서로 얽혀 있어서 분리할 수 없다. '잡초'를 정의하기 어려운 것은 그들이 우리와 너무 닮았기 때문인지도 모른다. 우리는 잡초에서 우리 자신의 모습을 본다. 인간은 공간을 잠식하고 자원을 독차지한다. 천성적으로 끼어들기 좋아하고 뻔뻔스러우며 경쟁심 많고 밉살스럽다. 어떤 사람들은 나쁜 냄새가 나고 어떤 사람들은 까탈스러우며 어떤 사람들은 못생겼다. 잡초도 비슷하다.

인간과 잡초는 역사적, 진화적으로 뒤엉키며 무관한 두 종 사이에 독특한 협력 관계를 구축했다. 나는 이 인간-식물 상호작용을 공진화의 관점에서 설명하는 것이 지나친 비약이라고 생각하지 않는다. 두 종이 상대방의 변화에 반응해가며 함께 진화해나가는 것이 바로 공진화다. 나는 순수한 기술적 정의를 조금 확장한 의미로 이 용어를 조심스럽게 사용하려고 한다. 공진화는 종간 상호작용 없이는 일어나지 않았을 변화를 가져온다. 마찬가지로, 인간과 잡초는 서로 돕고 부추기면서 상대가 없었으면 일어나지 않았을 행동, 적응, 생리, 유전적인 변화를 일으킨다. 게다가 잡초의 적응도가 높아지고 분포 범위가 넓어짐에 따라 인간의 태도와 기술과 행동도 변화해왔다.

잡초를 길들인다는 것

잡초라는 개념 자체는 누군가 잡초의 정의에 대해 고민하기 훨씬 전부터 존재했다. 고대인들은 나무 열매와 산딸기를 채집하러 다니다가 다른 식물이 없는 곳에서 유용한 식물이 더 잘 자란다는 사실을 눈치챘다. 유용한 식물은 다른 식물과 달리 식품, 약, 각종 재료로 활용할 수 있었다. 그에 반해, 유용한 식물을 훼방하는 식물도 있었다. 그러다 보니 인간의 의식 속에 '잡초'라는 개념이 생겨났다. 잡초는 단순히 과일과 열매를 수집할 때 피해야 할 식물이 아니라 의심스럽고 수수께끼 같은 존재가 되었다.[5]

잡초라는 개념이 탄생하자마자 '잡초 제거'라는 환상이 등장했다. 잡초를 제거하지 않고서는 새롭게 길들인 작물이 충분한 햇빛과 물과 양분을 얻을 수 없기 때문이다. 잡초를 제거해야 한다는 의무감으로, 자연을 통제하고 기술을 발명하려는 인간의 노력이 크게 확대되었다.

역사학자들은 인류 역사에서 가장 위대한 걸음(혹은 실수) 중 하나인 농업혁명에서 잡초의 역할을 간과해왔다. 학교에서 우리는 대략 1만 2000년 전에 세계의 몇몇 지역에서 영리한 인간들(주로 여성)이 식물을 재배하고 작물을 길들였다고 배웠다. 사람들은 방랑과 채집을 포기하고 몇 가지 식물과 동물을 선별해 정착 농업을 시작했다. 거기서부터 사회구조를 갖춘 시민사회가 등장했고, 교통체증과 소셜미디어 같은 문명의 다른 특징들도 뒤따랐다.

몇몇 저술가들은 밀과 감자 같은 식물의 야생 조상이 길들여진 시점에 정착 농업이 시작되었다고 주장해왔다. 이러한 식물은 밭을 일구고 씨를 뿌리고 수확하는 인간의 노력에 대한 대가로 맛 좋은 복합 탄수화물을 제공해주었다. 사람들이 이러한 식물의 씨앗(곧 유전자)을 전 세계로 가지고 다니며 번식시켰고, 이 식물들은 생태적 성공을 보장받았다. 이 관점에서는 인간이 작물을 길들인 것이라기보다 작물이 인간을 길들여 한곳에 자리를 잡고 정착 농업을 발명하도록 유인했다고 보는 편이 더 정확하다.[6]

하지만 이 이야기에는 숨겨진 주인공이 있다. 사실 인간의 정착과 문명을 초래한 것은 잡초였다. 초창기 농부들이 씨앗을 뿌리고 꺾꽂이를 해놓고 몇 달 뒤 돌아와 보니 밭에 자라나 있는 것은 수확할 작물이 아니라 잡초였다. 정착 생활을 하게 된 근본적인 요인은 밭에 쪼그려 앉아서 끊임없이 잡초를 제거해야 했기 때문이었다. 여기서부터 새로운 기술을 바탕으로 한 고대의 토양 경작 방법, 즉 구부러진 막대나 날카로운 돌을 사용해 잡초를 제거하는 '괭이 재배hoe culture'가 등장했다. 이러한 원시적인 도구들로 땅을 갈아서 잡초를 제거하고 작물을 잘 자라게 하면서 위대한 농업혁명의 시대가 찾아왔다.

사람들을 정착하게 하고, 밭에 지속적인 관심을 쏟도록 한 것은 작물이 아닌 잡초였다. 잡초가 인간을 길들인 것이다. 얌전하게 자라는 농작물과 달리, 잡초는 내키는 대로 싹을 틔우고, 농작물에 가야 할 양분을 빼앗았으며, 자기 씨앗을 인간이 거두어가도록 기회가 닿는 대로 씨앗을 퍼뜨려서 이익을 독차지했다. 잡초는 복합 탄수화물이나 영양 많은 열매를 내놓지 않고서도 인간을 길들였다.

인류 역사에서 정착 농업의 중요성은 아무리 강조해도 지나치지 않다. 여러 가지 면에서 정착 농업은 지금의 우리를 만들었다. 또한, 지금의 잡초가 만들어지도록 인간을 개입시켰다. 이후 약 1만 2000년 동안의 역사는 곧 잡초에 맞서 싸우는 인간의 이야기였다. 그리고 이 싸움을 통해 녹색 악당은 더욱 심술궂은 존재로 거듭났다. 잡초를 제거하려는 인간의 지속적인 노력을 견뎌낸 종과 유전형만 살아남았기 때문이다. 그 싸움은 지금도 계속되고 있다.

혁명에는 결과가 따른다

잡초 제거, 잡초 방제, 잡초 관리… 어떤 말로 부르든 이것은 위대한 농업혁명이 인간과 환경에 끼친 영향의 하나였다. 의도적인 식량 재배는 필연적으로 환경을 교란한다. 씨앗을 묻거나 덩이줄기를 수확하거나 잡초를 뽑아내려고 도구로 땅을 고를 때마다 환경 교란이 일어난다. 식용작물을 심고 돌보고 수확하기 위해 지금껏 발명된 모든 접근법은 우리의 바람과 달리 자연환경에 얼마간의 교란을 일으킨다. 흙을 일구거나 산딸기를 따거나 화석연료를 화로에 집어넣는 순간, 인간은 자연에 영향을 미친다.

정착 농업은 잡초 제거라는 새로운 과제를 던져주었다. 농경시대 이전에는 지도자와 추종자, 사냥꾼, 채집가, 약초꾼, 화살 제작자가 있었다. 농작물 재배가 시작되자 새로운 업무가 생겨났고, 특히 허리를 굽혀 잡초를 뽑고 파낼 사람이 필요해졌다. 작물과 가축 생산이 늘어나면서 한층 더 체계화된 도시가 등장했고 농경민족이 융성할 조건이 갖추어졌다. 한 가지만 제외하면 모든 게 완벽했다. 뙤약볕 아래 허리를 굽혀 잡초를 뽑고 파내는 일을 하려는 사람이 아무도 없었다는 것이다.

농업혁명 이후 작물 재배에 엄청난 인적 자원이 투입되었다. 잡초라는 궁지에 빠진 고대인들은 다시 한번 창의력을 발휘했다. 전쟁 통에 포로가 되거나 낙오된 사람들을 그냥 죽이는 대신, 그들에게 누구도 하고 싶어 하지 않는 일, 즉 허리를 굽혀 잡초를 뽑고 파내는 일을 시킨 것이다. 이렇게 해서 전 세계 거의 모든 문명에서 잡초 제거라는 고된 일은 노예가 된 사람들의 몫이 되었다.[7]

역사학자들은 농업 역사의 이 대목에서 잡초에 집중한 적이 없었다. 내가 알기로 역사를 연구하는 이유는 우리가 어떻게 해서 지금과 같은 난장판에 이르게 되었는지 알아내기 위해서다. 그런 면에서 잡초와 잡초 방제를 간과해서는 곤란하다. 원시의 덤불을 없애기 위해 인류 최초의 괭이가 흙을 건드린 순간 인류세(인류가 지구 환경에 큰 영향을 미쳤다고 정의되는 지질학적 시기)가 시작되었다. 인류세가 펼쳐짐에 따라 우리가 직면하게 된 여러 가지 환경적, 사회적 문제는 정착 농업의 시작과 잡초라는 불청객 식물의 등장으로 거슬러 올라갈 수 있다. 땅을 개간하고 불태우고 괭이로 파헤친 고대인들의 행위는 현대의 광범위한 토양 손실, 제초제로 인한 대기와 수질 오염의 예고편이었다. 잡초, 그리고 잡초를 괭이로 제거하는 사람에 대한 고대 인류의 태도는 아직도 사회 계층에 대한 선입견으로 남아 있다.

잡초는 우리를 다시 먼 옛날로 데려다 놓는다. 줄심기 농법고랑을 내고 모나 묘목 따위를 줄이 지게 심는 일ㆍ옮긴이에 강제로든 자의로든 투입되었던 노동력이 현대적인 기계와 제초제로 대체되었을 뿐이다. 농업혁명과 함께 시작된 사람과 식물의 상호작용은 이 책에서 다루는 잡초의 역사에 고스란히 반영되어 있다. 이러한 역사를 앎으로써 우리가 잡초의 공범자 역할에서 벗어나거나 우리의 운명이 달라질 수 있느냐는 또 다른 문제다. 모든 것은 우리가 자연과의 관계 속에서 자신의 위치를 이해하고 내리는 선택에 달려 있다.

인간은 잡초의 진화 파트너

우리는 잡초가 언제나 그 모습 그대로였을 거라고 여기는 경향이 있다. 정원이나 논밭에 심는 꽃, 과일, 작물은 매년 신품종이 출시되지만 잡초는 늘 똑같다고 생각한다. 하지만 사람들에게 미움받는 이 식물들은 아주 오랜 기간에 걸쳐 변화, 즉 진화해왔다.

농업의 발명으로 야생식물들은 새로운 상황에 직면했다. 농사로 인해 새로운 유형의 스트레스가 가해졌다. 소수의 야생종만이 매년 땅을 파헤치고 불태우고 개간하고 흙을 쌓아 올리고 괭이질을 반복하는 행위를 견디어낼 수 있었다. 이러한 소란을 견딜 수 없는 종들은 사람들 눈 밖으로 밀려났다. 결과적으로, 교란된 토양을 잘 견디거나 그런 환경에서 잘 자라는 식물들이 더 많은 공간과 자원을 차지하게 되었다. 간단한 농사법도 일부 종에게 유리하게 작용했다. 가령 비가 온 뒤 괭이로 땅을 고르는 행위는 알맞은 깊이에 자리해 있고 비를 맞으면 발아하는 씨앗에 유리했다. 다른 시기에 혹은 다른 방법으로 땅을 고르는 행위는 또 다른 식물에 유리했다. 그런가 하면 손으로 식물을 흙에서 뽑아내는 단순한 행위로 인해 매끄러운 줄기에 약한 뿌리가 단단히 붙은 종이 사라졌다. 그런 식물들은 쉽게 뽑혀서 내던져졌다. 결과적으로, 뿌리가 튼튼하거나 줄기가 잘 끊어지거나 줄기가 따끔따끔해서 손으로 붙잡기 곤란한 식물들이 남게 되었다. 농경 초창기의 농부들이 어떤 방법으로 잡초를 솎아내든, 일부 잡초는 꿋꿋이 살아남아 제거하기 쉬운 종을 대신했다.

최종적으로 밭에 남은 것은 뿌리가 튼튼하고 씨앗이 휴면하며 적절한 산포 기제를 갖춘 식물들이었다. 끈질긴 종만 살아남은 셈이다. 다른 작물을 재배하거나, 동물들이 밭에서 풀을 뜯거나, 누군가 밭을 갈 때마다, 환경에 적응한 침입자들이 살아남았다. 이처럼 인간이 유리한 조건을 형성할 때 그 기회를 잡을 수 있는 종들이 살아남았고, 잡초가 되었다.

농업이 정교해질수록 잡초도 정교해졌다. 농부들은 지난 1만 2000년 동안 괭이로 땅을 고르며 발전시켜온 경운 기술, 토양 비옥도 조절, 작물 경합, 관개, 수확을 포함한 여러 방법을 총동원해 잡초 궤멸 작전을 펼쳤다. 꽃, 정원, 곡물, 과수원, 잔디를 성장시키려면 잡초를 통제해야 했다. 기계적, 화학적, 유전적 조작의 속도가 빨라지면서 스트레스, 곧 선택압의 양상이 달라졌다. 식물의 진화는 적응을 잘하는 유전자를 선택함으로써 이루어진다. 오늘날 식물의 진화에 관한 가장 큰 선택압은 인간의 행동과 기술이다.

나는 농경지에 가장 잘 적응한 잡초가 더 강한 자손을 더 많이 내는 현상을 '농경선택agrestal selection'이라는 용어로 설명하려고 한다. 농경선택은 자연선택과 똑같이 이루어진다. 하지만 인간에 의해 변형, 통제된 농업 환경에서 이루어지기 때문에 '자연'은 아니다. 경운耕耘이나 제초제와 같은 선택압 또한 분명히 자연스러움과는 거리가 멀다. 그렇다고 새로운 식물 품종을 만들어내려고 의도적으로 식물을 선택하고 교배하는 인공선택과도 다르다.[8]

야생 상태를 표현하는 영어 'agrestal'은 원래 농경지에서 무성하게 자라는 식물을 가리킬 때 사용하는 단어다. 그러니까 농경선택은 새로운 잡초가 등장해 진화하는 과정에서 인간의 역할을 강조한 표현이다. 농경선택은 잡초의 진화를 부추긴다. 복잡한 종자 휴면, 비동시적 발아, 불규칙한 개화, 우발적인 종자 산포를 비롯해 현대 농업 환경에서 잘 살아남는 데 이로운 형질이 선택되고 유전되는 것이다. 농부와 정원사들은 농경선택으로 본의 아니게 잡초의 생태적 성공 확률을 높이는 데에 일조해왔다. 베어내고 갈아엎고 불태우는 등 잡초를 없애려는 온갖 시도를 견디어내는 유전자를 결과적으로 편애한 셈이다.

또한 농경선택은 똑같은 제초제를 반복 사용하는 행위가 어떻게 해서 가장 독하고 끈질긴 생물형의 진화로 이어지는지를 잘 설명해준다. 잡초 방제 전술이 효과적일수록 그러한 전술을 견디어내는 유전형에 대한 농경선택압이 커진다. 달리 말해, 잡초를 관리하려는 노력에 대응해 농경선택이 일어난다. 어떤 식물종은 그러한 노력을 상대적으로 잘 견디어내어 더 성공적으로 살아남고 번식한다. 인간의 행동에 맞선 이러한 식물의 진화 패턴은 이 책에서 설명할 모든 잡초의 역사에서 살펴볼 수 있다.

선택하는 자와 선택받는 자

잡초의 진화를 숫자로 설명하기는 어렵다. 몇천 종의 오차는 있을지 몰라도 꽃을 피우는 식물은 약 40만 종이다. 약 300종은 지역이나 시대에 따라 잡초로 분류된 적이 있다. 이 가운데 20여 종은 지역적 혹은 세계적으로 크게 성공한 유해 잡초다. 하지만 이들과 비슷한 형질은 야생에 숨어 있는 잡초 후보들 사이에서도 그리 드물지 않게 나타난다.

다른 각도에서 살펴보자. 타락사쿰속*Taraxacum*(민들레속) 안에는 수백에서 수천 가지 종이 있다. 이들을 나란히 놓고 보면 모두 비슷해 보인다. 톱니바퀴 모양의 잎이 로제트형장미처럼 잎이 둥글게 배열된 형태˚옮긴이으로 나 있고, 독특한 모양의 꽃이 피며, 솜털 달린 낙하산이 씨앗을 실어 나른다. 하지만 그 가운데 하나, 서양민들레만이 모든 대륙에서 악명 높은 잡초가 되었다. 마찬가지로, 세타리아속*Setaria*(강아지풀속)의 백여 종은 모두 뻣뻣한 털투성이 원추꽃차례꽃이 원뿔 모양으로 꽃대에 붙어 있는 모양˚옮긴이 안에 휴면 기간이 제각각인 씨앗이 담겨 있다. 하지만 그중 네다섯 종만이 잡초로 분류된다. 어째서 그렇게 많은 종 가운데서 그렇게 소수만 잡초가 되었을까?

이에 대한 해답은 인간이 잡초와 맺는 관계의 본질을 파고들어야만 찾을 수 있다. 식물의 진화는 DNA 차원의 화학적 변화를 통해 이루어지는 무감각한 프로세스다. 그러나 변이와 선택으로 이루어지는 위대한 혁명의 여명기에 잡초가 탄생해 현대의 잔디, 정원, 밭, 황무지에 적응하기까지의 과정이 마냥 초연하고 무감각하지만은 않았다. 이 미움받는 식물들과 우리는 깊은 관계를 쌓아왔다. 잡초 대부분이 처음에는 식품이나 약, 또는 관상용 등 유용한 식물로 사람들과 관계를 맺었다. 잡초들은 화려한 꽃, 덩굴성 줄기, 바람에 달그락거리는 삭seed capsule 씨를 싸고 있는 껍데기。옮긴이으로 인간의 호기심을 끌었다. 사람들은 그 식물을 채집하고 맛보고 동물에게 먹였으며 수확, 보관, 운송, 이식, 재배, 육성했다. 그리고 주변의 잡초를 뽑아주었다. 아직 잡초라 불리지 않았던 그 식물들은 그 아름다움이나 향이나 맛에 애착을 갖게 된 사람들과 더불어 번성했다.

그러다 어느 시점에 이르러 반전의 순간이 찾아왔다. 기대치가 충족되지 않은 것이다. 인간은 더 매력적이거나 맛있거나 유용한 다른 종을 찾아냈다. 관계가 예전 같지 않아졌지만, 잡초는 이미 인간이 활동하는 세계에 적합한 구조와 생리를 발전시킨 뒤였다. 자신을 밀어내는 인간이 늘어날수록 불청객이 된 잡초는 계속 인간 곁에 머물 방법을 찾아냈다.

어쨌거나 농업은 공적인 행위고 들, 정원, 잔디는 대중 앞에 드러나는 공간이다. 그래서 잡초는 공공 규범, 문화, 가치, 태도와 관련된 상징적 의미를 얻게 되었다. 농업은 또한 경제활동이다. 농사를 지으려면 한정된 자원을 효율적으로 활용해야 한다. 그러다 보니 잡초는 농업의 주요 관심사가 되었다. 잡초를 통제하는 일은 농부들에게 도움이 되고, 주주들을 기쁘게 했으며, 식품 가격을 낮게 유지해주었다. 어느 순간, 녹색 잎의 침입자들과 이를 통제하려는 노력은 모든 이의 삶에 영향을 미쳤다. 잡초는 이제 정원, 화단, 논밭, 공터에 난 그저 성가신 존재이기만 한 게 아니다. 잡초는 모든 농산물의 가격, 식료품점의 상품에 붙은 '비유전자변형non-GMO' 딱지, 알레르기를 일으키는 공기 중의 꽃가루, 이웃집 잔디밭에서 날아온 농약, 1킬로미터 밖에서 살포한 제초제 때문에 잎이 상한 과실수와 결부되었다.

본격적인 인류세에 접어든 지금, 잡초와 그 영향력은 정원과 들판에만 국한되지 않는다. 잡초는 전 세계로 퍼져 나가 유전자를 퍼뜨린다. 인간이 교란시킨 지구 전역으로 식물이 광범위하게 확산되는 현상은 생지화학적 상호작용biogeochemical interactions 생물·지질·화학적 상호작용. 유기체와 환경을 드나드는 화학 원소들의 순환을 지칭한다。옮긴이 이 크게 파괴되는 현상과 맞물려왔고, 이는 생태계의 지속 가능성을 떨어뜨려 인간을 포함한 많은 종의 생존을 직간접적으로 위협한다.

잡초가 인간에 의해 파괴된 환경에서 진화하게 되자, 농경선택이 영향을 미치기 시작했다. 하지만 이제 선택의 힘은 자연을 벗어났고 농업조차 벗어났다. 인류세라는 전 세계적인 선택압으로 인해 돼지풀 같은 잡초가 번성해 농업과 인류를 위협하고 있다.

더 깊은 본질

잡초는 나타나고 사라지기를 반복한다. 종이 달라질 뿐 아니라, 그 종이 잡초인지 아닌지도 때와 장소에 따라 계속 달라진다. '잡초'도 '잡초다움'도 고정된 것이 아니다. '잡초'에 대한 고정된 정의가 없거나, 어느 식물이 미움을 받아 마땅한지에 대한 합의가 없는 것은 놀라운 일이 아니다. 인간은 이 처치 곤란한 불한당을 만들고 파괴하는 일에 일조해왔다. 오늘날 농부나 정원사가 잡초라고 뽑아내는 식물들이 언제나 골칫거리였던 것은 아니다. 앞으로 이야기할 종 대부분은 한때 바람직하거나 적어도 무해한 존재로 여겨졌다. 일부는 관상, 의약, 요리 또는 다른 목적으로 환영을 받고 길러졌다. 반대로, 과거 농부들이 껄끄럽게 여겼던 잡초 가운데 오늘날에는 그다지 존재감 없는 종들도 있다. 심지어 어떤 종은 아예 찾아보기 힘들어졌다.

내가 즐겨 인용하는 사례는 1847년 윌리엄 달링턴William Darlington의 식물학 서적에 등장한다. 저자는 이 책에 북아메리카 농업에서 가장 심각하게 여겨지는 잡초들을 나열해놓았다. 그 목록에는 프랑스국화oxeye daisy, 베들레헴의별star-of-Bethlehem, 긴포꽃질경이bracted plantain가 포함되었다.[9] 마찬가지로, A.D. 셀비A.D. Selby가 쓴 『첫 오하이오 잡초서The First Ohio Weed Book』는 1897년 오하이오 농부들이 맞서야 할 가장 골치 아픈 식물 목록에 애기수영red sorrel을 올려놓

앗다.[10] 나는 많은 농부와 정원사에게 이 목록을 보여주었지만 대부분은 이런 잡초를 들어본 적도 없거나 문제로 여기지 않았다.

이유는 간단하다. 1800년대의 농경지에는 석회를 사용하지 않아서 토양이 산성이었다○오늘날에는 토양의 산도를 작물에 알맞게 맞추려고 알칼리분을 함유한 석회 비료를 사용한다○옮긴이. 그 시대의 작물 종자에는 산성에 강한 프랑스국화, 긴포꽃질경이, 애기수영 등의 씨앗이 섞여 있었다. 기계화되고 토양의 상태가 좋아졌으며 종자 세척이 효율적으로 이루어지는 현대의 정원사와 농부는 다른 잡초들을 상대하고 있다. 현대식 농법이 본의 아니게 다른 잡초들을 편애하기 때문이다. 미국 농부들이 오늘날 가장 골치 아프게 여기는 잡초는 망초, 큰키물대마, 긴이삭비름 등이다.[11] 달링턴이나 셀비가 유해한 잡초로 언급하지 않은 식물들이다. 사실 이런 종은 10년 전만해도 골치 아픈 잡초 목록 어디에도 이름을 올리지 않았다.

잡초는 시대뿐 아니라 문화권에 따라서도 달라진다. 나는 얼마전 아미시Amish 현대 기술과 문명을 거부하는 개신교 재세례파 계통의 자급자족 공동체○옮긴이 친구에게 가장 성가신 잡초가 무엇인지 물어보았다. 그는 품질 좋은 건초, 곡물, 채소를 길러내는 실력 있는 농부로, 짐수레용 말과 1800년대 농법으로 농사를 짓는다. 그는 오하이오 동부 구릉지대의 아미시 공동체에 가장 성가신 식물은 미나리아재비buttercup라고 했다. 이 식물은 말 방목장에서 자란다. 아무리 짧게 베어내도 살아남아서 잔디, 클로버 같은 말 먹이 식물과 경쟁한다는 것이다. 강아지풀과 비름도 나지만, 중장비 대신 말을 쓰는 아미시 농장에서는 문제가 되지 않는다고 했다.

이러한 사례는 잡초가 생물학적 경이인 동시에 사회, 문화, 심리적 현상임을 설명해준다. 원치 않는 식물을 '통제'하려는 사람들은 대부분 잡초의 본질은 무시하고 기술적인 해결책에 의존한다. 결과는 대부분 좌절로 끝나고, 잡초가 언제나 승리한다. 잡초의 본질을 이해하려면 인간의 태도와 행동을 살펴야 한다. 지금과 같은 접근법은 전 세계 농부들이 겪는 고충을 조금도 덜어주지 못한다. 다양한 각도에서 잡초를 이해하고 생물·문화적 역사를 인식해야만, 특정 식물이 어떻게 골칫거리 잡초가 되었으며 인간은 어떻게 행동해야 하는지를 알 수 있게 된다.

그렇게 잡초가 되었다

앞으로 설명할 여덟 가지 잡초는 인간과 잡초가 함께해온 공진화의 방식을 설명하기 위해 선별한 것이다. 여덟 가지 잡초는 모두 농경선택이 식물의 변화를 촉발했다는 것을 보여준다. 또한 인간이 좋은 의도에서 한 일이 반드시 좋은 결과로 이어지지는 않았으며, 오히려 평범하고 하찮은 식물에 과도한 의미를 부여해왔음을 보여준다. 교외의 민들레부터 전 세계에 퍼진 돼지풀까지 이 책에 실린 잡초의 이야기는 인간의 건강과 환경에 끼치는 잡초의 영향력이 커지는 방향으로 전개된다. 나는 식물에 대해서, 그리고 어쩌면 인간에 대해서도 희망을 담아, 잡초일 수도 있고 곡물일 수도 있으며 야생초일 수도 있는 볏과 식물의 하나인 강아지풀로 책을 마무리했다.

이 책은 잡초의 역사에서 인간의 역할에 집중한다. 나는 '잡초'라는 단어가 함의하는 나머지 반쪽의 행동에 관심을 갖고 잡초의 역사를 조망하려 노력해왔다. 인간과 잡초는 주변 조건에 적응하는 뛰어난 능력 때문에 생태학적 성공을 거둘 수 있었다. 다양한 환경에서 생존하는 능력은 유전적 변이, 구체적으로는 가소성 높은 유전자에서 비롯된 것이다. 인간은 언어를 사용하고 탐구하며 창조할 수 있는 큰 뇌를 가졌기에, 미래 세대를 위해 지구를 지키자고 집단의 선의에 호소할 수 있다. 아니면 우리가 할 수 있는 일을 무시하고 잡초처럼 비열한 본능에 의지해 탐욕을 채울 수도 있다.

인간의 역사와 교차하는 잡초의 역사에서 우리는 승자와 패자, 갈등, 불확실성을 목격할 수 있다. 역사는 해결책을 제시하지 않는다. 다만 우리가 어떻게 해서 오늘에 이르게 되었는지 보여줄 뿐이다. 이어지는 장들은 농부와 정원사들이 지금 우리를 괴롭히는 잡초들과 어떻게 해서 마주하게 되었는지, 잡초를 없애려는 화학적·유전학적 기술이 이렇게 발달했는데도 잡초가 끈질기게 살아남은 이유는 무엇인지, 특히 우리가 잡초의 생존과 진화에 어떻게 동참했는지 이야기한다. 우리는 여기서 교훈을 얻을 수도 있고 그냥 지나칠 수도 있다. 여기서 얻는 교훈은 이미 알고 있는 상식과 크게 다르지 않다. 환경과 생태계를 존중하고, 지구 구성원끼리 서로를 조금 더 존중하는 방식으로 살아가야 한다는 것이다. 보잘것없는 식물 공범들과 인간의 상호작용에 관한 이야기를 통해, 그동안 제대로 인식하지 못했던 현대적인 삶이 초래한 결과를 탐구해볼 수 있기를 바란다. 또한, 이러한 이야기들이 진화생물학에 관한 흥미를 불러일으키고 과학에 조금 더 친근하게 다가가는 데 도움이 되기를 바란다. 더 깊이 이해할수록 삶을 영위하고 음식을 먹고 자연을 즐길 때 더 나은 선택을 내리게 될 것이다.

서양 민들레

학명 타락사쿰 오피키날레 *Taraxacum officinale*

원산지 유럽	**잡초가 된 시기** 19~20세기
생존 전략 납작하게 엎드려 살아남기	**발생 장소** 미국 교외 주택의 정원

특징 심리적인 이유로 잡초가 된 꽃

이 식물을 특별히 싫어하는 사람 정원을 소유한 미국 중산층

인간의 대응 수단 얼음송곳과 황산, 2,4-D 등 유독한 제초제

생김새 뿌리가 깊고, 줄기는 없다. 잎은 뿌리에서 로제타형으로 난다.
꽃은 노란색이며, 솜털이 붙은 하얀 씨앗은 둥글게 모여 난다.

민들레

1980년대 후반, 나는 어린 시절에 살던 오하이오주로 돌아와 잡초를 연구하고 교육하는 일을 맡게 되었다. 오하이오는 예로부터 많은 사람이 물길과 육로로 이동하면서 다양한 잡초를 퍼뜨린 교차로였다. 오하이오에 들어온 이주자들이 구불구불한 언덕과 푸르른 평야에서 찾고자 했던 희망은 산업과 농업으로 오대호와 미시시피강 유역이 오염되면서 퇴색되었다. 내가 자라난 쿠야호가강 유역의 산업 단지 화재는 미국에서 환경 운동이 시작된 중요한 이유 중 하나였다. 그러더니 이번에는 제초제가 공기와 수질을 오염시키고 있었다. 나는 '침묵의 봄' 세대『침묵의 봄』은 미국의 해양생물학자 레이철 카슨이 1962년에 펴낸 환경 서적으로, 제목은 독성이 강한 살충제에 의해 새가 사라진 조용한 봄을 의미한다。옮긴이로, 보다 안전하게 농작물을 기르는 방법을 찾아야 한다고 생각해왔다. 잡초를 연구하게 된 이

유도 그 때문이었다.

잡초를 연구하는 사람이 왔다는 소문이 일대에 퍼지자, 방문객들이 찾아오기 시작했다. 농부들은 몇 시간 동안 차를 몰고 와서 잡초로 인한 고충을 털어놓았다. 자동차 좌석 밑에 3주 동안 보관해둔 표본도 보여주었다. 농부들은 구원을 청하는 듯한 표정으로 꽃가루 날리는 잡초 다발을 내밀었다. 나는 밀밭에 퍼지고 있다는 정체불명의 잡초나 주택 마당을 넘어 집을 '접수'하고 있다는 몹쓸 식물에 관한 이야기를 흥미롭게 경청했다.

봄부터 가을까지 서양민들레*Taraxacum officinale*에 대한 질문이 이어졌다. 노란 꽃과 불면 날아가는 솜털 씨앗 때문에 어린이들의 사랑을 받는 민들레는 동시에 어른들에게 가장 미움받는 식물이기도 하다. 민들레에 대한 감정이 이렇게 극단적이라니 도무지 이해가 되지 않았다.

사람들은 숲속의 덤불, 길가에 핀 꽃, 한철 활짝 피었다가 시드는 들꽃, 목초지의 야생화에 신경을 쓰지 않는다. 그런 식물들은 아무런 감정을 유발하지도 않고(어쩌면 기쁨을 유발할 수도 있다) 아무런 반응을 일으키지도 않는다(어쩌면 평온을 줄 수도 있다). 그러나 민들레는 그렇지 않다. 왜 이런 차이가 발생하는 걸까? 민들레는 경쟁적이거나 공격적이지 않으며 대놓고 밉살스럽지도 않다. 까끌까끌한 가시가 달린 것도 아니고 지독한 냄새를 풍기지도 않는다. 독성이 있거나 보기 흉하지도 않다. 밭을 망치는 잡초나 가축을 죽이는 독초, 농작물의 영양분을 빨아먹는 기생 잡초라면 사람들이 그렇게 미워하는 것도 이해된다. 하지만 민들레는 잔디밭의 틈새에

날 뿐이다. 이걸 잡초라고 불러야 할지도 애매하다.

주택에 사는 주민들이 진지한 얼굴로 민들레 표본을 가져왔을 때, 나는 그 식물이 실질적인 해를 입히거나, 누군가를 병들게 하거나, 생활에 방해가 되는지 묻지 않을 수 없었다. 하지만 "민들레와 공생할 방법을 알려주세요"라고 요청하는 경우는 한 번도 없었다. 사람들은 "이봐요, 이걸 죽이려면 뭘 뿌려야 되는지나 알려줘요"라고 말했다. 평평한 좌엽 rosette of leaves 장미꽃을 펼쳐놓은 듯한 잎 모양◦옮긴이에 둘러싸인 그 노란 꽃은 어찌 된 일인지 사람들의 지위나 체면을 자극하고 있었다. 사람들은 귀한 시간과 에너지와 자원을 투입해, 심지어 건강과 안전의 위험을 감수하고서라도 민들레를 없애고자 했다. 내가 보기에는 신경 쓸 필요 없는 꽃이었지만 다른 사람들의 눈에는 그렇지 않았다. 잡초를 연구하는 사람으로서 나는 그 이유를 꼭 알아내고 싶었다.

민들레와 인류의 만남

민들레는 해바라기, 국화를 비롯해 약 2만 3000종의 식물들을 아우르는 국화과 Asteraceae라는 거대한 과科에 속한다. 국화과는 6000만 년 전부터 3000만 년 전 남반구의 곤드와나 대륙석탄기부터 쥐라기에 걸쳐서 존재했다는 고대륙◦옮긴이에서 진화했다.[1] 국화과 식물들은 바람과 물을 타고 지구상의 모든 대륙으로 퍼지면서 성공적인 번식 시스템을 완성했다. 굵어진 줄기 끝에 다수의 작은 통상화 筒狀花 꽃차례의 안쪽 부분 즉, 씨앗이 맺히는 부분에 달리는 대롱 모양의 꽃◦옮

긴이가 빽빽하게 모여 있는 집단화composite flower였다. 이런 집단화
는 벌과 같은 수분 매개자들의 시선을 끌기에 용이하다. 성공적인
수분으로 많은 씨앗이 만들어지면 자손을 널리 퍼뜨릴 수 있다. 국
화과 중 한 무리는 히말라야 계곡에 자리를 잡았고, 수백만 년 후
타락사쿰속이 생겨났다. 이들이 서양민들레의 조상이다.[2]

민들레의 조상은 상대를 가리지 않고 교배했다. 수꽃의 꽃밥에
서 나온 꽃가루는 같은 개체의 암술머리는 물론 이웃 개체로도 날
아갔다. 한 식물의 유전자가 다른 식물의 유전자와 뒤섞여 수백만
가지의 조합을 만들어냈다. 모든 유전자 조합(유전형)은 일종의 유
전 실험으로, 진화와 생존에 적합한 형질을 시험하는 과정이었다.

한 유전자 조합의 성공으로 씨앗을 공기 중으로 운반하는 낙하
산 모양의 솜털이 만들어졌다. 관모pappus라고 알려진 이 솜털은
안으로 접혀서 집단화 안에 씨앗을 빽빽하게 보관한다. 그러다가
상승 기류가 불면 펼쳐져서 씨앗을 날려 보낸다. 관모의 공기역학
적인 구조 덕분에 씨앗은 토양에 잘 부착되게 비스듬하게 떨어진
다. 그리고 또 다른 유전자 실험의 성공으로, 속이 빈 줄기 형태의
화경scape 잎이 나지 않고 바로 꽃을 피우는 줄기·옮긴이이 탄생했다. 꽃줄
기는 유연해서 강한 바람에도 부러지지 않는다.

원시 민들레는 수백만 년 동안 방탕한 교배를 통해 2000종 이상
의 타락사쿰을 만들어냈다. 몇몇은 붉은 씨앗을, 다른 것들은 검정
씨앗을, 일부는 들쑥날쑥한 잎을, 다른 녀석들은 갈라진 잎을 발달
시켰다. 일부는 매우 추운 날씨에 살아남도록 적응했고, 일부는 사
막에서 생존하도록 적응했다. 이 뻔뻔스러울 만큼 왕성한 유전자

혼합 방식을 식물학자들은 이종교배라고 부른다. 다양한 장소로 퍼져 나가고 새로운 환경에 적응하여 번식한 종들 사이에서 활발하게 이용된 방법이었다.

2000만 년 동안 이종교배를 이용해 진화한 이후, 고대 민들레는 한계에 부딪혔다. 일부 종이 교배를 포기하다시피 한 것이다. 그들은 식물계에서 가장 우아한 번식 시스템을 마음껏 즐기다가 갑자기 그것을 내팽개쳤다. 이유는 아무도 모른다. 몇 차례의 돌연변이가 일어나면서 유전자 재조합과 실험에 (완전히는 아니라도) 거의 종지부를 찍었다. 그들이 대신 택한 것은 무수정생식apomixis이라는 방법이었다.

무수정생식을 이해하려면 식물의 일반적인 유성생식 패턴을 떠올려보는 것이 도움이 된다. 유성생식은 각 염색체가 두 개씩 있는 모세포 하나가 감수분열을 거치는 것으로 시작된다. 염색체는 쌍을 이루었다가 분열한다. DNA 조각이 이동하고 서로 교차하며 재조립된다. 감수분열의 결과 네 개의 딸세포가 만들어진다. 무엇보다 중요한 것은 DNA 일부가 뒤섞이고 뒤집히고 재편된다는 점이다. 감수분열 중 일어나는 이러한 DNA의 재조합으로 새로운 형질이 나타나고, 유전적 다양성의 근원이 된다.[3]

하지만 무수정생식을 하는 민들레는, 염색체가 쌍을 이루고 DNA를 교환하기 전에 감수분열이 중단된다. 감수분열 중단은 무수정생식이라는 뜻밖의 사건을 불러왔다. 무수정생식 민들레는 새로운 유전자 조합을 만들어낼 기회가 없다. 수정이라는 과정을 건너뛰고, 모체와 똑같은 유전자를 지닌 배아가 만들어진다. 공중으로 내보내는 씨앗은 본질상 자기 자신의 복제품이다.

감수분열이 없고 유전자 재배열이 이루어지지 않으며 새로운 유전형이 없다는 것은 다양한 환경에 적응할 가능성이 없다는 뜻이다. 기후변화에 살아남는다고 보장할 수 없다. 진화의 관점에서 무수정생식은 막다른 길과 같다. 다른 모든 식물과 마찬가지로 민들레는 햇빛, 물, 영양소 같은 한정된 자원을 놓고 경쟁한다. 생태적으로 성공하려면 진화를 통해 다양한 환경에 적응해야 한다. 그러나 무수정생식은 유전적 진보의 길을 막아버렸다. 장기적으로 생긴 갖가지 돌연변이가 고스란히 유전되어 스트레스 많은 환경에서 살아남을 능력이 떨어지게 된다.[4]

하지만 유전자 재조합 없이도 민들레는 태연하게 살아남았다. 그들의 생존 전략은 다른 식물이 점유하지 않은 좁은 땅에 씨앗을 떨구는 것이었다. 몸집이 작은 유묘幼苗는 천천히 자랐고, 높게 자라서 다른 식물 위로 그늘을 드리우는 법이 없었다. 그들은 빠른 속도로 키를 키워 햇빛을 가로채는 덥수룩하고 무성한 식물 밑에서 웅크리고 지냈다. 다년생식물인 민들레는 포복형 뿌리나 줄기로 널리 퍼지지도 않고, 많은 공간을 점유하지도 않으며, 더 유리한 장소를 모색하지도 않았다. 돌기나 가시, 뾰족한 끝도 없는 납작한 잎은 포식자들이 우스워할 정도로 힘없는 모양이었다.

그런데도 무수정생식 민들레는 진화의 아수라장에서 살아남았다. 그들로서는 다행스럽게도, 유전적으로 변이가 많은 개체에서 무수정생식이 시작된 상태였다. 낮은 빈도의 재조합만으로도 충분한 유전자 변이가 일어났고, 시간이 흐르면서 환경 스트레스로 돌연변이가 발생했다. 자신도 모르는 사이 민들레는 지구상에서 가장 널리 퍼진 식물 중 하나가 되었다. 민들레 입장에서는 운 좋게도, 빙하가 사라질 무렵 우연히 그 지역을 배회하던, 엄지손가락을 나머지 네 손가락과 맞댈 수 있으며 큰 뇌를 가진, 호기심 많은 이족 보행 인간이 민들레의 확산을 도왔다.

인류의 사랑을 받다

초기 인류는 민들레의 노란 꽃에 매력을 느꼈다. 부드러운 꽃을 만져보려고 몸을 굽혔고 공중으로 날아오르는 하얀 솜털 달린 씨앗을 보고 즐거워했다. 틀림없이 어린잎과 꽃을 맛보기도 했을 것이다. 인간은 홍적세 말(대략 1만 2000년 전)에 거의 모든 대륙으로 흩어진 상태였다. 이 무렵 민들레의 조상은 베링 육교해수면이 낮았던 빙하기 동안 아시아와 북아메리카 대륙을 연결했던 육로◦옮긴이를 건넜다.[5] 민들레는 손수 아시아에서 북아메리카까지 씨앗을 퍼뜨릴 필요가 없었다. 민들레의 매력에 빠진 인간이 사방으로 이동하면서 식물을 수집하고 자연계와 상호작용한 덕분에 우연히든 의도적으로든 씨앗이 널리 퍼졌다.

밀, 콩, 감자처럼 인간의 관심을 받은 다른 식물들과 달리 민들레는 당분과 단백질을 저장하지 않는다. 대신 민들레는 인간에게 몇 가지 변변찮은 자원을 제공했다. 어린잎은 쓸쓸하지만 먹을 만했으며, 비타민과 미네랄의 공급원이다. 꽃도 맛있지는 않지만 먹을 수는 있었다. 시간이 지나면서 민들레는 이뇨제와 변비약으로 알려지게 되었다. 이 미소한 쓰임새만으로도 인간은 민들레를 위해 기꺼이 땅을 일구고 경쟁자를 제거해주었고, 덕분에 민들레는 무성하게 성장하고 더 많은 씨앗을 날려 보낼 수 있었다. 민들레는 인류의 발자취를 따라 춤추는 떠돌이 식물이었다.

고대 중국 의사들은 민들레 뿌리와 잎을 약으로 사용했다. 그리스에서는 대지, 달, 저승 세계를 관장하는 여신 헤카테가 민들레 샐러드를 먹었다고 전해진다. 로마인들은 민들레를 채집해 음식과 약으로 사용했다. 유럽 전역에서 민들레 잎으로 스튜를 만들었다. 꽃을 빻아서 튀겨 먹었고, 뿌리를 말리고 갈아서 강장 음료를 만들었다. 켈트족은 민들레로 술을 담그기도 했다. 민들레는 중세 수도원과 병원에서 한자리를 차지했다. 수도사와 농민들은 밭에 민들레 씨앗을 심었으며 이를 돌보고 잡초를 뽑아주고 토끼와 사슴이 먹지 못하게 보호하면서 창조주를 칭송했다.[6]

민들레의 중요성은 언어에서도 드러난다.[7] 민들레의 영어 이름인 'dandelion'과 로망스어 명칭들은 'dent de leon' 즉, 사자의 이빨이라는 뜻이다. 이 이름은 발달 중인 씨앗의 모양, 뿌리, 톱니 모양의 잎사귀 혹은 설상화舌狀花 혓바닥 모양의 꽃·옮긴이의 모양을 지칭하는 것일 수 있다. 고대 식물학의 아버지 테오프라스토스Theophrastos는 렌틸콩phake이 나오기 전에 난다고 해서 아파케aphake라고 불렀다. 고대 로마의 박물학자 대大플리니우스Plinius는 씨앗을 퍼뜨리는 모습에 착안해 오락가락한다는 뜻의 단어 'ambulo'에서 나온 암부베이아ambubeia라는 이름을 붙였다. 독일어로는 바람에 날리는 씨앗이라는 의미로 푸스테블루메Pusteblume(불면 날아가는 꽃)라고도 한다. 프랑스어 피상리_{pissenlit}(침대에 오줌 싸다)는 민들레의 이뇨 작용에 착안한 이름이다. 이탈리아인들은 지라솔레 데이 프라티_{girasole dei prati} 즉, 초원 해바라기라고 불렀다. 중국인들은 크고 튼튼한 곧은뿌리를 보고 포공영蒲公英 즉, 땅못이라고 불렀다.[8]

신세계에 정착하다

유라시아 대륙에 민들레가 자랄 만한 땅이 거의 찼을 무렵, 민들레에게는 고맙게도 유럽인이 북아메리카에 진출했다. 식민지 시대의 초기 정착민들은 데치거나 삶아 식용 혹은 약용으로 쓰기 위해 민들레를 가져왔다. 민들레가 메이플라워호1620년 영국 이민자 102명을 매사추세츠주 플리머스까지 수송한 선박。옮긴이에 실려 있었는지, 그렇지 않으면 어쩌다 앞치마 주머니에 담겨 왔는지, 그도 아니면 동물의 사료나 털, 배설물을 통해 의도치 않게 들어오게 되었는지에 관해서는 약간의 논쟁이 있다.[9] 어찌 됐든, 민들레는 아메리카 대륙에 상대적으로 늦게 들어왔다. 아메리카 원주민들은 먼 옛날 베링육교를 건너온 조상들 덕분에 이미 그 존재를 알고 있었을 것이다. 네덜란드, 독일, 프랑스, 영국에서 이민자들이 연이어 들어오면서 민들레도 함께 들어온 덕분에 아메리카 대륙에서 유전자 변이는 확실하게 보장되었다. 신대륙에 도착한 유럽인들은 정원에 민들레를 심고 가꾸었다. 1750년대 초에 뉴잉글랜드 지방미국 북동부의 매사추세츠, 코네티컷, 로드아일랜드, 버몬트, 메인, 뉴햄프셔 6개 주를 이르는 말。옮긴이을 여행한 페르 칼름Pehr Kalm 식물 분류학의 시조 칼 폰 린네의 수제자。옮긴이은 다음과 같이 전했다. "민들레가 목초지와 곡물밭 가장자리에 풍성하게 자랐다. … 어린잎이 돋아나기 시작하는 봄이 되면 프랑스인들은 민들레를 캐내고 뿌리를 잘라서 식초에 담가 샐러드를 만들어 먹었다."[10]

민들레는 유럽 이주민을 따라 서부로 이동했다. 민들레와 사람은 서로 협력해나갔다. 숲이 너무 높고 그늘져서 민들레가 자라기 어려운 곳에서는 이주민들이 거추장스러운 원시림을 베어내 민들레 씨앗이 자리 잡기 적합한 서식지를 마련해주었다. 초본식물이 너무 빽빽하게 자라 민들레가 자리를 잡을 수 없는 곳에서는 개척자들이 부지런히 대초원을 불태우고 말과 마차로 땅에 바퀴 자국을 내어 민들레를 위한 자리를 만들어주었다.

매력적인 외양과 약간의 식품 가치, 그리고 적당한 약용 가치로 민들레는 신세계 전역으로 퍼졌다. 미국인들은 민들레의 꾸준함을 칭송했고, 끈질김에 의존했으며, 쾌활한 매력을 사랑했다. 덕분에 민들레는 심기고 재배되고 길러질 수 있었다. 1800년대 무렵 민들레는 텃밭과 농산물 시장에서 흔히 볼 수 있는 작물이었다. 뉴잉글랜드 사람들은 구체적인 품종을 선택하고 이름 붙였으며, 종자 카탈로그를 통해 판매했다.

생전에 시인보다 정원사로 더 잘 알려졌던 에밀리 디킨슨Emily Dickinson도 1850년대부터 민들레를 향해 네 편의 헌시를 썼다.[11] 민들레는 원초적이고 순수한 매력으로 시인에게 사랑받았다. 하지만 민들레가 진정한 성공을 이루고, 생존과 확산을 보장받고, 최고 수준의 생태적 적합성을 확보하려면 미움의 대상이 되는 단계를 밟아야 했다.

인간의 변심

1960년대에 오하이오에서 자란 나는 집 주변 풀밭에 핀 노란 꽃에 그다지 관심을 두지 않았다. 척박한 식양토埴壤土를 개척해 만든 우리 집 마당에는 노란 민들레가 흰색과 분홍색 토끼풀, 보랏빛 제비꽃과 어우러져 피었다. 하지만 길 건너 앞집 잔디밭은 녹색 카펫처럼 말끔했다. 어느 여름날, 어머니는 우리에게 모종삽과 갈퀴 달린 농기구를 나누어주시고 앞마당의 민들레를 죄다 없애라고 지시하셨다. 갑자기 무엇 때문에 그러셨는지는 알 수 없다. 어머니는 남들을 따라 하려고 애쓰는 분이 아니었다. 하지만 여섯이나 되는 아이들을 집 밖으로 내보내는 데는 상당한 재능이 있으셨다. 어쨌든, 우리는 얼마 못 가 민들레 박멸은 무리라는 사실을 깨달았다. 민들레를 다 캐낸다는 건 불가능했다. 우리는 하는 수 없이 포기하고 집으로 들어가 손에 묻은 끈적이는 갈색 얼룩을 씻어내느라 애를 먹었다. 사실, 어머니도 민들레를 없애야 하는 이유를 딱히 설명하지 못하셨다.

잘 깎은 초록색 풀(일명 '잔디밭') 뒤로 자리 잡은 벽돌집의 이미지는 영국 신사 계급의 사유지 개념에서 유래했다는 사실을 우리가 알 리 없었다. 토머스 제퍼슨 역시 이 이미지에 사로잡혀 자신이 설립한 버지니아대학교에 잔디밭을 가꾸게 했다.[12] 미국 자유의 상징이라는 이 건국의 아버지는 흑인 노예들을 동원해 흙을 고르고 잔디밭을 가꿨다. 그 이후 미국인들은 넓고 탁 트인 초록색 잔디밭을 보면 부, 재산, 도덕성 등을 연상하게 되었다.

잡초가 너무 높이 자라면 위풍당당한 이미지를 풍길 수 없다. 그리고 풀이 너무 빽빽하거나 키가 크면 민들레가 자리를 잡을 수 없다. 민들레는 다른 식물이 자라지 않는 좁은 틈새, 잔디가 짓밟힌 구석, 낫으로 바짝 벤 자리를 이용하는 기회주의적인 식물이다. 위풍당당한 잔디밭과 민들레는 이른바 '기계 시대'에 이르러 공존하게 되었다. 미국 남부 지역에 조면기목화솜에서 씨앗을 분리하는 기계° 옮긴이가 보급되는 한편, 다른 지역에서는 잔디 깎는 기계가 (민들레 씨앗과 함께) 퍼져 나갔다. 무거운 릴 타입의 제초기가 처음 등장한 것은 1830년 무렵이다. 제초기를 쓰려면 잔디를 짤막한 길이로 유지해야 했다. 그 무거운 기계를 밀 수 있을 만큼 기운 센 사람들이 여름 뙤약볕 아래서 몇 시간이고 잔디를 깎았다. 덕분에 키 큰 풀과 광엽 초본이 만드는 그늘이 사라졌고, 민들레는 흠뻑 햇빛을 받고 더 자유롭게 씨앗을 퍼뜨릴 수 있게 되었다.

남북전쟁의 광기가 지나간 후, 미 대륙은 혼돈 속에 비틀거렸다. 예전의 생활을 회복하는 것은 불가능했다. 하지만 집 앞의 풀밭은 질서에 대한 욕구를 채우기에 적절한 장소였고, 그렇게 해서 짧고 고르게 깎인 초록색 잔디밭은 미국 가정의 필수 요소가 되었다.[13] 시간이 흘러 흠잡을 데 없이 손질된 잔디밭, 그러니까 녹색 풀이 짧고 반듯하게 우거져 마치 스포츠머리를 한 군인들이 차렷 자세로 늘어선 모습을 연상시키는 잔디밭의 개념이 익숙해졌다. 그러면서 미국인들은 노란 꽃의 존재에 대해 다시 생각하게 되었다. 바람에 퍼지는 민들레 씨앗이 예전처럼 매력적으로 보이지 않았다. 디킨슨의 사랑스럽던 "꽃의 함성", 기분 좋았던 "태양의 선포"는 단지 겨울이 끝났으니 고된 잡초 뽑기의 계절이 도래했음을 알리는 신호로 전락했다. 롱펠로가 노래하던 '노란 머릿결의 아가씨'는 "변하고 하얗게 덮여… 그의 시야에서 영원히 사라져버렸다."[14]

　미국인들은 민들레 때문에 이제껏 생각도 해본 적 없는 행동을 했다. 여성과 아이들로 이루어진 모임에서 살림이나 친목 활동은 뒷전으로 제쳐두고 몇 시간씩 무릎 꿇고 앉아 특수하게 제작된 칼이나 도구를 사용해 잔디밭에서 민들레를 잘라내기 시작한 것이다. 하지만 민들레는 수관樹冠 줄기·잎·꽃 등 지표면 위로 드러난 식물의 구조•옮긴이 밑의 뿌리 조직이 남아 있으면 다시 자라날 수 있다. 민들레 수관 하나를 자르는 행위는 성장을 자극할 뿐이었다. 좌엽이 하나 있었던 자리에 둘 이상의 좌엽이 생겼다. 공구 제작자들은 씨가 생기기 전에 꽃을 잘라내는 특수한 모양의 갈퀴를 발명했다. 일꾼들은 한낮의 태양 아래 잔디밭을 오가며 꽃을 베어냈다. 갈퀴에 찢긴 그 모양새가 꽃보다 아름답다고 하기는 어려웠다.

　민들레는 무수정생식종이 동원할 수 있는 수단으로 인간에게 대응했다. 과거에 획득해둔 낮은 수준의 유전자 변이를 최대한 활용한 것이다. 결국 잔디밭이라는 환경에 가장 적합한 유전형이 살아남고 번식했다. 잔디에 적응한 개체들은 똑같이 복제한 씨앗을 다른 잔디밭으로 날려 보냈다. 민들레는 또한 개별 식물에 내재되어 있던 가소성을 이용해 주변 환경에 맞게 성장을 조절했다. 특별한 모양의 갈퀴로 꽃을 자르자 꽃줄기를 더 짧게 만들어 지표면 가까이에서 꽃을 피웠다. 그럼으로써 갈퀴가 닿는 것을 피하고 키 큰 꽃줄기를 만드는 데 썼던 에너지를 절약했다. 절약한 에너지를 이용해 꽃과 씨앗과 뿌리를 더 많이 만들었다.

민들레 조상들은 수백만 년에 걸쳐 씨앗을 널리 퍼뜨리도록 관모를 진화시켰다. 하지만 릴 타입 제초기가 회전식 제초기로 대체되어 민들레 씨앗을 잔디밭 전체에 뿌리기까지는 수십 년밖에 걸리지 않았다. 회전 칼날에 경량 엔진이 연결된 회전식 제초기는 민들레 씨앗을 훨씬 균일하게 퍼뜨려주었다. 잔디를 바짝 깎는 이웃이 늘어날수록 민들레가 뻗어나갈 공간이 늘어났다.

민들레는 인간을 이용했다. 인간은 나무를 베어내고, 똑같이 생긴 주택 용지를 만들기 위해 땅을 개간했으며, 풀을 길들였다. 이런 활동은 민들레 유묘가 햇빛과 영양분을 더 많이 흡수하는 데에 도움이 되었다. 민들레는 태양 에너지를 여분의 잎사귀, 더 깊은 뿌리, 더 많은 씨앗으로 전환했다. 일부 인간은 잔디의 정돈에 유난을 떨기 시작했다. 잔디를 더 짧게 더 자주 깎으면서 민들레를 베어내는 일에 집착했다. 민들레는 잎을 지표면에 납작하게 눕혀 칼날을 피했다. 아무리 깔끔을 떠는 사람이라도 강도 높은 제초 작업을 영원히 이어나갈 수 없었고, 풀을 베어낸 사이의 짧은 막간을 이용해 민들레는 빠르게 새 잎을 냈다.[15]

사람들은 수백 년 동안 풀과 나무를 불태워 농사를 지어왔다. 누군가 잔디의 순수성을 지키는 데 그 멋진 방법을 활용할 수 있겠다고 생각했다. 화염 방사기를 사용해볼 기회였다. 가스탱크를 끌고 다니다가 민들레가 보일 때마다 토치를 들이대기만 하면 됐다. 물론 화염에 잎을 잃은 민들레는, 지표면 밑에서 새 잎사귀를 올려보냈다. 그래도 사람들은 이 방식을 만족스러워했는데, 잡초가 화염방사기에 불타는 모습을 지켜볼 수 있었기 때문이다.

심장지대 정복

농지에서 민들레는 원래 목초지와 버려진 땅에서나 자라는 식물이었다. 그런데 1910년 무렵 농경에 말 대신 농기계가 이용되기 시작했다. 민들레는 트랙터가 닦아놓은 땅을 따라 북아메리카의 거의 모든 작물 생산지로 퍼져 나갔다. 경운기로 갈아엎은 토양의 면적이 극적으로 증가했고, 농작물과 가축이 뒤섞인 환경은 민들레의 확장에 이상적이었다. 건초밭이나 목초지로 3년간 둔 땅은 민들레의 침투 범위가 너무 넓어지고 씨앗이 너무 많이 퍼져서 옥수수로 돌려짓기할 때 방제가 거의 불가능했다.

1960년대에 토양 보존을 위해 경간(밭갈이)을 줄이는 새로운 농법이 개발되었다. 덕분에 민들레가 살아가기에 잔디밭보다 나은 환경이 만들어졌다. 땅을 덜 갈아엎으니 민들레는 뿌리를 더 깊게 내릴 수 있었다. 농부들은 다른 잡초를 없애주었고, 매년 비료를 뿌렸으며, 알맞은 시기에 작물을 거두어들여 민들레가 봄가을의 성장기 동안 충분히 햇빛을 받게 해주었다. 가을은 특히 민들레가 자라기 좋은 시기였다. 일조량이 넉넉한 긴 낮과 서늘한 기온은 광합성 효율을 높여 뿌리에 에너지를 비축할 수 있도록 도와주었다. 그렇게 함으로써 민들레는 겨울을 잘 버티어내고 봄에 원기 왕성하게 성장할 준비를 할 수 있었다.

결국 민들레는 잔디밭에서만이 아니라 옥수수, 콩, 밀, 알팔파 밭에서도 주요 잡초가 되었다. 오늘날 봄철에 미국 심장지대'Heartland'는 미국 중서부 지역의 별칭이다。옮긴이에서는 멀리서도 클로버나 알팔파 밭을 금방 알아볼 수 있다. 노란 꽃이 무더기로 펴 있는 데다가, 공중에는 마치 생태 적응의 승리를 공표하듯 씨앗을 실어 나르는 하얀 낙하산이 가득하기 때문이다.

전쟁과 제초제

생애 마지막 몇 년 동안 찰스 다윈은 식물의 운동성과 주광성에 매료되었다. 다윈은 덩굴 식물처럼 나선형으로 기어오르는 식물에 관한 책까지 썼다. 식물 끝부분에 있는 무언가로 인해 줄기가 빛을 향해 구부러지게 된다는 것이 그의 추론이었다.[16] 이 책은 많이 팔리지 않았고, 지금도 가장 덜 알려진 다윈의 저서 중 하나로 남아 있다. 하지만 1920년대에 네덜란드 연구진은 다윈의 아이디어에 착안해 식물 생장을 조절하는 화학물질, 즉 식물호르몬을 추출해냈다.[17] 이것은 식물학자들에게 흥미진진한 사건이었다. 이 호르몬을 사용해 식물을 더 빨리 더 크게 자라게 하며 더 많은 열매를 맺게 만들 수 있으리라 생각했기 때문이다.

과학자들은 이 새로운 물질을 '옥신auxin'이라 명명했다. 영국과 미국의 연구진은 '2,4-디클로로페녹시아세트산'이라는 옥신의 한 종류를 개발했다. 그들을 이것을 2,4-D('이사디'라고 읽는다)라는 이름으로 불렀다. 2,4-D를 아주 미량 사용하면 식물의 성장을 촉진할 수 있다. 초기의 한 보고서에 따르면 2,4-D는 씨 없는 토마토를 만드는 데에 다른 옥신보다 300배 이상 효과적이었다고 한다. 유일한 문제점은 약간 높은 농도로 사용하면 실험 식물이 죽어버렸다는 사실이다. 죽어버린 씨 없는 토마토는 그다지 신명 나는 일이 아니었으므로 옥신에 관한 관심은 시들해졌다.

1941년 즈음 식물을 죽이는 2,4-D의 성질에 관심이 쏠렸다. 세계대전이 격화되면서 군대가 식물을 죽이는 화학물질에 관심을 갖게 됐기 때문이다. 포트 데트릭미국의 생물학 무기 연구와 생산으로 유명한 메릴랜드주 소재의 군사기지•옮긴이에서 비밀리에 연구가 진행되었다. 이 군사기지에서 작물을 파괴하는 수천 가지 화학물질을 실험했다. 제2차 세계대전 중 적군의 식량 작물에 2,4-D를 살포했다는 기록은 없다. 그런 일은 베트남전이 발발할 때까지 미루어졌다. 2,4-D와 그 사촌인 2,4,5-T가 정글과 작물은 물론 사람에게도 살포된 것이다. 제2차 세계대전이 끝날 무렵 2,4-D 제조사들은 이 화학물질을 팔 시장이 없을까 고민하기 시작했다.

1945년 8월, 세상은 뒤숭숭했다. 프랭클린 루스벨트 대통령이 사망했고, 트루먼이 두 번째 원자 폭탄을 투하할 준비를 하고 있었다. 포츠담회담 결과에 따라 유럽의 전후 질서가 재편되려는 찰나였다. 동서 간의 신뢰가 흔들렸다. 미군과 소련은 조만간 상대방을 석기시대로 날려 보낼 수 있을 만큼의 핵무기를 확보할 참이었다. 유럽에서 돌아온 군인들이 교외에 정착하고 보니 집 앞 잔디밭 상태마저 엉망이었다.

거의 알려지지 않은 냉전 시대의 이야기 가운데 젊은 식물학자인 패니 펀 데이비스Fanny-Fern Davis에 관한 것이 있다. 흰 드레스와 운동화 차림으로 파견된 데이비스는 2,4-D를 살포해 내셔널 몰National Mall 워싱턴 D.C.의 중심부에 있는 직사각형 모양의 국립공원◦옮긴이에 만연한 민들레를 죽여서 나라의 체면을 살렸다.[18] 소련은 최초의 대륙 간 탄도 미사일을 발사하고, 인류 최초로 우주에 가고, 미국을 향해 6만 8000개의 핵탄두를 겨누고 있을지 몰라도 미국에는 2,4-D가 있었다. 그리고 미국의 자본주의는 노란 꽃이 피는 잡초에 대항해 미국의 자유를 지켰다.

국가 전체가 한마음으로 민들레의 위협에 진지하게 대응했다.[19] 온 산업이 대동단결해 아주 다양한 제품을 기획, 제조, 판매, 운반, 수리, 보증했다. 그러한 상품의 주된 목적은 집 앞의 잔디밭을 일관된 모습으로 유지하는 것이었다. 농장용으로 개발되었던 발명품이 교외의 반¥에이커(약 2000제곱미터) 잔디밭용으로 소형화되었다. 농부들이 옥수수밭의 민들레를 죽이려고 뿌렸던 2,4-D와 여타 제초제들이 새로운 용기에 담겨 남자다움을 강조한 제품명과 터무니없는 가격표를 붙인 채 미국 도시에서 판매되었다. 3갤런(약 11리터)짜리 스프레이 수백만 개가 모든 마을, 시내, 공원, 도로변에 새로운 독성 물질을 퍼뜨렸다.

민들레 퇴치 캠페인은 새로운 화학 산업을 발전시켰다. 화학자들은 민들레의 생화학적 경로를 차단할 새로운 복합 분자를 합성하려고 노력했다. 연구소, 온실, 현장 기술 팀들은 가망 있는 화학물질을 찾기 위해 매주 수백 가지 화학물질을 연구했다. 추정치에 따르면 한 가지 화학물질을 시장에 내놓기까지 2억 5000만 달러 이상의 비용을 쓰고 15만 가지 이상의 화학물질을 테스트했다고 한다.[20] 1950년에서 1970년 사이 2,4-D는 지구상에서 가장 널리 쓰이는 제초제가 되었다.[21] 1990년대까지도 한 업계 관계자는 나에게 이렇게 말했다. "민들레는 기본이죠. 저희는 이 잡초를 죽이지 않는 화학물질로 시간을 낭비하지 않습니다."

실태 파악을 위해 나는 오하이오주 메리즈빌의 잔디 관리 제품 공급 업체인 스코츠 컴퍼니에 문의했다. 이 회사는 약 5억 달러 상당의 잔디용 제초제를 판매했고 그중 4분의 3이 민들레 제초제였다는 친절한 이메일 답변을 보내왔다.

2,4-D의 부흥과 함께 민들레의 미래는 보장되었다. 이것은 직관에 반하는 말처럼 들릴 수 있다. 2,4-D를 적절하게 사용하면 민들레라는 식물을 죽일 수 있기 때문이다. 잡초 방제의 모순이 여기에 있다. 민들레를 제거하려는 모든 행동은 작은 교란, 즉 틈새를 만들고, 그 틈새는 새로운 민들레 유묘에게 기회를 준다. 뽑고 자르고 불태움으로써 얻는 보상은 순간에 그칠 뿐 민들레는 뿌리 상단의 싹에서 언제든 다시 자랄 수 있다. 초반에는 2,4-D가 드디어 민들레를 박멸시켜줄 거라는 기대감이 넘쳤지만, 그 효과가 어떠했는지는 봄철에 창밖으로 고개만 살짝 돌려보아도 금방 확인할 수 있다.

인간은 '적당히'를 모르지

민들레 제거라는 책무 덕분에, 1969년 오하이오의 어느 아름다운 봄날 아침 나는 차가운 창고 바닥에 앉아 있었다. 고등학교 때 여름방학과 주말 아르바이트로 다행히 참을성 있고 마음씨 좋은 어느 부부의 정원 관리를 도맡아 했다. 곧잘 도구를 잃어버리고 장비를 망가뜨리는 내 버릇을 그럭저럭 눈감아주시는 분들이었다. 그날 아침, 내 앞에는 '위드앤피드Weed-n-Feed'라는 물건이 한 봉지 놓여 있었다. 잡초는 죽이고 풀에는 영양을 준다는, 획기적인 잔디 관리 제품이었다. 이보다 좋은 게 있을까? 나는 복잡하게 엉킨 포장 매듭을 푸느라 잠시 애를 먹다가 포기하고 봉지 옆을 북 잡아당겨 뜯었다. 약 2킬로그램의 농약 겸 비료가 회색 먼지를 일으키며 내 앞에 훅 쏟아졌다.

내가 들은 지시 사항은 이 제품을 살포기에 비율을 맞춰 넣고 잔디에 고루 뿌리되 "반드시 라벨을 먼저 읽으라"는 것이었다. 나는 쏟아진 가루를 퍼서 봉지에 도로 담고, 살포기 안에 조금 집어넣은 다음, 나머지는 자동차에서 방울방울 떨어진 휘발유 자국 위에 문질러버렸다. 찢어진 봉지를 잘 짜 맞추어서 라벨을 읽으려고 시도해보았지만 글씨가 너무 작은 데다가 낯선 단어와 긴 화학물질 이름이 잔뜩 적혀 있어 무슨 뜻인지 도저히 알 수 없었다. "위험하니 먹지 말 것"이라는 말은 이해했지만, 먼지를 들이마셨을 경우에 대해서는 아무런 설명이 없었다. 살포기 조정 장치에 관한 설명도 전혀 이해가 되지 않았다. 나는 수학에 딱히 재능이 없었으므로, 너무 많이 뿌려서 잔디를 다 죽이지 않도록 살포기 구멍을 조금만 열어야겠다고 판단했다. 하지만 충분한 양을 뿌리지 않아서 잡초가 죽지 않으면 일을 제대로 하지 않은 것처럼 보일 터였다. 무엇보다 민들레는 이미 꽃을 피우는 중이었고 그걸 없애야만 했다. 이 딜레마를 어떻게 해결했는지는 기억나지 않지만 이후 몇 번 더 약을 쳤던 일은 확실히 기억난다.

20년 뒤 나는 잡초학자가 되어 오하이오에 다시 돌아왔다. 가족과 함께 도시 변두리의 오래된 농가로 이사했다. 몇 주가 지난 후, 옆집에 사는 남자가 나에게 두서없는 협박 편지를 보내기 시작했다. 민들레가 보이지 않도록 우리 집 잔디밭을 깨끗이 손질하지 않았다는 이유였다. 읍사무소에서는 벌금을 물리겠다고 경고했다. 이 식물이 인간에 끼치는 영향을 좀 더 심오하게 바라보기 시작한 것은 그때였다.

나는 바이오포비아biophobia 즉, 생명체에 대한 공포가 실재한다는 것을 알고 있다. 산책길에 뱀을 볼 때마다 그 사실을 상기한다. 그 뱀이 위험한지에 대한 이성의 판단을 기다릴 필요도 없이 본능적인 반응이 튀어나온다. 하지만 민들레에 대한 미국 사람들의 반응은 특이한 데가 있다. 물론 민들레는 일부 사람들에게 경미한 피부염을 일으킬 수 있다. 많은 양을 섭취하면 탈이 날 수도 있다. 하지만 의학 논문을 샅샅이 뒤져봐도, 거실 창문을 통해 보이는 게 전부인 민들레가 인체에 직접적 해를 끼친다는 사례는 단 한 건도 찾을 수 없었다.

대학원에서 나는 광합성, 식물해부학, 종자 발아 등을 공부했다. 잡초를 이해하려면 그런 것들을 알아야 한다고 생각했다. 하지만 그런 지식은 내 앞에서 벌어지고 있는 현상에 대처하는 데 아무런 도움이 되지 않았다. 식물학은 민들레에 대한 사람들의 반감에 대해서는 아무것도 알려주지 않았다. 민들레가 있는 곳에서 벌어지는 현상을 깊이 있게 설명할 한 조각의 통찰을 얻기 위해 나는 과학 문헌을 찾아보고 학계의 동료들과 상의했다. 그러다 결국 지그문트 프로이트의 도움을 빌리지 않을 수 없었다.

은총이 가득한 노란색 불명예

프로이트의 초창기(1899년) 정신분석 문헌 중 하나에 민들레가 등장한다. 해설자와 30대의 프로이트가 주고받은 대화를 두루뭉술하게 기록한 것이다. 지크프리트 베른펠트Siegfried Bernfeld의 1946년도 번역본에 따르면 그 기억 속의 장면은 다음과 같았다. "나는 풀이 우거진 녹색 초원을 바라본다. … 그 안에 노란 꽃이 많다. 민들레임이 틀림없었다." 이 기억 속에서 프로이트와 어린 시절의 친구들은 민들레를 따고 있었다. 여자아이 하나가 '가장 예쁜 꽃다발'을 갖고 있었는데, 어린 프로이트와 다른 소년들이 꽃다발을 빼앗아버렸다.[22] 여자아이는 울면서 달려갔고, 어떤 여성이 그 여자아이를 달래면서 아이들에게 거무스름한 빵 조각을 나누어주었다. 이 이야기를 떠올리면서 프로이트는 왜 이 경험이 기억 속에 남아 있는지 의아해했다. "지금은 전혀 아름답다고 생각하지 않는 민들레의 노랑이 당시의 내 눈에는 왜 그렇게 예뻐 보였을까?" 프로이트는 "노란색 꽃이 거의 환각처럼… 눈부실 정도로 도드라져 보였다"라고 설명했다. 노랑은 어느 전시회에서 본 "유화 속 여자들의 엉덩이"를 떠올리게 했다고도 한다. 프로이트는 빵의 이미지에 "갈망이 잘 표현되어 있고" 사랑의 표상은 "노란 꽃이며 소녀에게서 꽃을 빼앗는다는 것은 처녀성을 빼앗는다는 의미"라고 했다.

사실 프로이트는 식물에 대해 설득력 있는 분석을 내릴 적임자는 아니다. 프로이트의 민들레 기억에 대한 내 해석은 간단명료하다. 밝은 노란색과 "유화 속 여자들의 엉덩이"를 연결 짓는 것은 프로이트 특유의 버릇일 뿐이므로 더 설명할 필요 없다. 그보다 흥미로운 부분은 어렸을 때 그를 그토록 사로잡았던 민들레가 이제는 전혀 아름답지 않다는 대목이다. 민들레에 대한 원초적인 끌림은 어린이의 유치한 성적 호기심으로 용납할 수 있었다. 하지만 어린아이 같은 행동 방식을 벗어난 어른의 눈으로 보면 민들레는 변태 성욕 충동과 유혹의 상징이 된다. 수치심이 느껴져 감추어야 할 민망한 대상인 것이다.

이 해석은 민들레를 잔디밭에서 없애려는 미국 사람들의 이중적인 불쾌감을 설명해준다. 민들레는 녹색 질서 속의 오점이다. 단정하지 못하다는 표식이며 사회질서를 따르지 않는 무례한 모욕이다. 사람들은 이웃들이 민들레를 싫어하니까 자신도 민들레를 싫어한다고 생각하고, 그 일대가 엉망진창이 되지 않으려면 이웃 간의 사회적 약속에 따라 모두가 질서를 지켜야 한다고 생각한다. 하지만 좀 더 깊이 파고들어 보면 민들레에 대한 혐오감은 원시적이고 유아적인 원초아이드id, 인간의 성격을 구성하는 가장 근원적인 본능으로서 생물학적 반사 및 충동과 관련됨·옮긴이에 대한 두려움을 나타낸다.

월트 휘트먼Walt Whitman은 풀을 주제로 한 책을 쓰는 데 평생을 바쳤으니 틀림없이 잔디밭에 대해서도 잘 알았을 것이다1855년 12편의 시가 담긴 『풀잎Leaves of Grass』의 초판을 출간한 이후 여러 번 수정판을 냈고 마지막 완본에는 400편 이상의 시가 실렸다。옮긴이. 그는 「첫 민들레The First Dandelion」에서 민들레꽃을 어린이에 비유하면서 "소박하고 풋풋하고 아름답다"고 표현했다.[23] "새벽처럼 순수하게, 금빛으로 조용히" 피어난다고도 했다. 민들레는 "유행이나 사업이나 정치 같은 인위적인 것"이 지배하는 어른들의 세상에 들어와서 서슴지 않고 "신뢰에 찬 얼굴을 보여준"다.

그렇게 해서 민들레는 용납할 수 없는 대상이 되었다. 아름다움에서 기쁨을 찾고자 하는 유년기의 욕구, 바람 속에 자유로이 날고 싶은 충동을 대변해주기 때문이다. 민들레는 성인의 진지함, 절제, 예의 따위에 얽매이지 않는다. 이것은 교외 지역에서 불문율처럼 통하는 성적 억압의 밑바탕이 되어, 빨래를 널어서 말리는 행위나 민들레꽃이 만발한 상황을 금기시한다. 불쾌한 민들레를 없애고 도를 넘는 현란함이 문밖으로 새어 나오지 않도록 억눌러야 마땅하다고 생각하는 것이다. 이에 반해, 진입로에 세워둔 번쩍이는 대형 자동차, 남근처럼 다듬은 관목, 뒷마당에서 일광욕하는 10대의 팽팽한 몸매는 부와 여가의 과시이므로 용납된다. 그런 것들은 교외 거주자들이 꿈꾸는 생활이 어떠한 것인지 잘 보여준다. 가난하고 불경한 자들만 민들레꽃을 그냥 내버려둔다.

그러나 민들레가 무수정생식종이라는 것을 떠올려본다면, 민들레에 대한 이런 생각이 얼마나 말이 안 되는지 알 수 있다. 프로이트가 말한 노란 꽃의 유혹이든 휘트먼이 노래한 싱싱하고 매력적인 아름다움이든 민들레는 전혀 성적이지 않다. 오히려 뜰 한쪽에서 있는 성모마리아 동상처럼 순결하다.

민들레와 업계의 달콤한 거래

교외 생활을 유지하려면 많은 돈이 든다. 민들레가 미국 전역에서 궁극적인 성공을 거둘 수 있었던 것은 미국 주택 소유자들의 주머니 사정 덕분이었다. 인간의 정서에는 경고등이 장착되어 있어서, 노란색 민들레꽃을 보면 경고 신호가 번쩍인다. 색욕의 상징인 민들레보다 위험한 것은 바로 재정 파탄이다. 그리고 잡초 가득한 잔디밭만큼 확실하게 세속적 지위의 하락을 보여주는 요소도 없다. 매수자, 매도자, 부동산 중개인, 감정인, 검사관 모두 민들레가 실제 자산 가치에 손실을 입히지 않는다는 사실을 안다. 하지만 집단 사고는 그럴 수 있다고 믿게 한다. 그리고 실제로 그렇게 된다. 주택담보대출을 한도 가까이 받은 미국인들은 민들레의 재난에서 자산을 지키기 위해 매년 잔디 제초제에 9억 달러 이상을 쏟아붓는다.[24]

민들레와 잔디용 농약 업계 사이에는 달콤한 거래 관계가 있다. 민들레가 기력을 잃고 말라 죽는 모습은 고객에게 커다란 만족감을 준다. 한편 이 기분 나쁜 식물은 내년에 다시 돌아옴으로써 업계에 수익을 약속한다. 민들레와 2,4-D가 둘 다 성공하게 된 데에는 씨앗과 뿌리의 역할이 컸다. 민들레 씨앗은 낙하산을 타고 날아들어 싹을 틔우기에 적당한 조건이 될 때까지 땅속에 잠복하고, 뿌리는 일부분만 남아도 되살아난다. 민들레가 타고난 가소성을 발휘하고 적당한 유전자 변이를 통해 유리한 유전형을 선택한 덕분에 성공은 더욱 확실해졌다. 2,4-D가 실제로 민들레를 박멸했다면 전 세계의 상점 진열대 위에 놓인 수백 가지 농약의 미래는 장담하기 어려웠을 것이다.

민들레는 기회를 이용하고 인내심을 발휘했을 뿐이다. 사람들은 민들레꽃을 보면 농약 살포기를 꺼내고 잔디 관리용품 구매를 계획한다. 농약 회사들은 제품의 효과를 전혀 볼 수 없는 시기에도 흔쾌히 민들레용 제초제를 판매했다. 민들레는 곧은뿌리에 탄수화물을 축적해놓았다가 봄이 되면 그것을 올려 보내 성장과 개화를 뒷받침한다. 2,4-D가 식물을 죽이려면 화학물질이 곧은뿌리에 닿게끔 아래로 이동해야 하는데, 봄철에 식물들이 꽃을 피울 때 그런 일은 일어나지 않는다.[25] 봄에 2,4-D 살포로 피해를 본 개체들은 대개 어떻게든 살아남아 가을이면 건강을 회복한다. 만약 해당 개체가 죽더라도, 잎이 서서히 분해되면서 새로운 민들레 유묘를 위한 피난처가 되어 준다. 창고 바닥에 멍하니 앉아 있던 고등학생이 그랬듯이, 교외의 잔디밭을 돌보는 사람들은 엉뚱한 시기에 엉뚱한 비율로 2,4-D를 살포해 아무런 효과를 보지 못하는 경우가 많다. 2,4-D는 오히려 제초제에 민감한 경쟁 관계의 다른 잡초들을 억눌러, 민들레가 잔디밭에 계속 남도록 도와준다. 충분히 예상할 수 있는 일이지만 효과 없는 방제에 대한 인간의 반응은, 다시 상점에 가서 제품을 더 사오거나 더 강한 농약을 더 높은 비율로 더 자주 살포하는 것이다.

민들레 죽이기

11월의 어느 날 오후, 나는 뉴욕식물원의 루에스터 T. 머츠 도서관에 갔다. 거대한 기둥이 서 있고 앞에 화려한 분수대가 있는 건물이다. 참고 자료 담당 직원은 세계 최고 수준으로 꼽히는 이 식물 도서관의 자료들을 내어주는 일에 열정적으로 임했다. 나는 종이쪽지에 몇 가지 라틴어 학명을 휘갈겨 썼고, 몇 분 뒤 타락사쿰과 관련된 간행물들이 낱장으로 들어 있는 서류철을 하나 건네받았다. 《사이언스 다이제스트Science Digest》의 1938년 호에 실린 익명의 기사 하나가 내 시선을 잡아끌었다. "특허, 작용, 발명: 민들레 죽이기"라는 제목이었다. 이 논문은 아이오와주에서 진행된 연구를 바탕으로, "섭씨 180도에서 250도 사이에서 끓고 불포화탄화수소 함량이 4퍼센트 이하인 등유를 살포하는 것이 민들레 퇴치에 매우 효과적인 것으로 드러났다"라고 설명했다. 그러면서 "희석하지 않은 등유를 에이커당 200갤런의 비율로 잔디에 고르게" 사용할 것을 추천했다. 기사에 따르면 민들레는 하루 정도 짙은 녹색으로 바뀌었다가 노랗게 변하고 마침내 잎이 갈변하면서 최후를 맞이한다고 했다. 당시의 다른 간행물들은 휘발유도 비슷하게 효과적이라고 주장했다.

실제로 얼마나 효과적인지를 떠나, 민들레에 대한 감정의 골이 얼마나 깊었으면 이것이 이성적인 행위로 받아들여졌을까 싶었다. 등유는 흡입하거나 삼키면 인체에 유독하다. 피부와 눈을 자극하고, 섭취 시 발작을 일으키거나 혼수상태 또는 사망으로 이어질 수 있다. 쉽게 불이 붙고 냄새도 역하다. 이 기사는 등유 살포 후 아이들이 다시 풀밭에서 놀 수 있으려면 얼마나 오래 기다려야 하는지 알려주지 않았다. 하지만 한동안 자취를 감췄을 민들레가 관아冠芽 국화과 식물에서 번식을 위한 눈이 있는 부분◦옮긴이에서 재생이 개시되고 씨앗이 발아를 시작하면 다시 잔디밭에 나타났을 것이라 확신할 수 있다.

나는 시내로 돌아가는 기차를 타려고 도서관 밖으로 나왔다. 이 식물원이 보유한 수십만 종의 식물을 호위하듯 우뚝 서 있는 거대한 플라타너스 너머를 바라보면서 숨을 깊이 들이마셨다. 에메랄드그린색 풀밭이 대리석 건물 바로 앞부터 펼쳐져 있었다. 잡초 한 포기 눈에 띄지 않는 가운데 가볍게 내린 비를 맞은 단일 종의 풀잎들이 햇빛을 받으며 반짝였다.

《레이디스 홈 저널Ladies Home Journal》 1929년 6월 호에는 '민들레 없는 잔디밭'을 가꾸는 새로운 방법이 소개되었다. "겨드랑이를 악취 없이 보송보송하게 유지해주는" 논스피 살균액과 윌리엄슨 사의 교정용 신발 광고가 실린 페이지에 잔디밭 1에이커당 130파운드의 황산암모늄을 사용하라는 권고가 실려 있었다. 물론 "강력한 연소 작용이 잔디를 망가뜨릴" 가능성도 언급되었다. 그리고 "간혹 유난히 뿌리가 깊은" 민들레가 이러한 처치에도 살아남을 수 있는데, 그런 경우 "확실한 방법은 얼음송곳의 뾰족한 부분을 농축된 황산에 담갔다가 민들레 수관의 중심을 찌르는 것"이라고 했다. 황산은 "일반적인 크림병처럼 입구가 넓은 유리 용기"에 보관해야 한다고도 했다. 황산은 부식성이 굉장히 강하며 심각한 화상, 눈과 호흡기 자극, 조직 손상을 일으킬 수 있다는 이야기는 언급되지 않았다. 만약 눈이 무사하다면 민들레 없는 잔디밭을 볼 수는 있을 것이다. 어쨌든 당분간은.

1940년대 후반 등장한 2,4-D는 비교적 낮은 비율로 살포해 간편하게 효과를 볼 수 있는 제품으로 선풍적인 인기를 끌었다. 1950년에서 1970년 사이에 미국에서 생산된 2,4-D의 양은 대략 1억 8400만 킬로그램, 인당 약 200그램에 달했다.[26]

1970년경 2,4-D와 다른 옥신계 제초제의 안전성은 논란거리가 되었다. 2,4-D가 잡초를 죽이는 제초제라면 DDT는 곤충을 죽이는 살충제다. 두 제품은 'D'가 잔뜩 들어간 이름으로 비슷한 시기에 출시되어 혼란을 불러일으켰다. DDT는 사람과 다른 생명체에 훨씬 유독하고 환경에 훨씬 오래 잔류하며 미국에서는 사용이 금지된 상태다(그렇지 않은 나라도 있다). 저렴하고 만들기 쉬운 2,4-D는 가장 널리 사용되는 제초제로 미국 전역의 잔디밭, 도로변, 밭작물에 쓰이고 있다.

2,4-D나 이와 유사한 제초제의 안전성에 대한 우려는 이미 공론화된 상태다. 하지만 사람들은 여전히, 아무 해를 끼치지 않는 노란 꽃 때문에 본인과 자녀, 애완동물, 이웃의 건강을 위험에 빠뜨린다. 2,4-D는 "눈에 들어가면 극도로 위험"하고 "피부에 닿으면 약간 위험"하다. 운 나쁘게 "극심한 과다 노출"을 경험한 사람은 사망할 수도 있다. 돌연변이 유발은 다른 포유류뿐만 아니라 "인간에게도 가능한 것으로 분류"되어 있다. 2,4-D는 수정란의 기형을 유발할 수 있는 기형 발생 물질이기도 하다. 생식기관에 해를 입힐 수 있는 독소이며 "신장, 신경계, 소화관, 심혈관계, 상기도, 안구에

유독한 물질"로 알려져 있다.

이상의 인용 문구는 농약 반대론자들이 무턱대고 내세우는 이야기가 아니다. 2,4-D를 판매하는 회사에서 발행하는 물질안전보건자료MSDS에 버젓이 실린 내용이다. MSDS에는 이 제품이 인체 발암물질로 여겨지지 않는다고 명시되어 있다. 이 사실은 이미 약품 노출로 인한 눈, 피부, 신장, 신경계, 호흡기, 소화기 손상을 우려하는 사람들에게 위안이 될 수도 있다. 하지만 전문가들은 발암 관련 연구 결과를 놓고 여전히 논쟁 중이다.[27]

민들레를 죽이려고 뿌린 2,4-D 대부분은 민들레에 도달하지 못한다. 민들레는 잔디밭 여기저기에 흩어져 있어서 2,4-D는 다른 식물이나 토양, 포장도로, 아이들의 장난감에 떨어진다.[28] 신발에 묻어 집 안으로 들어가기도 한다. 아이들과 애완동물은 약품이 묻은 잔디밭에서 뒹군다. 잔디는 2,4-D를 분해하는 효소를 생성하기 때문에 이 화학물질로 죽지 않는다. 하지만 공기 중의 휘발성 화합물 형태로, 혹은 잎과 꽃과 흙 위의 2,4-D를 접촉하는 꿀벌과 새들에게는 유독하다. 살포된 2,4-D 일부가 연못, 호수, 하천으로 흘러들 경우 물고기에게 매우 유독할 수 있다.[29] 일부는 공중으로 증발하고 바람을 타고 이동하여 이웃집의 토마토 모종 위에 떨어지기도 한다. '균일한 정원'을 만들기 위해 우리가 견뎌야 하는 부차적인 피해다.[30]

2,4-D와 같은 제초제를 잔디에 뿌리는 것은 대부분 젊은 남성이다. 이들이 바로 2,4-D가 피부에 닿거나, 이를 흡입하거나, 씻지 않은 손으로 점심을 먹느라 함께 섭취할 위험이 제일 큰 사람들이

다.[31] 미국 국립산업안전보건연구원이 밝히기로 2,4-D를 다루는 남성들은 정자의 모양이 변하고 운동성에 영향이 생기며 수정 능력이 떨어질 수 있다고 한다. 연구 결과는 2,4-D가 생식 독성 물질로 작용한다고 보고했다. 2,4-D를 반복적으로 뿌리는 남성들은 정자의 수가 감소했다.[32] 인간 세포 배양에서 염색체 이상이 나타났고, 다른 포유류의 세포 배양에서 돌연변이의 빈도가 증가했다는 연구들도 있었다.[33] 누군가에게는 번식의 중단이 걸린 문제다.

두 얼굴의 민들레

잡초 연구자로서 나는 어떻게 해야 할까? 환경과 건강에 해롭다는 이유를 내세워 무해한 식물을 전멸해야 한다는 생각을 없앨 수 있을까? 나는 교육자로서 환경과학을 가르친다. 과학은 사회적 압력 앞에서 설 자리를 잃는다. 잡초에 대한 불안 때문에 나를 찾아오는 사람들은 마당에 독성 물질을 살포하는 것이 내키지 않는다고 토로한다. 가족과 이웃의 건강을 해치고 싶어 하지 않는다. 하지만 그들은 공중도덕, 공동체의 윤리 규범, 올바름의 개념을 옹호한다. 그리고 교외의 녹색 바다에 떠 있는 노란 민들레는 이 모든 것을 침해한다. 머리로는 아니라고 말하지만 가슴은 노랑을 보면 위험을 떠올린다. 녹색만 옳다고 느낀다.

하지만 새로운 관점에는 언제나 희망이 있다. 오늘날 민들레는 건강을 상징한다. 건강식품점에 민들레 제품이 들어와 있고, 당뇨와 간 기능 개선을 위한 천연 약재로도 사용되며, 변비약 겸 강장

제로도 쓰인다. 민들레잎을 짠 즙은 피부 질환과 식욕부진을 달래며 담즙 분비를 자극한다. 비타민 C와 D뿐 아니라 베타카로틴, 섬유질, 티아민, 리보플래빈 등 각종 영양소가 함유된 민들레는 오래전부터 영양학적 가치를 인정받았다. 민들레 제품의 라벨에는 "혈액 건강을 되찾아주고 균형을 맞추어주는", "최고의 혈액 청정제"라고 적혀 있다. 이뿐 아니라 "활력과 지구력 향상에 도움을 주고", "장내의 담즙 분비"를 높여 간을 정화하며 "췌장과 비장의 활동성"을 높여준다고 한다. 나는 간을 정화하거나 비장의 활동성을 높여야 하는 건지도 몰랐다. 하지만 그게 다가 아니다. 민들레 정제는 요로를 열어주고 "여성 건강에도 좋다"고 한다.

한 업계가 민들레를 없애는 일에 골몰해 있는 동안, 민들레를 재배하고 화학적 제초제와 잡초에게서 보호하며 음식, 와인, 약품용으로 수확하는 사람도 많아지고 있다. 어떤 사람들은 아름다움을 즐기고 수분 매개자들을 돕는다는 취지로 '천연 잔디'에 민들레가 자라게 그냥 내버려 둔다. 사회규범에 도전하는 즐거움 때문에 민들레를 내버려 두는 사람들도 있다. 이렇게 민들레는 대중의 정서에 편승해왔다. 일부러 재배하거나 최소한의 보호라도 받는 약용 민들레와 황무지, 도로변, 건초밭, 목초지에 자라는 잡초 민들레는 서로 영향을 주고받는다. 이제 우리는 건강에 위협이 될 수도 있는 화학물질로 잔디밭의 민들레를 죽인 다음, 천연 식품 매장에 가서 간의 독성 물질을 정화해줄 민들레차, 알약, 음료를 구매한다.

인간의 의식 속 민들레

민들레와 인간의 공진화 관계는 점점 더 깊어지는 듯하다. 상대방의 변화에 반응함으로써 양쪽 모두의 성공을 도모한다는 뜻이다. 문제는 행동의 동기가 정반대의 결과를 불러온다는 데에 있다. 인간이 공진화 파트너를 없애기 위해 갖은 수단을 동원할수록 민들레는 새로운 방법을 찾아냈다.

나는 민들레에 대한 인간의 반응이 어떻게 해서 호감과 반감으로 양분되었는지 알아내려고 애썼다. '잡초'라는 개념의 본질상 민들레의 진화 생리를 이해하려면 그에 대한 인간의 근본적인 동기를 이해해야 한다. 농업의 맥락에서는 식품과 섬유 생산을 저해하는 경쟁 관계의 유해 식물이 잡초가 된다. 사회적 이미지에 대한 강박이라는 미국 교외의 맥락에서는 잔디밭의 노란 꽃은 그 옆에 있는 노란 수선화나 국화와 다른 의미를 갖는다. 식물의 세계에서 모든 식물은 평등하게 태어난다. 하지만 인간과의 관계 때문에 민들레는 그냥 식물로도, 그저 '제자리를 벗어난 식물'로도 취급되지 않는다.[34] 민들레는 사회, 문화, 경제적 현상으로서 각각 다른 차원의 의미를 지닌다. 민들레가 있어야 할 올바른 자리는 인간의 의식 속 어딘가인 듯하다.

내 사무실을 찾아오거나 전화를 건 사람들이 "이 잡초가 무슨 피해를 주고 있나요?"라는 내 반문에 어리둥절해하는 것은 당연한 일이었다. 나에게 타락사쿰 오피키날레(서양민들레)는 진화론적 부적응자임에도 뛰어난 능력을 발휘해 탁 트인 공간에 침투할 방법을 찾아낸 놀라운 식물이었다. 나는 사람들이 내 (현명한) 질문을 듣고 인생에서 중요한 것이 무엇이고 잔디밭의 순수성을 지키기 위해 희생시켜야 하는 자산, 건강, 환경의 가치를 숙고해볼 수 있었으면 했다. 하지만 사회적 규칙은 그보다 우선이었다. 그 신경 거슬리는 식물을 없애려다 가족과 이웃의 건강을 위협할 수 있었다. 그런데도 나를 찾아온 사람들은 간절히 구제책을 원했다. 그들은 집값 하락과 공동체 내의 지위 하락을 두려워했다. 이웃, 주택 담보대출 회사, 세무사, 잔디와 정원용품을 판매하는 점포, 모두가 이 점을 이해했다. 모르는 건 나뿐이었다.

서양민들레는 험준한 산악 지대에 고립되어 있다가 살기 좋고 깔끔하게 정돈된 환경으로 이동해 안정적인 개체 수를 달성한 자신을 뿌듯하게 여길 것이다. 수백 종의 다른 타락사쿰은 서양민들레와 구분이 어려울 정도로 흡사하지만 그런 수준의 생태적 성공을 달성하지 못했다. 민들레는 아시아와 유럽에서 북아메리카까지 대규모의 인류 이동에 기꺼이 편승해 새로운 서식지를 찾았다. 잡초라는 지위는 불가피한 것이 아니었다. 인간이 관심을 덜 주었다면 작물로 이용되다가 버려지고 더 쓸모 있는 다른 종으로 교체되었을 수 있다.

민들레가 잡초로 가는 길은 인간의 손과 마음을 통해 열렸다. 인간의 호기심과 창의력이 상징을 만들어내고 의미를 부여하는 능력과 합쳐져 히말라야에 은둔하던 방랑자를 지구상의 모든 대륙으로 끌어냈고, 윤리 의식 속으로 파고들며 도시의 잔디밭에 침투하게 했다. 다른 어떤 식물종도 이런 수준의 생태적 성공을 이루어낸 적이 없다. 그렇게 보잘것없고 교배도 쉽지 않은 종이 이토록 동경과 멸시의 대상이 될 수 있었다는 것은 인간의 창의력과 모순적인 행동이 의도치 않게 도움을 주었다는 증거다. 민들레를 바라보면 어떤 생물도 이보다 발전할 수는 없겠다는 생각이 들곤 한다.

새로운 가능성

오하이오농업연구개발센터에 있는 동료 맷의 사무실에 앉아 나는 눈앞에서 달랑달랑 흔들리는 지퍼 백을 바라보았다. 지퍼 백에는 솜털에 덮인 씨앗이 들어 있었다. 맷이 물었다. "시스-1,4-폴리아이소프렌이라는 걸 들어본 적 있어?" 나는 맷을 말발로 당해낸 적이 없고, 복잡한 화학 이야기라면 두말할 나위도 없어서 그냥 미소를 띤 채 다음 말을 기다렸다.

"현대인의 삶을 지탱하고 있는 중요한 식물 기반 자원이지. 수천 가지 소비재에 사용되거든. 100퍼센트 천연, 식물 기반의 시스-1,4-폴리아이소프렌이 필요한 제품에는 합성 재질을 사용하기가 마땅치 않아. 현재 말레이시아와 인도네시아에서 생산이 이루어지지만 불안정한 정권이 공급을 차단하면 경제적 혼란이 일어날 수 있어." 맷은 여기까지 단숨에 말하고 지퍼 백을 가리켰다. "이 씨앗은 질 좋은 시스-1,4-폴리아이소프렌이 나오는 식물에서 얻은 거야. 어떤 산업 컨소시엄이 우리한테 이걸 오하이오에서 재배할 방법을 연구해달라고 의뢰했어."

나는 더 참을 수가 없어서 살짝 알은체했다. "콘돔에 쓸 수 있을 정도의 품질이야?" 맷은 재빨리 말을 받았다. "그렇지. 공군기 타이어에도 쓸 수 있을지 몰라.[35] 우리가 이 작물을 개발하지 않으면 인구 폭발이 일어날 거고 그걸 막을 방법은 없을 거야." 나는 질문이 하나 더 있었다. "그런데 이게 나랑 무슨 상관인데?"

봉지에는 잡초 민들레의 친척인 타락사쿰 코크사기즈*Taraxacum kok-saghyz*의 씨앗이 들어 있었다. 'TK'라고 부르는 이 타락사쿰 뿌리로 고무를 생산할 수 있다. 중국부터 카자흐스탄까지 뻗어 있는 톈산天山산맥이 원산지다. 구소련은 이 식물이 유용할 수 있겠다고 생각해 1930년대에 재배하기도 했다. 1940년대 미국에서도 전시 천연고무의 공급 부족을 우려해 시도한 적이 있었다.[36] 하지만 전쟁이 끝난 후 아시아에서 파라고무나무*Hevea brasiliensis*를 쉽게 구할 수 있게 되자 TK 재배는 중단되었다. 고성능 타이어, 장갑, 의료 기기를 비롯한 수천 가지 제품의 전 세계 수요가 파라고무나무에 달려 있다. 그 수요는 증가 중이고 10년 안에 공급 부족이 예상된다. 천연고무의 대안을 찾던 산업계와 과학계의 관심이 민들레의 사촌 TK로 이어졌다.[37]

지퍼 백에 든 그 씨앗이 내 앞까지 온 것은 내가 잡초 연구자이기 때문이다. 잡초와 친척 관계인 이 식물에 대해 남보다 조금 더 아는 바가 있을 수 있으니까. 하지만 자신은 없었다. TK가 내가 아는 민들레처럼 행동하리라 넘겨짚을 수는 없었다. TK를 경제성 있는 대안으로 길들이려면 여러 생물학적, 기술적 장애를 극복해야 한다. 하지만 최대의 장애물은 잠재 투자자, 농부, 교외 거주자, 고무를 소비하는 대중 앞에서 그 이야기를 꺼낼 때마다 등장한다. 사람들이 궁금해하는 건 식물이 우리 토양에 적응할지 또는 물을 얼마나 줘야 하는지가 아니다. 질문은 다음과 같다. "제 잔디밭에 잡초가 또 하나 생기는 건가요?"

대답은 거의 확실하게 "아니요"다. 지퍼 백에 든 이 씨앗은 잡초가 되지 않을 것이다. TK는 잡초처럼 행동하지 않기 때문이다. 이 식물은 천천히 자란다. 무성한 잎이 아니라 고무를 만드는 일에 자원을 쓴다. 그보다 좋은 질문은 TK와 서양민들레의 타가수분으로 새로운 하이브리드 잡초가 만들어질 수 있는지다. 만약 그렇다면 성장이 빠르고 뿌리가 큰 민들레의 유전자에 가뭄 저항성이 강하고 내충성이 높은 TK의 유전자가 합쳐질 수 있다. 교잡을 통해 지금껏 지구상에 존재하지 않았던 잡초가 만들어질 수 있다.[38]

우리로서는 다행스럽게도 잡초성 민들레는 무수정생식을 한다. 감수분열이 가로막혀 유전자 재조합이 억눌려 있기 때문이다. 잡초 민들레가 TK의 꽃가루에 의해 수정될 일은 없을 것이다.[39] 하지만 꽃들의 교배는 양방향으로 진행된다. TK가 잡초 민들레의 꽃가루를 받아들여 새로운 잡종 민들레가 나올 수 있을까? 두 종의 적합도와 번식 시스템의 기본적인 차이를 보면 그럴 가능성은 낮다.[40] 게다가 선택적 육종으로 TK는 점점 작물화되어가고 잡초의 특성은 약해지는 중이다. TK는 작물에 가깝게 행동할 것이다. 발아, 성장, 개화, 성숙이 균일하고 예상대로 이루어진다는 뜻이다. 그러는 사이 유럽, 중국, 북아메리카의 연구진들은 유전적으로 다양한 TK를 밭에 심은 후 적응력 높고 튼튼해 고무 생산량이 많은 유형을 고를 수 있기를 희망하고 있다. 하지만 꽃가루는 바람을 타고 이동하고 씨앗도 공기 중을 떠다니고 있으니 무슨 일이 벌어질

지는 아무도 모른다.

그렇게 피할 수 없는 질문이 나올 때면 모두가 잡초 연구자인 나를 쳐다본다. 나는 교잡을 차단하는 특이한 번식 시스템에 관해 강연을 할 수도 있다. 잔디밭에 또 다른 종이 나타난다고 해서 환경적으로 그게 나쁜 일이 아닌 이유를 설명할 수도 있다. 하지만 나는 뻔한 이야기를 다시 한번 한다. 두 종이 한 지역에 공존할 수 있다는 사실, 그들을 통해 새로운 잡종 민들레 수천 종이 쏟아져 나올 가능성, 그 잡종은 미국 전역의 잔디밭을 이미 장악해버린 민들레보다도 골치 아플 수 있다는(혹은 관점에 따라 눈부시게 아름다울 수 있다는) 불안감, 잡종 민들레의 씨앗이 사방에 떠다닐 수 있다는 두려움. 기본적으로 사람들이 기겁할 이야기들이다. 잡초 민들레의 사촌 TK를 작물로 받아들일 수 있느냐는 복잡한 생물학적 원리에 의해서가 아니라, 인간의 상상력을 힘입어 TK가 어떻게 행동하느냐에 달려 있다.

내가 맷의 사무실을 나서려고 일어설 때, 맷은 궁금함을 참지 못하고 물었다. "그런데 시스-폴리아이소프렌이 어디에 사용되는지 어떻게 알았어?" 물론 화학 시간에 배운 것은 아니었다. 고등학교 시절 아버지에게 배웠다. 우리 가족은 세계 최대의 고무 생산 도시인 애크런 외곽에 살았다. 나는 아침마다 형제자매, 이웃집 아이들과 함께 길가에 서서 학교 버스를 기다렸다. 멀찍이 보이는 하늘은 고무 공장에서 뿜어내는 고분자물질의 고약하고 끈적거리는 그을음으로 거무스름했다. 우리는 고무 산업 덕분에 매일 아침 악취 나는 탄화수소를 흡입했고, 나는 아버지에게 화학 강의를 들었다. 그

러니까 시스-폴리아이소프렌은 굳이 알고 싶지 않은 다양한 방식
으로 내 DNA 안에 들어 있는지도 모른다.

어저귀

학명 아부틸론 테오프라스티*Abutilon theophrasti*

원산지 아시아	**잡초가 된 시기** 19세기
생존 전략 '발아가 아니면 죽음을'	**발생 장소** 대두밭

특징 섬유작물로 길러지다가 잡초가 됨

이 식물을 특별히 싫어하는 사람 대두 농사를 짓는 농부들

인간의 대응 수단 2,4-D, 알라클로르, 라운드업

생김새 키가 크고, 벨벳 같은 촉감의 커다란 하트 모양 잎사귀가 달려 있으며, 독특한 냄새가 난다.

어저귀

1789년 4월 30일, 조지 워싱턴은 뉴욕 연방 홀 발코니에 서서 미국 초대 대통령으로서 취임 선서를 했다. 워싱턴은 옷차림에 까다로웠던 것으로 유명하다. 사람들, 정확히는 토지를 소유한 부유층 백인 남성들이 선출한 대통령은 어떻게 행동해야 하는가? 어떤 용모와 옷차림을 보여주어야 하는가? 그날 워싱턴은 유럽풍으로 화려하게 단장한 귀부인들과 런던 맞춤 정장을 차려입은 남성들 사이에서 수수한 미국산 갈색 코트와 브리치스무릎까지 오는 반바지 · 옮긴이를 입고 있었다.[1] 워싱턴은 라파예트 후작미국독립전쟁 당시 워싱턴 휘하에서 대륙군을 지휘한 프랑스 귀족 출신의 장군 · 옮긴이에게 이렇게 말했다. "오래지 않아 신사들이 다른 옷을 입는 것은 유행에 뒤떨어지는 일이 될 것이네." 워싱턴의 취임 선서는 짧고 어설펐으며 그다지 인상적이지 않았다. 하지만 워싱턴의 옷은 오래도록 이어질 메시지를 남겼다. '진정으로 자유롭고 독립적인 나라가 되려면 다른 나라의 변덕에 공급이 좌우되는 원료에 의존해서는 안 된다. 직물을 시작으로 산업을 발전시켜야 한다. 유행을 떠나서 한 나라의 주권은 바로 이런 모습이다'라는 메시지였다.

미국에서 아마와 양모가 생산되었고, 옷이 만들어졌지만 삼끈과 같은 다른 직물 제품은 여전히 거의 전적으로 영국에서 수입하고 있었다. 가장 중요한 것은 해군 및 선박 업계에서 쓰는 직물들이었다. 돛과 그물, 그리고 온갖 종류의 밧줄 즉, 로프의 공급은 여전히 영국에 의존하는 실정이었다.

미국 건국 초기 로프는 오늘날의 석유, 고무, 희토류처럼 중요한 안보 자원이었다. 로프는 국방에 필수적인 전략물자였다. 전장 범선돛대가 3개 이상이고 모든 돛이 가로돛인 범선◦옮긴이은 가장자리에 밧줄이 달리고 리프트 코드로 올려야 하는 돛이 15개 이상이었다. 보라인, 클루라인, 번트라인, 리치 라인, 지브, 슈라우드 등에 로프가 필요했다.[2] 대형 전투선은 무게가 54톤이나 나가는 4.8킬로미터 이상의 밧줄을 싣고 다녔다. 연통 굵기의 닻줄도 여러 개였다. 경제 전체가 로프에 꽁꽁 묶여 있었다. 운송과 통상을 위한 배, 운송과 통상을 보호하기 위한 배, 다른 나라에서 '국익'을 도모하기 위한 배들도 있었다.

워싱턴은 섬유식물 재배와 밧줄 제조를 장려할 방법이 필요했다. 칙칙한 갈색 정장으로 국내 섬유 산업을 활성화하는 데에 실패하자, 그는 알렉산더 해밀턴미국 초대 재무장관◦옮긴이과 함께 관세 제도를 고안했다. 관세를 매겨 수입품의 가격을 높이면 미국 내 생산을 장려할 수 있을 터였다. 또한 예산이 부족한 연방 정부가 밧줄을 많이 쓰는 해군을 구축하고 채비시키는 등 자주국방에 필요한 돈을 마련할 방법이기도 했다.

최초의 관세법으로는 못, 철, 유리처럼 미국 내에서 이미 생산하고 있는 품목의 수입품에 조세를 부과했다. 이번에는 모든 종류의 밧줄과 밧줄의 원료가 되는 작물의 수입품에 세금을 매기는 것이 주요 목적이었다. 밧줄, 로프, 그물, 삼끈을 비롯해 이와 비슷한 품목들은 서로 관계없는 여러 식물에서 원재료를 얻을 수 있었다. 이 모든 것을 통틀어 '대마hemp'라고 불렀다.

그러니까 '대마'란 몇 가지 작물과 그 섬유, 섬유 소재를 아우르는 통칭이었다. 그중에서 '진짜' 대마Cannabis sativa와 운명이 가장 단단하게 꼬인 식물은 어저귀Abutilon theophrasti라고 알려진 키 크고 섬유질 많은 풀이었다. 식민지들미국 독립 당시의 동부 13개 주◦옮긴이은 영국 선박에 실려 수입되는 러시아산 대마를 사용했다. 가끔 선적분에 어저귀가 우연히 섞여 들기도 하고 누군가가 일부러 섞어 넣기도 했다. '대마'는 두 식물 중 어느 한쪽을 의미하기도 하고 두 가지 모두를 지칭하기도 했다.

이러한 혼동은 어저귀가 대표적인 잡초로 부상하는 과정에 중요한 역할을 했다. 밧줄 제조업을 보호하고 전략적으로 중요한 대마의 재배와 가공을 장려하기 위한 정부와 업계의 조치로 어저귀의 적응과 전파가 앞당겨졌다. 1789년 관세법에 서명함과 동시에, 미국 건국의 아버지는 대마(장래의 불법 약물)와 어저귀(장래의 골칫거리 잡초이자 농사의 재앙)를 보호하고 장려하기 시작했다.

뒤얽힌 정체성

식물학자들은 어저귀를 아욱과, 즉 말바케아이Malvaceae로 분류한다. 이 이름은 낯설 수 있지만 오크라, 히비스커스, 접시꽃, 그리고 초콜릿의 원료인 카카오가 포함되어 있는, 알고 보면 친숙한 과다. 말바케아이에는 네 가지 섬유작물이 포함되어 있다. 어저귀 외에도 목화와 두 종의 황마, 그리고 케나프kenaf라는 또 다른 종이 말바케아이에 속한다. 대부분은 따뜻하고 습한 환경에서 잘 자라며 전 세계 대부분 지역으로 퍼져 나갔다. 아부틸론속Abutilon(어저귀속)의 원산지는 불분명하다. 어떤 사람들은 인도라고 하고, 지중해 주변이라는 사람도 있다.[3] 러시아의 생물지리학자 니콜라이 바빌로프Nikolai Vavilov는 품종이 많고 고대부터 사용되었다는 이유로 중국 북부를 지목했다.[4]

인류 조상들도 로프의 중요성을 알고 있었다. 길게 늘린 동물 가죽, 덩굴, 풀 줄기를 이용해 식량을 감싸고 운반했다. 활시위, 자루, 옷에도 로프가 사용되었다. 로프를 격자로 엮으면 그물, 덫, 다리가 되었다. 로프 덕분에 구조물을 옮기고 들어 올리고 쌓는 도르래와 기계 장치가 발명되어 상상력의 범위가 넓어졌고 생활 환경이 완전히 달라졌다. 새로운 기술이 늘 그렇듯이, 로프의 발명은 사회를 바꾸어놓았다. 일부 사람들이 로프를 이용해 자원을 더 많이 확보하면 나머지 사람들은 뒤따르지 않을 수 없었고 똑같이 하지 않으면 뒤처졌다.

중국에서 어저귀 섬유는 기원전 11세기 세워진 주나라 이전부터 사용되었다. 농부들은 어저귀 섬유로 삼끈, 신발, 까슬까슬하고 올이 굵은 옷을 만들었다. 또한 줄기가 긴 개체의 씨앗을 골라서 거래하거나 나누었다. 어저귀 씨앗은 목화와 다른 작물을 심을 때 섞여 들어서 함께 이동했다. 수 세기에 걸쳐 어저귀 모종과 씨앗은 중국에서 러시아를 거쳐 남쪽으로 지중해까지 전해졌다.

어저귀가 대마와 뒤섞인 것은 중앙아시아에서였다. 대마도 고대 섬유작물이었지만 두 식물은 서로 관련이 없다. 생김새는 비슷하지 않지만 둘 다 밀집된 환경에서 잘 자라는 키 큰 한해살이 식물로, 곧은 줄기에서 길고 부드러운 섬유가 난다. 대마는 섬유가 튼튼하고 매끄럽지만 식물 자체는 키우기 어렵다. 어저귀는 섬유가 짧고 거칠지만 재배하기 쉽다. 어저귀는 대마가 드문드문 난 자리를 메웠다. 농부들은 두 식물을 함께 수확해서 가공했으며 섬유로 만든 뒤에는 둘의 차이를 거의 구분하지 못했다.

어저귀는 수 세기 동안 언어 속에서도 대마와 뒤섞였다. 어저귀의 중국어 명칭은 청마靑麻다. 마麻라는 글자는 '대마'를 의미하고 오래전부터 섬유식물과 직물의 총칭으로 사용되었다. 대마와 어저귀는 황마, 모시풀 및 다른 섬유식물과 함께 통틀어서 마麻라고 불리곤 했으며 모두 끝음절에 마麻가 들어간다.[5] 시장에서 더 비싼 값에 팔리는 진짜 대마와 어저귀를 구분할 수 있는 사람은 거의 없었다. 결과적으로, 어저귀는 '아부틸론 대마' 또는 '중국 대마'가 되었다.[6]

서양 식물학자들이 식물의 이름을 정하면서 아시아에서 어저귀와 대마는 더욱 뒤죽박죽 뒤섞이기 시작했다. 린네는 어저귀를 시다 아부틸론*Sida abutilon*이라고 명명했으나,[7] 곧 아부틸론 아비켄나

*Abutilon avicennae*로 바뀌었다. 아욱과 비슷한 식물이라는 의미의 아부틸론이라는 이름은 페르시아의 유명한 의사 아부 알리 시나Abu Ali Sina(이븐 시나)에 대한 경의의 표시였다.[8] 하지만 그보다 4년 전 그리스의 의사 테오프라스토스Theophrastos에 대한 경의의 표시로 아부틸론 테오프라스티*Abutilon theophrasti*라는 이름이 붙여진 선례가 있었다.

불확실한 이름과 정체성은 이 식물이 퍼져 나가고 현대까지 살아남는 데에 도움을 주었다. 사람들이 한 이름에 합의하기 전까지 그 본질은 불분명한 상태로 남아 있었다. 이를테면 버터에 찍을 장식용 삭을 얻으려고 정원에서 키우는 사랑스러운 식물 '버터프린트butterprint 18~19세기의 낙농업자들은 소비자가 기억하기 쉽도록 버터에 고유의 문양을 찍었는데 어저귀의 삭이 그 용도로 활용되어 버터프린트라는 이명을 얻었음◦옮긴이' 혹은 없애려고 애써온 골치 아픈 잡초 '딸랑이상자rattle box 꼬투리를 흔들면 딸랑거리는 소리가 나서 붙여진 이름◦옮긴이'처럼. 어저귀는 쉽게 알아볼 수 있고 아욱과의 다른 식물들을 포함해 그 어떤 종과도 명확히 구분되기 때문에 이름 붙이는 것이 왜 그리 어려운 일이었는지 이해하기 힘들다.

너의 이름은

식민지 시대 이전에 어저귀가 서유럽에서 북아메리카로 일부러 선적되었다는 기록은 없다. 1500년대에 플랑드르의 의사이자 식물학자 렘베르트 도둔스Rembert Dodoens는 어저귀를 닮은 식물을 입수했다. 그가 남긴 고전『본초서Cruydeboeck』의 영문판에는 "노랑 아욱"이라는 표제가 붙은 식물 그림이 실려 있다. 하트 모양 잎사귀, 노란색 꽃, 방이 나누어진 삭, 3~4큐빗가운뎃손가락 끝에서 팔꿈치까지의 길이, 3~4큐빗은 약 1.5~2미터·옮긴이 높이라는 전반적인 묘사는 어저귀와 상당히 유사하다.[9]

어저귀 씨앗은 런던의 무역 회사들이 식민지 농부들에게 실어다 준 러시아산 대마 씨앗과 함께 북아메리카로 이동했다. 로프 제조자들에게 가는 미가공 대마에 어저귀 줄기가 섞이기도 했다. 중국 톈진항에서 보낸 대두 씨앗의 초기 선적분에 씨앗이 섞여 들었을 수도 있다. 톈진항 인근에서는 섬유를 얻기 위해 어저귀를 재배했기 때문이다.[10]

어저귀를 닮은 식물에 관한 식민지 시대 초기의 기록은 진위가 의심스럽다. 1680년 버지니아주의 성직자 존 배니스터John Banister의 설명은 모호해 다른 곳에서 베껴왔을 가능성이 크다.[11] 존 클레이턴John Clayton의 1743년 식물지에는 "작은 노란색 꽃이 피고 잎에서 강한 향이 나는" 식물에 대한 기록이 있다.[12]『정원사 사전The Gardeners Dictionary』을 쓴 영국인 필립 밀러Philip Miller는 클레이턴과 배니스터의 기록을 출처로 삼았던 것 같다. 이 책에서는 "버지니아와 미국의 다른 지역 대부분에 매우 흔하다"라고 설명하고 있다.[13] 이후의 저자들은 밀러의 책을 근거로 어저귀가 미국독립전쟁 이전에도 흔했다고 썼다. 하지만 그럴 가능성은 적다. 밀러는 이 식물을 직접 본 적이 없었고, 다른 책들의 분류학적 오류와 잘못된 정보를 자신의 책에 되풀이해서 실었을 뿐이다. 게다가 바트럼 부자아버지 존 바트럼John Bartram과 아들 윌리엄 바트럼William Bartram◦옮긴이, 콘스턴틴 라피네스크Constantine Rafinesque, 토머스 너탤Thomas Nuttall과 같은 미국의 유명한 초기 식물학자들은 1700년대의 식물에 대한 설명에서 어저귀를 닮은 종을 언급하지 않았다. 영국의 식물학자 존 조슬린John Josselyn도, 뉴잉글랜드 탐사에 관해 믿을 만한 기록을 남긴 박물학자 페르 칼름도 마찬가지였다.

미국에서 어저귀에 대한 최초의 신빙성 있는 기록은 1803년 벤저민 스미스 바턴Benjamin Smith Barton에게서 나왔다. 바턴은 토머스 제퍼슨의 친구이자 루이스와 클라크의 고문이었다미국 대통령 토머스 제퍼슨의 명령으로 메리웨더 루이스Meriwether Lewis와 윌리엄 클라크William Clark 는 1804년부터 1806년까지 미 대륙을 탐사함◦옮긴이. 바턴은 '인디언 아욱'을 털이 많은 하트 모양 잎사귀에 노란 꽃이 피는 한해살이 식물이라고 묘사하면서 버몬트에서 버지니아와 뉴욕주 올버니 서쪽까지 분포한다고 설명했다.[14]

바턴은 그 시대 사람들이 궁금해했던 생물학적 수수께끼 한 가지를 해소하는 공적도 세웠다. 린네는 북아메리카의 숲을 거닐어본 적도 없으면서 아메리카 식물들이 "유달리 털이 없어 매끈하다"고 했다(밑줄은 린네가 강조한 부분). 린네는 아메리카 원주민들도 이와 마찬가지로 몸에 털이 없을 거라고 짐작했다. 하지만 방대한 조사 후 바턴은 다음과 같이 발표했다. "우리는 이제 아메리카 원주민들이 일본인, 중국인… 그리고 여러 다른 나라 사람들보다 털이 적지 않다는 사실을 알게 되었다." 바턴은 린네가 "미국의 숲에 와보았더라면 아주 많은 종이 다양한 종류의 털로 뒤덮여 있음을 발견했을 것"이라고 장담했다. 그가 예를 들며 언급한 '시다 아부틸론'은 어저귀를 지칭하는 이름이었다.[15]

한동안 식물학자들은 '아부틸론 대마'가 북아메리카 원산이라고 생각했다. 이 식물은 키가 크고 칙칙한 녹색으로, 크고 벨벳 같은 촉감의 하트 모양 잎사귀가 달렸으며 삭은 땅딸막한 오크라와 비슷하다. 북아메리카 동부의 다른 어떤 식물과도 닮은 점이 없다. 원산지에 관한 의문은 두 가지 상반된 의미를 함축했다. 일부 생물학자들은 유럽의 동식물이 북아메리카 야생 동식물보다 우월하다고 믿었다. 아부틸론이 문명화된 유럽 계통이라면 작물로서 얌전하게 행동하리라 생각했다. 하지만 거친 아메리카 대륙이 원산지라면 다른 토착 동식물처럼 하찮게 여겨도 괜찮다고 생각했다. 제퍼슨은 이 식물의 원산지가 아메리카라고 믿었다.[16] 1793년 헨리 뮬런버그Henry Muhlenberg가 만든 펜실베이니아 동부의 식물 목록에는 1000가지 이상의 종이 실렸는데, 그중 하나인 "인디언 아욱…아부틸론"에 관해서는 야생에서 자라며 토착 식물일 수 있다는 의견을 제시했다.[17]

미국 역사를 통틀어 '인디언'이라는 단어는 식물학자들에게 혼란만 가중시켰다. '인디언 아욱'은 인도 대륙에서 온 식물일 수도 있고, 아메리카 원주민들이 오래전부터 사용해온 식물일 수도 있다. 또한 인디언 담배Indian tobacco, Lobelia inflata나 인디언 대마Indian hemp, Apocynum cannabinum처럼 식물학에서 인디언이라는 단어는 '가짜'라는 의미를 함축하기도 했다. 뮬런버그처럼 존경받는 식물학자가 '인디언 아욱'이라는 이름을 사용했다는 것은 그가 이 식물이

(토종이 아닌데도) 토종이라고 믿었다는 의미일 수 있고, 이 식물이 (인도에서 들어오지 않았는데도) 인도에서 들어온 거라고 믿었다는 의미일 수도 있으며, (가짜가 아닌데도) 가짜 아욱이라고 믿었다는 의미일 수도 있다.

식민지 시대에 불리지 않았던 한 가지 이름은 바로 '어저귀velvetleaf'였다. 그리고 '잡초'라고 불리지도 않았다.

잡초가 되다

미국은 1800년대 초 나폴레옹전쟁으로 큰 충격을 받았다. 특히, 영국이 미국 해병에게 영국 전함에서 복무할 것을 강요하자 미국인들은 대단히 모욕감을 느꼈다. 제퍼슨 대통령은 일련의 입출항 금지 조치를 내리고, 높은 수입 관세를 부과하며, 최후의 수단으로 '통상 금지nonintercourse' 정책을 시행해 미국을 세계와 단절시켰다. 그의 임기 말에 시행된 이 정책은 이후 200년 동안 고등학교 역사 시간에 소동을 일으킨 것 말고는intercourse라는 단어에 '성교'라는 의미가 있어서 벌어진 상황·옮긴이 어떠한 영향력도 발휘하지 못했다.

영국과 또 한 차례 갈등이 전망되자, 미국인들은 그동안 얼마나 많은 물자를 외국에 의존해왔는지 깨닫게 되었다. 싸움은 대부분 해전이 될 가능성이 컸다. 선박과 선박 관련 물품이 다시금 중요해졌다. 제임스 매디슨은 해군과 해운 업계를 위해 필수 자재의 제조를 활성화할 조치를 마련해달라고 의회에 호소했다. 그는 "농업 육성을 통해 지금까지 국제무역으로 충당했던 물품의 대체품을 (생산해야 한다)"고 말했다.[18] 기회를 좇던 사람들은 선박 업계를 지원하고 전쟁으로 이익을 얻기 위해 제조업을 시작했다. 농부들은 모든 종류의 대마를 더 많이 심었다.

1812년 전쟁1812년 6월부터 1815년 2월까지 미국과 영국, 그리고 양국의 동맹국 사이에서 벌어진 전쟁·옮긴이 막판에 진행된 뉴올리언스 전투 1815년 1월 8일 신생국인 미국과 전 세계를 주름잡던 영국 간의 분쟁이 끝나가던 시점에 발발한 전투·옮긴이의 포화가 마침내 걷힐 무렵, 매디슨은 농업과 산업을 "국가 독립과 부강의 원천"이라고 칭송했다.[19] 이것은 미국산 원단으로 만든 워싱턴 대통령의 정장만큼 명확한 메시지를 주었다. 외국산 로프에 의존함으로써 나라의 주권을 위협받는 일은 두 번 다시 없어야 한다는 메시지였다.

전쟁의 혼돈이 끝났고, 제임스 먼로가 매디슨의 후임으로 대통령이 되었다. 농부들은 농업을 혁신하고 다각화할 태세가 되어 있었다. 미국은 저개발된 변방에서 도시화된 산업 제국으로 서서히 변모했다.[20]

2년 후, 신용 버블로 미국은 첫 번째 대공황을 맞았다. 먼로 대통령은 친숙한 경제 도구인 관세에 손을 뻗었다. 대마와 밧줄 등 외국 물자에 세금이 부과되었다. 그다음 10년 동안 보호 무역론자들은 국내 생산 촉진을 위해 더 높은 관세를 요구했다. 최악의 보호 관세인 1828년 '증오의 관세법'은 대마뿐 아니라 당밀, 인디고, 증류주와 같은 다른 필수품에도 역대 최고의 세금을 매겼다.[21]

대마 생산을 장려하기 위한 관세 조치에는 한 가지 문제가 있었다. 미국산 대마의 품질이 그다지 좋지 않다는 사실이었다. 미국산 대마는 러시아산 대마의 품질을 따라가지 못했다. 러시아 노동 자들은 대마 줄기를 격자 위에 올려 조심스럽게 말렸지만, 미국 농 부들은 낫으로 벤 줄기를 땅에 그냥 내버려 두고 건초처럼 말렸다. 비를 맞아 흰곰팡이가 슬기도 했다. 해군 장관은 미국산 대마로 만 든 로프가 가늘고 약해서 전투함에 쓰기에는 안전하지 않다며 개 탄했다.[22] 아부틸론 대마도 별 도움이 되지 않았다. 섬유가 짧은 아 부틸론 대마로 만든 로프는 약하고 다루기가 어려웠다. 그것은 불 순물이자 가짜였고 진짜 대마를 대체할 수 없었다. 해군들은 아부 틸론 대마로 만든 로프를 타고 돛대에 기어오르며 목숨을 걸고 싶 어 하지 않았다. 그렇게 높이 올라가려면 품질 좋은 러시아산 대마 로프가 있어야 했다.

아부틸론은 진짜 대마와 뒤섞인 덕분에 북아메리카에 스며들 수 있었다. 하지만 시대는 달라지고 있었다. 1830년대 초에 로버트 매코믹Robert McCormick은 줄기에서 대마 섬유를 기계적으로 분리해 내는 '대마 얼레빗' 특허를 내고 로프의 품질을 개선했다. 하지만 일주일간 물에 담근 후 줄기를 벗겨내야 하는 아부틸론 섬유에는 이 장치를 쓸 수 없었다. 미국의 섬유 독립을 이끈 것은 보호 관세 가 아닌 대마 얼레빗이라는 신기술이었다. 1832년 관세법으로 수 입 관세가 낮아졌고 이후 두 번 다시 오르지 않았는데도, 켄터키주 농부들은 대마 생산을 늘렸다. 대마 씨앗에서 어저귀 씨앗과 같은 불순물을 제거하는 씨앗 세척기를 비롯해 다른 기술 혁신들이 뒤 따랐다. 이로써 농사와 언어 면에서의 뒤엉킴이 끝났고, 어저귀가 대마와 혼동됨으로써 덕을 볼 일이 없어졌다.

때마침 조선 기술도 달라지고 있었다. 쇠사슬이 선박의 로프를 대체하면서 켄터키주의 대마 생산 붐이 꺼졌다. 석탄 연료로 움직이는 증기선이 대서양을 횡단하기 시작했다. 강한 바람이나 대규모 선원은 필요 없었다. 수 킬로미터에 달하는 로프, 삭구배에서 쓰는 돛·돛대·밧줄 등의 총칭·옮긴이, 닻줄도 필요 없었다.[23]

아부틸론 대마가 생태적 성공을 거둘 희망은 수포가 되었다. 대마와 어저귀가 뒤섞였던 밭은 영년 초지다년생 목초를 파종해 오랫동안 이용할 수 있는 목초지·옮긴이로 대체되었고, 한해살이 잡초들은 씨앗 상태로만 살아남았다. 대마와의 관계가 끊어진 아부틸론은 인디고, 모래풀, 명아주나 기타 경제 가치가 없는 식물처럼 버려진 작물의 대열에 합류했다.

식植생 역전

펜실베이니아주 웨스트체스터의 윌리엄 달링턴은 놀랄 만큼 재능이 많은 사람이었다. 그는 의사, 상인, 여행가, 군인, 국회의원, 도서관 설립자, 은행장, 운하 위원, 철도 행정관 등으로 활약했다. 그런데도 워싱턴 장군의 밸리 포지 주둔지독립전쟁 중 조지 워싱턴이 이끌던 대륙군이 주둔했던 동계 야영지 중 한 곳·옮긴이에서 그리 멀지 않은 시골길을 다니며 식물을 채집할 시간이 있었다. 1826년 달링턴은 이 지역에서 꽃을 피우는 식물들에 관한 책을 펴냈다. 그는 "시다 아부틸론, 인디언 아욱, 드위트 잡초De Witt weed, 어저귀는 귀화한 외래 식물로서 경작지에 골칫거리가 되고 있다"라고 서술했다.[24]

'드위트 잡초'라는 이름은 다른 어디에도 등장하지 않아 그 출처가 베일에 싸여 있다. 하지만 이것은 내가 구할 수 있었던 자료 중 '어저귀velvet-leaf'라는 이름이 처음 등장한 자료였다. 촘촘한 잔털이 미세하게 난 벨벳 같은 줄기와 잎을 달링턴이 처음 발견했을 리는 없다. 이 식물이 잡초라는 생각을 그가 처음 했을 리도 없다.

1865년 북아메리카의 잡초들에 관한 첫 번째 책을 썼을 당시에도 어저귀에 대한 달링턴의 견해는 개선되지 않았다(이때는 드위트 잡초가 아니었다). 이제는 이 식물이 "쓸모없고 골치 아픈 침입자이고, 옥수수밭과 감자밭 등 다른 경작지에 자주 나타나며, 성가실 만큼 몸집도 크므로, 씨앗이 성숙해지기 전에 꼼꼼하게 뿌리 뽑아야 한다"라고 조언했다.[25] 보드라운 잔털을 따라 식물에 이름영어로 'velvetleaf' 즉, 벨벳 같은 잎 • 옮긴이을 붙여준 사람에게서 나온 조언치고는 가혹했다. 어쨌든 농업 신문은 이러한 정서를 그대로 받아들여, 어저귀가 '유해 식물'이라며 "비옥한 땅에서 잘 자라고 경작된 초지에서는 상당한 크기에 도달한다"라고 소개했다.[26]

어저귀가 그동안 진화해온 서식지 바깥으로 나오면서 잡초로 발전할 잠재력이 있음을 농부들이 깨닫기까지 100년 이상 걸렸다는 사실은 놀라운 일이 아니다. 이러한 패턴은 흔하기 때문이다. 식물, 곤충, 균류, 바이러스, 그 어떤 생물이든 성공적인 정착은 녹록지 않다. 많은(아마도 대부분의) 생물이 끝내 정착하지 못했다. 어저귀가 미국에 들어온 후 생존할 수 있었던 것은 한동안 인간이라는 동반자가 대마 작물과 함께 돌보아주었기 때문이다. 야생에서 자라게 내버려 두자, 돌보는 사람이 없어진 어저귀는 지체기lag phase를 맞았다. 성장과 확장이 비교적 더뎌지는 기간을 말한다. 예상치 못한 장소로 퍼져 나가는 유해 식물이라는 실체를 사람들이 인식하기 전까지 지체기는 몇 년 혹은 몇백 년 동안 이어질 수 있다.

어저귀 입장에서 지체기는 잡초라는 새로운 지위에 적합한 유전형을 집중적으로 선택하는 시간이었다. 이 식물은 대부분 자가수분을 하지만 아시아에서 들어온 역사 때문에 이미 상당한 유전적 변이가 이루어진 뒤였다. 아시아에서 작물로 재배되어온 어저귀는 밭작물 환경에서 유용한 유전자 형질을 가지고 있었다. 하지만 균일한 성장이나 짧은 종자 휴면처럼 농부들이 선호했던 형질의 유전자는 쓸모가 없어졌다. 어저귀는 작물 형질을 포기하거나 탈순화dedomestication 생물의 형질을 여러 세대에 걸쳐 인간이 원하는 방향으로 바꾸어 길들이는 순화의 반대 의미 · 옮긴이했고 잡초로 성공하는 데 도움이 될 형질을 다시 획득했다.[27]

달링턴은 어저귀가 도로변과 황무지를 넘어 경작지로 퍼져 나가는 상황을 관찰했다. 또한, 작물이 자라는 곳이면 어디서든 살아남게 해주는 어저귀의 특징이 무엇인지 알고 있었다.[28] 어저귀가 단순한 텃밭 탈주 식물 이상이 될 수 있도록 도와준 두 가지 특징은 바로 종자 휴면과 성장 가소성이었다.

잡초가 항상 승리하는 이유

어저귀 씨앗은 경이롭게도 아무것도 하지 않고 50년 이상 흙 속에서 휴면 상태를 유지할 수 있다. 성공적인 잡초의 공통 특징 중 하나는 어떤 방법으로든 씨앗을 휴면 상태로 만들었다가 작물을 심는 시기에 맞추어 싹을 낸다는 점이다. 50번의 겨울과 촉촉한 봄과 더운 여름과 쌀쌀한 가을을 끈기 있게 기다리는 씨앗을 상상해 보라. 그러다가 딱 한 번 흙이 일구어지고 적절한 온도와 봄비 등 조건이 맞추어지면 그 씨앗은 깨어나서 싹을 틔우고 유묘가 된다.

어저귀 씨앗의 휴면 방법은 비교적 단순하다. 단단한 종피(씨앗 껍질)가 외부 습기를 막아주는 것이다. 씨앗 내부는 완전히 성숙한 상태이고 성장할 준비가 되어 있지만 수분이 없으니 발아를 시작할 수 없다. 씨앗은 종피 바로 밑의 세포층으로 밀봉되어 있다. 씨앗이 한때 붙어 있던 삭 안의 특정 부위에 작은 마개가 있다. 이 마개가 헐거워지면 물이 들어오고 효소가 활성화되어 세포가 팽창하고 뿌리가 부풀어 올라 씨앗을 밀어낸다. 마개가 한번 헐거워지면 다시는 휴면 상태로 돌아갈 수 없다. 만약 씨앗이 발아하지 못하면 곰팡이와 박테리아가 침투해 싹을 틔우지 못할 것이다. 우리 연구실 학생들의 표현대로 "발아가 아니면 죽음을"이다.

하지만 어저귀는 영리하게도 시간 차를 둘 줄 안다. 모든 씨앗이 다 같이 50년 동안 휴면 상태로 지내지는 않는다. 그렇게 오래 휴면하는 경우는 소수뿐이고, 대부분은 몇 년에 걸쳐 봄철에 얼음이 얼었다 녹았다 할 무렵 마개를 열고 싹을 틔운다. 흙이 움직이면서 종피가 긁히면 물이 들어가 발아가 시작되기도 한다. 하지만 씨앗 몇 개는 농부들이 잡초를 뽑지 못할 만큼 늦은 시기까지 발아하지 않고 기다린다.[29]

잡초로서 어저귀의 또 다른 핵심적인 특징은 가소성이다. 가소성은 환경에 따라 모양, 분지分枝 식물의 줄기에서 가지가 갈라져 나옴。옮긴이, 키 또는 다른 특징을 바꾸는 능력이다. 식물은 주변 환경을 감지하고 유전자를 활성화하거나 비활성화함으로써, 조건에 따라 적응하고 살아남는다.

어저귀는 키와 분지를 변경할 수 있는 가소성이 있다. 긴 줄기 섬유 때문에 작물로 선택받았던 어저귀는 주변 환경에 맞추어 줄기 성장을 조정할 수 있다. 키 작은 식물에 둘러싸여 있을 때는 금세 그보다 위로 줄기를 뻗고 가지를 펼쳐 햇빛을 가로채고 더 많은 잎과 꽃과 씨앗을 만든다. 키 큰 식물들에 둘러싸여 자랄 경우, 초관 높이보다 훨씬 더 위쪽까지 중심 줄기를 뻗는다. 그렇게 성장을 완료하고 난 뒤 가지를 뻗어 햇빛을 포착한다. 어저귀는 이러한 가소성으로 작물의 키가 작든 크든 효과적으로 경쟁해 자원을 차지하고 씨앗을 만들어 뿌린다. 이듬해에도(혹은 다음 50년 동안에도) 똑같이 행동할 기회를 확보하는 것이다.[30]

달링턴은 약 60년에 걸쳐 식생의 변화를 기록했다. 어저귀가 퍼져나감에 따라 이 식물에 대한 그의 생각도 달라졌다. 머지않아 전체 어저귀 개체군메타개체군, 공간적으로 분리되어 살아가는 아개체군의 집합체。옮긴이은 극적 전환점에 이르렀다. 충분한 번식 압력이 작용해 폭발적인 대수 증식으로 이어진 것이다. 대수 증식기exponential growth phase란 밀도와 범위 면에서 거의 제한 없는 성장이 이루어지는 시기를 말한다. 어저귀가 대수 증식을 시작한 이상, 그저 오해 섞인 호기심의 대상이던 시절로 돌아가기란 불가능해졌다.

1800년대 후반 북아메리카에서 급속하게 팽창한 어저귀 개체군은 다음 세기까지 농경지에서 지배력을 유지했다. 작물을 기르기 위해 땅을 개간하고 경쟁 식물을 제거해주자, 작물과 함께 어저귀가 자라났다. 밭에서는 어저귀 모종이 햇빛, 물, 토양 속 양분을 놓고 다른 작물과 혹은 자기들끼리 경쟁했다. 이것은 강렬한 농경선택으로 작용해 관리된 농업 환경에 더욱 잘 적응하게 되었다.

아주 오래전부터 작물로 길러진 어저귀는 의도했든 그렇지 않든 유리한 작물 형질을 지니고 있는 덕분에 선택을 받았다. 개체군 속에 잡초성 유전자(형질)의 발현 빈도는 그만큼 줄어들었다. 그러다가 야생에 방치되면서 어저귀의 작물 형질은 쓰임이 줄고 잡초 형질이 선호되었다. 먼저 싹을 틔우고 빠르게 성장하고 더 높이 자라고 더 넓은 잎을 만들어내고 더 빠르게 재생산할 수 있는 어저귀가 우위를 점했다. 농경선택은 이러한 유전형을 선호했으며, 그것은 어저귀가 더욱 경쟁적이고 끈질긴 잡초로 성공하는 데 도움이 되었다. 결국 밭 전체가 어저귀로 뒤덮였다. 특히 옥수수밭에 잘 나타나는 잡초가 되었다.

하지만 어떠한 식물도 근본적인 생물학 법칙을 피할 수는 없다. 최종 수량 일정의 법칙에 따라 일정 면적의 잡초 생물량(식물 물질의 전체 무게)이 제한된다. 식물의 밀도가 높아질수록 생물량 또한 높아지지만 일정 한도까지만이다. 언젠가는 자원이 부족해진다. 밀도가 증가할 때 식물을 더 추가하면 자원 경쟁의 강도가 높아져서 전체 생물량이 더는 증가하지 않는다. 그러니까 어느 한 식물이 추가되면 나머지 식물의 성장이 쇠퇴해 균형이 맞추어지고 결국 생물량의 총변화량은 0이 되는 제로섬 게임이다. 식물의 수가 많아질수록 자랄 수 있는 각 식물의 총량은 줄어든다. 식물의 수가 적어질수록 각 식물은 더 자랄 수 있게 된다.

이 법칙은 어저귀에게 유리하게 작용했다. 다량의 어저귀를 생산하는 데 수천 포기 어저귀가 필요하지는 않다. 개체가 비교적 낮은 밀도로 분포하더라도 뻗어나갈 공간이 많으니 문제없다. 가령 1제곱미터 내에 경쟁 식물이 없는 어저귀 한 그루는 100그루 또는 1000그루의 어저귀 모종이 같은 면적의 자원을 놓고 싸울 때 못지않게 많은 줄기, 잎, 씨앗을 만들어낼 수 있다. 그래서 어저귀가 밭에 확고히 자리를 잡고 나면 농부들은 개체군을 줄이기가 어려워진다. 밀도를 90퍼센트 줄이면 나머지 10퍼센트가 농부가 수고롭게 없앤 90퍼센트만큼 많은 잎을 내서 흙을 뒤덮고 그만큼 많은 씨앗을 내놓는다. 일정한 최종 생산량을 측정하기 위한 이론, 계산, 한계, 조건은 상식선에서 이해할 수 있는 수준보다 복잡하다. 결국, 잡초는 많든 적든 항상 승리한다.[31]

어저귀에 달라붙은 기회주의자들

1862년 10월 16일 필라델피아의 프랭클린 연구소에서 열린 월례 회의에서 어저귀는 안건 최상단에 올랐다. 특허 변호사 헨리 하우슨Henry Howson은 '미국 황마American jute'의 섬유 특성에 관해 발표했다. 이 주제는 북군 군복에 쓰이는 직물을 공급하는 지역 섬유업계의 큰 관심을 불러일으켰다. 사실 그가 언급한 식물 중에 진짜 황마Corchorus spp는 없었다. 그는 현지에서 나는 다년생식물 히비스커스 모스케우토스*Hibiscus moscheutos*(미국부용)에 대해 설명한 다음, "일년생식물로 재배하기 쉬우며 지금까지는 쓸모없는 잡초로 여겨졌던 아부틸론 아비켄나"로 넘어가 "이 식물의 섬유는… 광택 나는 것이 특징이며 이례적으로 튼튼하다"라고 설명했다. 이것은 어저귀의 작물 겸 잡초의 특징이 처음 인정된 사례였고, 작물에 대한 희망과 칭송 앞에서 잡초로서의 특징은 대부분 무시되었다. 하우슨은 설명을 이어갔다. "이 식물을 심고… 섬유를 시장에 공급하기 위해 특허 소유권자들을 구성원으로 하는 회사를 설립하려고 합니다. 참여자들께서는 이 중요한 발명 혹은 발견의 이행을 활력 있게 추진해나가는 회사의 노력에 반드시 성공이 뒤따를 것임을 주지하시기 바랍니다."[32]

서부 미주리주 해니벌에서도 헨리 드레이퍼Henry Draper가 똑같이 희망에 부풀어 있었다. 그는 직물, 밧줄, 삼끈을 만들 새로운 소재를 발견한 상태였다. "식물학자들이 아부틸론 아비켄나라고 부르는 이 식물은 '모르몬 잡초', '도장 잡초' 등 다양한 지역 명칭이 있으며, 미주리와 일리노이를 비롯해 다른 주에서도 야생에서 풍성하게 자라는 것으로 확인되었다." 드레이퍼는 대마 가공과 놀라울 정도로 유사한 공정에 관한 특허권을 얻었고, 그것을 일리노이주 스프링필드의 제임스 매코널James McConnell에게 양도했다. 매코널은 자신의 공장에 아부틸론 섬유 1톤을 공급해줄 사람에게 100달러의 보상을 내걸었다.[33]

매코널은 1871년 일리노이주 박람회에서 직접 만든 아부틸론 실, 로프, 삼끈을 홍보했다. "비옥한 흙이라면 어디서든 자라고, 알아서 들어와 자라기도 해서 많은 지역에서 유해 식물처럼 여겨지게 된" 식물을 데려다 키워보라고 농부들을 독려했다.[34] 그러한 결과를 장려하려는 듯, 헥타르당 16만 개에서 22만 개의 씨앗을 뿌리라는 지침까지 제시했다. 그는 잎, 가지, 깍지를 다시 밭으로 돌려보내는 한 지력이 고갈될 일은 없다고 농부들을 설득했다.

하우슨에게는 안타깝게도 '미국 황마' 회사는 끝내 현실화되지 못했다. 매코널이 출품한 로프와 삼끈도 옥수수밭을 갈아엎고 어저귀를 심도록 일리노이 농부들을 설득하지 못했다. 미국 농촌에서 어저귀가 왕성하게 자라나려면 단순한 기업가적 열정 이상이 필요했다.

어저귀에 대한 집착

1873년 유럽에서 시작된 경제 공황은 미국 남북전쟁 이후의 경제 격변과 맞부딪쳤다. 1877년까지 미국은 다시 한번 침체기에 들어섰다. 동부의 공장과 철도에서는 노동쟁의가 심해졌고, 서부에서는 급진적인 토지 균분론이 피어올랐다.

뉴저지주 입법자들은 경제 불안에 대한 해결책을 찾아 역사책을 뒤졌다. 주 농업위원회는 엄청난 실업, 빈곤, 결핍에 대한 해결책이 필요하고 거기에 더해 미국이 연간 700만 달러 규모의 황마를 인도 등에서 수입하고 있으며, 의존도가 심각하다고 경고했다. 다시 한번 위협받는 섬유 주권이 주목을 받았다.

위원회는 "농업의 영역을 확장하고 다각화하기 위한 신생 산업의 도입"을 제안했다.[35] 새로운 섬유작물을 발굴하면 농부들은 다시 농사를 지을 수 있고, 원재료 공급으로 제조업에도 도움이 될 터였다. 신생 산업은 도시 실업자들에게 일자리를 제공할 뿐 아니라 여성과 어린이라는 신규 노동력도 방직 공장에 투입할 수 있을 것으로 기대되었다. 그리하여 키우기로 한 작물은 실크(뽕나무), 모시풀(열대작물인 보이메리아 니베아Boehmeria nivea), 황마 이렇게 세 가지였다. 다만 진짜 황마가 아닌 '미국 황마' 즉 어저귀였다.[36]

뉴저지 노동·통계·산업국의 새뮤얼 C. 브라운Samuel C. Brown 국장은 '주지사령에 따라' 주 전역에 이 작물들을 재배하도록 농부들을 독려했다. 브라운은 자기 집 뒤뜰에 그 작물들을 길러본 적이 있다며 적합성을 확신했다. 허비할 시간이 없었다. 오하이오부터 일리노이까지 미국 황마가 밭에서 싹을 틔우고 있었다. 다른 기회주의자들이 시장을 선점할지도 몰랐다.

자신의 주장을 강화하기 위해 브라운은 보고서에 몇 가지 증거를 첨부했다. 첫 번째는 이 식물이 "정복의 기상과 역량이 있음"을 확인해준 세인트루이스 워싱턴대학교의 실베스터 워터하우스Sylvester Waterhouse 교수의 편지였다. "이 식물은 거침없이 침입해 대규모의 농지를 점유했다. 끈질긴 생명력과 빠른 전파로 재배가 매우 쉽다"는 내용이었다.[37]

여기에다 남부모시풀협회 에밀 르프랑Emile LeFranc 회장의 여섯 페이지짜리 기고문도 덧붙였다. 르프랑은 미국 황마에 관한 자신의 연구 결과를 다음과 같이 보고했다.

이 섬유 생산을 늘려나갈 수 있다면 뉴저지의 상업에 큰 도움이 되고 경제적 이익도 있으리라 확신한다.··· 미국 황마는 훌륭한 섬유식물이다.··· 거름을 준 자리에서 매우 잘 자라므로, 야생식물이라고 부르는 것은 마땅하지 않을 수도 있다. 하지만 그 쓰임이 정해지기 전까지는 농부들이 골칫거리로 생각하고 유해한 잡초로 대했다.··· 매년 어지러이 뿌린 씨앗이 성장 범위를 넓혀서 농부들에게 큰 불편을 준다. 하지만 그 임무 달성의 의지를 꺾을 수 없음은 분명하다.[38]

이것만으로는 위원회가 계획을 폐기할까 봐 걱정스러웠는지, 뉴저지주 박람회 특별위원회의 J.L. 더글러스J.L. Douglass와 대니얼 F. 톰프킨스Daniel F. Tompkins의 증언이 추가로 제시되었다. 이 식물을 성공적인 섬유작물로서 키워내 경제적 효과를 얻을 수 있다고 확신한 주 박람회 측은 미국 황마에 '협회의 최고 영예인 황금공로훈장'을 수여했다.[39]

보고서가 나온 이듬해, 품이 많이 드는 실크 생산을 하려고 이미 흔한 뽕나무를 더 심겠다고 자원한 사람은 아무도 없었다. 뉴저지에서 자라지도 않는 열대작물인 모시풀을 굳이 심으려는 사람도 없었다. 남부의 몇몇 주에서 이미 실패한 바 있는 진짜 황마 또한 누구도 공을 들이려 하지 않았다. 그리하여 경제를 다시 일으키고 역동적인 삼끈과 포대 시장에서 미국의 주권을 다시 한번 찾을 방법은 하나밖에 남지 않았다.

경제 위기 타개책에 대한 기대감은 서쪽으로 퍼졌다. 시카고의 《데일리 인터 오션Daily Inter Ocean》은 '악마의 식물'이라 불리고 식물학자들에게 '아부틸론 아비켄나'라고 알려진 식물에서 인도산 황마보다 월등히 뛰어난 섬유를 얻을 수 있다고 보도했다. 이 식물은 중서부에서 "아주 골치 아픈 유해 식물로 잘 알려져 있었다. 사방에서 자라고 농부들은 어떠한 수단을 써도 이 식물을 없애지 못해서 키 큰 남자의 머리와 어깨까지 닿을 정도로 성장한다. … 하지만 이것은 진짜 악마가 아니라는 것이 드러났다."[40] 몇 가지 상투적인 표현이 이어진 뒤에, 이 기사는 이 식물에게 새로운 지위가 주어진 이상 좀 더 호의적인 이름을 붙여주어야 한다고 제안했다. 머지않아 오리건에서도 새로운 작물을 재배해도 좋을지 판단하기 위해 미국 황마, 대마, 모시풀을 대상으로 뉴저지에서 수행한 것과 비슷한 실험을 실행했다.[41]

뉴저지 의회는 1881년 어저귀 생산을 장려하기 위한 법을 통과시켰다. 더 광범위한 토양과 환경으로 확산과 적응을 부추기고, 수십 년 동안 끈질기게 살아남을 종자은행토양 내부 혹은 표면에 자연스럽게 저장된 종자의 모임◦옮긴이을 구축하며, 다음 100년 동안 농부들이 싸워야 할 잡초의 생태적 성공에 힘을 실어준 대담한 조치였다. 법안의 골자는 90센티미터 길이의 '미국 황마' 줄기 1톤당 5달러의 보상금을 농부들에게 지급한다는 것이었다. 이 제도에 관한 소식은 신문에 실려 주 전역에 발표되었다. 이제 농부들이 응답할 차례였다.[42]

무슨 이유에선지 황금 훈장과 5달러로도 농부들을 유인할 수 없었다. 수백 에이커의 땅에서 어저귀를 키우는 일은 일어나지 않았다. 어저귀 줄기는 하나도 전달되지 않았다. 결국 보상금은 철회되었다. 브라운은 "관심과 협동 정신의 부재로 (농부들 사이에) 신생 산업에 관한 무관심이 팽배해 있다"라며 한탄했다.[43] 하지만 뉴저지 농부들은 어저귀의 본질을 알고 있었다.

어저귀를 산업화하려는 노력은 새로운 작물의 상업적 개발이 직면하는 전형적인 푸시/풀 난제에 휘말렸다 마케팅 분야에서 사용되는 밀어내기push와 당기기pull 전략에 착안한 표현. 밀어내기 전략은 생산자가 소비자에게 적극적으로 제품을 판매하는 전략이고, 당기기 전략은 소비자가 제품에 다가오도록 유도하는 전략이다。옮긴이. 어저귀는 재배가 쉽고 섬유작물로 오래 사용되어왔다. 뉴저지 농부들이 어저귀 줄기를 몇 톤씩 납품하지 않은 것은 섬유를 효율적으로 가공할 공장이 없었기 때문이다. 하루 일당 몇 푼으로 돌아가는 인도의 황마 산업에 대항하기 위해 큰돈을 들여 어저귀 섬유 추출 기계를 만들려는 회사는 없었다. 게다가 포대와 삼끈이 필요해봤자 얼마나 필요하겠는가?

농업의 역사를 살펴보면 유망한 새 작물이 시장에서 외면받는 경우가 허다하다. 사실상 모든 식물에는 상업적으로 이용 가능한 성분이 들어 있다. 어저귀는 오래전부터 붓기를 줄이고 눈을 맑게 하는 성분으로 알려져 있었다.[44] 씨앗을 짜면 나오는 기름에는 항진균 성분인 히비커슬라이드-C가 들어 있다.[45] 지난 50년 동안 어저귀는 직물, 종이, 건강식품, 낚싯대 손잡이, 보청기, 피부 미백제와 발모제에 특허로 언급되었다. 잡초는 장점이 아직 발견되지 않은 식물일 수 있다. 하지만 어저귀처럼 대부분의 잡초는 장점이 잘 알려져 있어도 잡초로 남는다. 농부가 밭에 어저귀를 재배하도록 설득하기엔 어저귀 크림과 같은 제품 수요가 충분하지 않았다. 그 결과, 어저귀는 잡초 이상의 지위를 얻지 못했다.

승리의 V, 어저귀

기회주의자들이 뉴저지에서 오리건까지 어저귀를 홍보하고 다니는 동안, 어저귀가 잡초로서 궁극적인 성공을 거둘 수 있는 환경이 미시시피강 유역에 마련되고 있었다. 19세기 내내 땅을 개간하고 야생동물을 죽이며 숲을 불태우는 유럽식 농업이 퍼진 상태였다. 농부들은 잘 자라면서도 새로운 산업의 재료로 쓸 작물을 찾기 위해 온갖 종류의 작물을 재배했다. 목화, 벼, 담배는 오하이오와 뉴잉글랜드 지방에 심겼다가 벼, 사이잘삼, 파인애플을 비롯한 다른 작물들이 모두 실패한 남부로 밀려났다. 옥수수, 콩, 호박을 함께 재배하는 원주민들의 농법은 오래전에 대부분 옥수수로 축소되었고 도시, 공장, 학교의 수요에 맞추어 다른 작물은 약간만 재배했다.

1800년대 중반 무렵, 유럽에서 건너온 이민 2세대들은 자신을 이 땅의 적법한 점유자라고 여기게 되었다. 이러한 생각을 바탕으로 그들은 초원에 살던 원주민들을 몰아내고 "소위 '미국 민족'이라는 신화" 바깥의 사람들을 배척했다.[46] 이 '미국 민족'은 야초지 생태계를 깡그리 밀어버리고 유라시아의 작물, 잡초, 동물, 해충으로 대체했다. 이렇게 해서 이질적인 농업 시스템이 들어왔고, 이것이 토지의 올바른 사용으로 인정받게 되었다. 1857년 일리노이의 역사가 프레더릭 거하드Frederick Gerhard는 이렇게 썼다. "한때 강둑을 따라 초원이 펼쳐졌던 곳에서 이제는 현대적인 위풍당당한 저택들을 찾아볼 수 있고 근처에는 여러 외래 식물들이 자란다." 그중에는 "뱅센파리 동부 근교의 도시˚옮긴이의 마시-멜로'marsh'는 습지, 'mallow'는 아욱을 이용한 말장난˚옮긴이인 아부틸론 아비켄나가 있었다." 거하드가 이해한 식물의 생태는 시적이었다. "인간과 달리 식물들은… 평화로운 모습으로 나란히 서서 같은 부모에게 영양분을 얻고, 천상의 이슬을 들이마시고, 머리 위로 균일하게 퍼지는 절대자의 눈부시게 아름다운 태양 빛을 즐긴다."[47]

이 관점은 미국의 심장지대를 중심으로 새로운 농공 단지의 탄생에 영감을 불어넣었다. 20세기의 시작과 함께 미국이 만주에서 선적된 대두유와 대두박에 의존하게 되면서 이 사업 계획에 박차가 가해졌다. 1928년 일리노이주의 농부와 가공업자, 생산자 단체 들은 5만 에이커(약 200제곱킬로미터)에서 생산된 모든 대두를 고정가에 매입하기로 합의했다. 다음 수확 철에 농부들은 일리노이 블루밍턴의 공장에 충분한 양의 대두를 납품했다. 농부들에게 갑자기 대두를 생산하는 대로 팔 수 있는 시장이 생겼다.[48] 1928년 2340제곱킬로미터의 땅에서 약 22만 톤의 대두가 생산되었다. 이후 90년 동안 생산량은 550배 증가했다.

미국 대두 산업의 눈부신 성장은 농업 역사에서 전례 없는 일이다. 관세나 보상금도 없이 벌어진 결과였다. 대두는 식민지 시대에 신기한 아시아 작물로 취급되었고 1940년대까지 건초 작물로 조금 활용되었을 뿐 큰 주목을 받지 못했다. 그러다가 갑자기 북아메리카의 대표적인 상업 작물이 되었다. 변화하는 시장, 인구구조,

식단, 그리고 돼지기름보다 식물성기름을 점점 더 많이 찾는 생활양식이 복합적으로 영향을 미친 덕분이었다.

대두의 성공과 더불어 어저귀가 주요 잡초로 부상했다. 어저귀는 어떠한 잡초도 도달하지 못한 수준의 유명세와 불명예를 얻었다. 1940년대까지 어저귀는 줄뿌림 작물, 특히 옥수수밭의 잡초로 인식되었다. 옥수수밭에서 놀라운 가소성을 발휘해 작물의 초관 위로 솟아오르기 일쑤였다. 농부들이 옥수수 열 사이로 네다섯 번 경운기를 돌려도 어저귀 줄기는 굳건히 서 있었고, 특히 옥수수 열 안에서 자라는 녀석들은 끄떡없었다. 대두가 점점 더 흔해지면서 어저귀는 번성할 수 있는 이상적인 조건을 찾게 됐다. 대두는 옥수수만큼 키가 크지 않아서 어저귀가 햇빛을 보기 위해 너무 크게 자랄 필요가 없었다. 그렇게 아낀 자원은 더 많은 씨앗을 만드는 데 쓸 수 있었다. 어저귀와 대두는 중국의 비슷한 지역에서 왔다. 같은 생장 환경에 이미 적응되어 있다는 뜻이다. 비슷한 시기에 싹을 틔우고, 다 함께 꽃을 피웠으며, 동시에 씨앗을 숙성시켰다. 가을에 수확기가 대두 씨앗을 모아들일 때면 어저귀 씨앗까지 거두어서 작물 잔류물과 함께 토양 표면에 뱉어냈다.

어저귀가 대두의 발자취를 따르기 시작한 것은 제2차 세계대전으로 국내산 유지류의 공급이 심각하게 부족해지면서부터였다. 미국과 일본의 갈등으로 미국이 대두유를 포함한 동아시아산 식용유 약 45만 톤을 수입할 수 없게 된 것이다. 워싱턴과 매디슨이 그랬듯, 프랭클린 루스벨트 대통령도 내수산업을 부양함으로써 미국의 주권을 재확인할 방법이 필요했다. 관세는 논외의 대상이었으므로, 대두유 생산 촉진을 위해 루스벨트가 펼칠 정책에는 한계가 있었다.

하지만 정부는 『대두유와 전쟁: 승리를 위해 대두를 더 많이 재배합시다』라는 제목의 소책자를 내놓으며 대두 생산을 장려했다. 농부들이 대담하게 대두 생산에 뛰어들도록 자극하는 마지막 문장도 잊지 않았다. "대두를 더 많이 재배하는 것은 미국이 자유의 적을 파멸시키도록 돕는 길입니다."[49] 물론 대두를 더 많이 재배하면 어저귀에 적합한 땅이 더 늘어난다는 말은 하지 않았다.

대두 농사는 2만 4000제곱미터에서 4만 제곱미터까지 빠르게 증가했다. 정부는 이를 위해 가격지지제도농산물 가격이 공급과잉이나 소비 부진으로 대폭 하락하였을 경우 생산자가 큰 손해를 입는 것을 방지하기 위해 정부가 가격을 보장하는 제도˙옮긴이를 시행했다. 정부가 나서서 보급한 수확 장비는 공교롭게도 불순물과 함께 잡초 씨앗을 퍼뜨렸다. 정부의 이러한 대국민 호소로 미국은 세계 최대의 대두 생산국이자 수출국이 되었다. 아시아가 혼돈에 빠진 사이, 미국 농부들이 만주산 대두유를 대신해 연합국에 유지류를 공급하기 시작했다. 버터 생산이 감소했고, 곧 대두유로 만든 마가린이 그 자리를 대체했다.

자유를 향한 회피

어저귀의 확장과 생산성에 대한 전망이 이보다 밝을 수 없을 때, 전쟁이 끝나고 학계, 정부, 산업 분야의 인재들이 제초제 2,4-D를 발명하며 이 상황에 끼어들었다. 이 대목은 친숙하다. 2,4-D가 처음부터 한결같이 목표로 삼았던 민들레(타락사쿰 오피키날레) 이야기에 비슷한 내용이 있기 때문이다. 비슷한 패턴은 제초제의 종류만 다를 뿐 다른 여러 잡초의 성공담에 등장한다.

1940년대 후반 2,4-D가 처음 나왔을 때, 농부들은 잡초를 죽이고 싶은 마음이 너무 간절한 나머지 바로 이 제초제를 받아들였다. 싸고 효과적인 데다 어저귀 같은 잡초가 몸을 뒤틀며 말라 죽는 것을 지켜보는 만족감을 주었다. 이 매력을 거부하기가 어려웠다. 이웃이 이 제품을 사용해 더 많은 옥수수를 키우고 더 많은 돈을 벌고 더 많은 땅을 살 수 있다면, 나도 똑같이 해야 했다.

하지만 2,4-D를 대두에 사용할 수는 없었다. 잡초뿐 아니라 대두도 죽이기 때문이다. 대두에 사용할 수 있는 초기의 제초제들은 주로 볏과 잡초와 씨앗이 작은 극소수의 광엽 잡초를 죽이는 정도였다. 어저귀처럼 씨앗이 큰 잡초는 제거할 수 없었고, 덕분에 다른 종과의 경쟁도 사라졌다. 화학물질로 손상을 입은 어저귀 유전형은 개체군에서 제거된 채, 영향을 받지 않는 유전형만 살아남고 번식하는 또 다른 유형의 농경선택이 이루어졌다.

옥수수에 아트라진atrazine 제초제가 광범위하게 사용될 1960년 무렵, 농부들은 업계의 부지런한 마케팅 덕분에 제초제가 잡초 방제의 주된 수단이라고 생각하기 시작했다. 농부들이 제초제에 의존하자, 기업들은 차세대 제초제 경쟁에 뛰어들었다. 옥수수 같은 볏과 작물과 함께 자라는 볏과 잡초를 죽이는 제초제를 내놓는다면 큰돈을 벌 수 있었다. 광엽 작물인 대두와 함께 자라는 광엽 잡초(예를 들면 어저귀)를 죽이는 제초제를 내놓는다면 더더욱 큰돈을 벌 수 있을 것이다.

1969년, 몬산토는 옥수수와 대두에 생기는 볏과 잡초와 광엽 잡초를 방제하기 위해 알라클로르alachlor라는 새로운 제초제를 내놓았다. 이 제품은 매우 효과적이었고 대대적으로 광고되었으며 널리 사용되었다. 식물의 마음속 소리를 들을 수 있다면 어저귀가 지르는 기쁨의 함성을 들었을지도 모른다. 어저귀는 알라클로르에 거의 완벽하게 면역이 있기 때문이다. 알라클로르를 쓰면 모든 한해살이 볏과 잡초와 나머지 광엽 잡초 대부분이 죽거나 억제되었다. 경쟁하던 다른 식물이 사라지자 어저귀의 세상이 펼쳐졌다. 어저귀는 갑자기 대두 위로 우뚝 솟았다. 아트라진은 어저귀의 60~80퍼센트를 죽였지만, 제초제에 대한 내성이 강한 개체는 살아남았다. 게다가, 최종 수량 일정의 법칙을 기억하는가? 살아남은 녀석들은 밀도가 낮아도 모든 개체가 살아남았을 경우 못지않게 많은 생물량과 씨앗을 만들어냈다.

이후 30년 동안 아트라진과 알라클로르는 미국 중서부 지방에서 잡초 방제의 기본으로 자리 잡았다. 지하수에서도 이 농약들이 검출되었다.[50] 아트라진보다 물에 잘 녹는 알라클로르는 금세 흙속으로 스며들어서 수로를 따라 식수로 쓰이는 지하수까지 흘러들었다. 1980년대와 1990년대의 지표수와 지하수 표본에서는 건강 권고치를 넘어서는 수준의 아트라진과 알라클로르가 나왔다. 알라클로르 노출에 따른 장기적인 건강 문제는 밝혀진 바가 없었다.[51]

산업 합병으로 농장의 규모는 점점 더 커졌고 농부들의 숫자는 점점 더 줄었다. 인건비와 연료비가 치솟았고, 농부들은 기계 대신 제초제를 더 많이 사용했다. 더 빠른 토양 피복유실 방지, 양분 공급, 잡초 억제 등 다양한 목적으로 토양을 작물이나 작물 잔류물로 덮어주는 농법。옮긴이을 위해 줄뿌림 간격을 좁혀 대두를 심기 시작했다. 이 때문에 기계 경운이 불가능해졌고 제초제 의존도가 높아졌다. 제조제는 효과적이었지만 완벽하지는 않았다.[52]

몇 년 동안 특정 제초제를 섞어 사용하니, 일부 잡초는 제초제에 내성이 생겼고 어저귀도 그중 하나였다. 논리적 대응은 더 많은 제초제를 더 다양하게 사용하는 것이었다. 네 가지 이상의 제초제를 섞어 쓰는 것이 권장되었다. 그 결과 대부분의 잡초를 적절히 통제할 수 있게 되었지만 가장 죽이기 어려운 종은 남았다. 농부들은 제초제의 농도나 양을 늘리는 방식으로 대응했다. 다른 대안이 없다고 생각했기 때문이다. 미국의 농업은 자유로운 시장을 지향했지만, 농부들은 제초제라는 쳇바퀴에 점점 더 갇히는 신세가 되었다.

다음 모퉁이를 돌아서

1990년대 중반 농화학 회사들은 유전자변형GMO 기술을 도입해 글리포세이트 기반의 제초제(라운드업)에 저항성 있는 작물을 만들었다. 농부들은 곧 유전자변형 작물을 심고 글리포세이트를 살포해 어저귀를 포함한 잡초를 죽이기 시작했다. 유전자변형 기술의 등장과 함께, 잡초에 관한 다른 접근법들에 관한 관심이 사라졌다.

글리포세이트 저항성 유전자변형 작물을 처음 심었을 때, 농부들은 잡초가 깨끗이 사라지리라 예상했다. 나와 긴밀히 협력해오던 데이비드라는 농부도 잡초 없는 유전자변형 옥수수밭과 대두밭에 대한 기대가 컸다. 데이비드와 다른 농부들은 몇 년 동안 똑같은 제초제를 쓰면 살아남은 잡초가 서서히 밭을 장악한다는 사실을 알고 있었다. 살아남은 녀석들은 죽이기가 더 힘들었다. 데이비드의 밭에는 이미 아트라진과 알라클로르를 견뎌낸 잡초들이 있었다. 하지만 유전자변형 작물을 심은 밭에 글리포세이트를 살포하면 그런 잡초까지 죽일 수 있다고 했다.

어느 날 데이비드가 걱정스러운 목소리로 나에게 전화를 걸었다. 유전자변형 작물을 심고 글리포세이트를 뿌린 밭에서 잡초가 발견되었다는 것이다. 나는 다음 날 동료 테드 웹스터와 함께 그의 밭에 들렀다. 데이비드는 대두 사이로 돋아난 어저귀를 보여주면서 글리포세이트도 통하지 않는 잡초에 대한 소문이 돌고 있다고 말했다. 쉽게 죽일 수 있었던 잡초들마저 더 통제하기 어려워졌다는 이야기도 했다. 어저귀도 그런 잡초 중 하나가 될까? 만약 그렇다면 그건 대단히 곤란한 상황이었다. 농장 전체에 어저귀가 퍼질 것이 뻔했고 그걸 통제할 다른 제초제가 없기 때문이었다.

테드는 밭 전체에서 잡초의 출몰 패턴을 살폈다. 규칙적인 직선을 이루고 있었다. 단순히 제초제 사용 착오인 듯했다. 우리가 아는 한 어저귀는 글리포세이트에 쉽게 죽었다. 데이비드는 안도했지만 완전히 확신하지는 않았다. 멀리 녹스 카운티에 나타난 어저귀 이야기를 들은 탓이었다. 그가 전해 듣기로, 라운드업을 살포했지만 어저귀는 죽지 않았다고 했다. 다시 뿌려도 여전히 죽지 않았다. 어떻게든 어저귀는 빠져나왔다. 몬산토에서 나온 직원이 그걸 전부 뽑아서 가져갔다고 했다.

다음 날 오후 나는 카운티 농촌 지도소에 전화를 걸어 잡초 감시 경험이 풍부한 동료와 통화했다. 그는 녹스 카운티를 알았고, 어저귀 발생 소식도 알고 있었다. 그는 어저귀가 발생한 농장의 위치를 알려주었고, 나는 테드에게 같이 가달라고 부탁했다. 우리는 구불구불한 능선과 골짜기를 돌아 전화로 들은 헛간을 찾아갔다. 농부 한 사람이 건초 바인더를 후진시켜 헛간 안으로 집어넣고 있었다.

그 농부는 농약을 뿌려도 죽지 않은 어저귀에 관해서는 들어본 적이 없다고 했다. 그가 부르는 이름은 어저귀의 이명인 버튼위드 buttonweed였다. 농장에 버튼위드가 조금 있었지만 올해는 깔끔하게 처리했다는 것이었다. 작년에는 심했는데 어쩌면 비가 많이 와서 그랬던 모양이라고 했다. 그의 할아버지는 이 농장을 그의 아버지가 물려받아 화학제품을 쓰기 전까지 그런 잡초는 나온 적이 없다고 하셨단다. 요즘에는 예전처럼 화학제품 없이 농사 못 짓지 않느냐고 그는 반문했다. 그래도 어쨌든 그 잡초가 나왔고 없어졌으면 좋겠다고 말했다. 그런 잡초(어저귀인지 버튼위드인지, 뭐라고 부르든 간에)가 애당초 어떻게 거기에 들어오게 되었는지부터가 그에게는 불가사의했다. 공기는 선선해졌고 숲에서 매미가 울었다. 우리는 모기를 잡으며 어둠 속에 한참을 서 있었다. 더는 별로 할 말이 없었다.

항아리 속의 희망

2012년, 고고학자들은 헝가리 남부의 신석기 후기 유적지에서 씨앗이 든 항아리 하나를 발굴했다. 그 항아리 안에는 누가 봐도 어저귀가 틀림없는 씨앗 934개가 들어 있었다.[53] 나는 발굴 팀장에게 편지로 어저귀 씨앗을 소생시키는 기술을 알려주고, 도움이 되지 않을까 싶어서 비교해볼 수 있는 어저귀 유전형을 보내주었다. 화재와 7000년의 세월을 겪은 검게 탄 씨앗이 싹을 티우리라고는 기대하지 않지만 도와줘서 고맙다는 친절한 답장이 돌아왔다. 그 뒤로 일이 어떻게 됐는지는 나도 모른다.

항아리 속에 담긴 7000년 전 어저귀 씨앗. 그것은 의도적으로 수확하고 씻어서 보관해둔 씨앗이었다. 음식이나 약으로 사용했을 수도, 아니면 이듬해에 심을 작물이었을 수도 있다. 여기저기에서, 혹은 돌보던 텃밭에서 골라 모은 씨앗이었을 것이다. 진실은 아무도 모른다. 이런 씨앗은 여러 대륙으로 이동했을 것이다. 일부는 사람들이 의도적으로 골라서 운반하고 거래하거나 나누어 가졌다. 나머지는 메마른 삭에 둘러싸인 채 물이나 토양과 함께 이동하거나 바람에 날려 눈 덮인 들판의 지표 위를 굴러다녔을 것이다.

역사가 살짝 달라졌다면 그 씨앗은 매우 유용한 작물의 조상이 되었을 것이다. 농부들에게 번영을 가져다주고 섬유, 약품, 화장품 산업의 성공을 지탱해주는 그런 작물 말이다. 오랜 세월에 걸친 인간의 개입으로 의도적인 선택이 이루어진 끝에 현대 농업에 이르러 경제 작물이 되었을지 모른다. 종자 휴면, 가소성, 보호 기능을 하는 털과 같은 잡초다운 특성을 버리면서, 결과적으로 어저귀의 유전자 기반은 좁아졌을 것이다.

어저귀가 작물이 되었다면 지금 우리가 밭에서 볼 수 있는 옥수수나 대두처럼 경이로운 수준의 균일성을 나타냈을 것이다. 모든 식물이 똑같은 높이로 자라고, 곁가지를 거의 내지 않고, 때가 되면 싹을 틔우며 동시에 꽃을 피우고 다 함께 씨앗을 맺을 뿐 아니라 마침맞게 잘 말라서 수확 철에 크기, 모양, 색깔, 건조 상태가 균일해 상업적으로 유용한 열매를 수집하기 좋았을 것이다. 업계는 비옥한 과보호 환경에 적합하고 생산성 높은 어저귀 유전형을 선택했을 것이다. 고분고분 말 잘 듣는 식물로서 어저귀의 광합성 장치는 가장 시장성 높은 곳으로 에너지를 몰아주었을 것이다. 그리고 틀림없이 지금 우리는 질병에 강하고 산출량이 많으며 제초제에 죽지 않는 유전자변형 어저귀밭을 보게 되었을 것이다.

이 가상 작물의 생식질다세포생물에서 전적으로 자손에게 유전물질을 전해주는 역할을 담당한 세포나 조직◦옮긴이은 몇몇 기업의 소유였을 것이다. 아니, 생식질의 모든 정보를 한 회사가 소유할 가능성이 크다. 산업형 농업이 정해놓은 규칙을 따르는 어저귀 품종이 만들어졌을 것이다. 각 주에 어저귀 재배자 협회가 설립되어 자조금을 관리하고 어저귀 재배자의 이익을 보호하거나 수출액을 높이려고 의회에서 로비를 벌였을 것이다. 그리고 이따금 중국산 어저귀에 관세를 부과하라고 촉구했을 것이다.

이것이 생태적으로 더 큰 성공이었을까? 어저귀는 잡초가 되는 것을 선택했다. 실용적인 섬유 소재를 내어줌으로써 공진화 파트너인 인간에게 달라붙는 방법으로, 중국 북부에서 러시아와 동유럽의 비옥한 농지를 거쳐 북아메리카의 초원까지 이동했다. 법률가, 농부, 창업가의 상상력을 자극했고 그들의 기대감을 발판으로 새로운 환경에 적응했다. 새로운 농사법이 등장할 때마다, 농경선택을 통해 다양한 환경에 대한 적응력과 잡초 방제 관행에 대한 내성을 높였다. 하지만 피하고 버티고 살아남을 수 있도록 도와주는 형질은 잃지 않으려고 애썼다. 널리 퍼질수록 개체군 내에서 유리한 대립형질우성·열성과 같이 대립유전자에 의해 지배되어 서로 대립적으로 유전되는 유전형질·옮긴이이 늘어나면서 더 큰 유전 능력이 발현되었다.

어떤 이들은 농작물이 인간을 유인해 자신을 길들이게 함으로써 생태적으로 성공했다고 주장한다. 인간이 유용한 형질을 가진 식물을 선택했고, 이를 해충과 질병에서 보호했으며, 유전자를 퍼뜨려 전 세계로 서식지를 넓혔다는 것이다. 하지만 나는 궁금하다. 그렇게 길들여지고 산업화되고 인간의 보호를 받는 종들은 과연 잡초를 선택한 친구들보다 자신이 더 성공했다고 생각할까?

어저귀는 길들여지기를 거부하고 잡초다운 유전자, 적응성, 가변성을 유지했다. 누구의 규칙도 따르지 않는다. 생존과 지속적인 적응을 위해 어떤 회사나 국가에 의존하지도 않는다. 어저귀의 관점에서는 일종의 식물 주권을 달성한 셈이다.

기름골

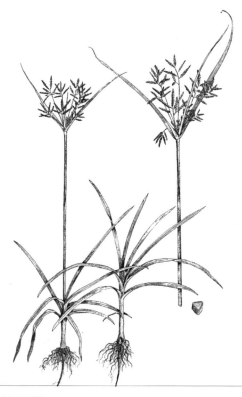

학명 키페루스 에스쿨렌투스*Cyperus esculentus*

원산지 열대 아프리카	잡초가 된 시기 현재
생존 전략 엄청난 물량 공세와 텃세	발생 장소 아프리카, 아시아, 라틴아메리카의 저개발 국가

특징 저개발 국가의 농업 현대화 문제와 얽혀 있음

이 식물을 특별히 싫어하는 사람 저개발 국가의 여성 농부들

인간의 대응 수단 그라목스(패러콰트)

생김새 벼목 사초과 식물로, 길쭉한 잎이 난다. 수염뿌리에는 추파 또는 타이거너트라고 불리는 덩이줄기가 맺힌다.

기름골

저녁 어스름이 내려앉았고 초가지붕을 얹은 오두막 주변의 전선에서 조명이 깜박거렸다. 탄자니아 응고마 음악의 섬세한 리듬이 배경에 잔잔하게 깔렸다. 나는 줄지어 앉은 농부들 앞에 자리를 잡았다. 그들은 나를 유심히 살폈다. 루크와 호수와 말라위 호수 사이의 울창한 산에서 밀려오는 선선한 바람 탓에 스웨터를 입은 사람이 많았다. 대부분 온종일 옥수수밭을 돌보거나 찻잎이나 코코아를 수확하다가 온 농부들이었다. 농촌 지도소 공무원이 외부인에 대한 의례적인 경의를 담아 나를 소개했다.

나는 스와힐리어로 인사하고 잡초에 관해 이야기하고 싶다고 설명했다. 강의하려는 것이 아니라 현장의 이야기를 듣고 배우고 싶다고 덧붙이며 몇 가지 질문을 던졌다. "여러분이 보기에 어떤 식물이 잡초인가요?", "어떤 잡초가 여러분을 가장 괴롭히나요?"

초반의 반응은 형식적이고 정중했지만 다른 농부처럼 그들 역시 잡초에 관한 대화에 열성적이었다. 잡초에 대한 지식도 풍부했다. 긴장된 분위기가 풀리자 잡초 이름을 놓고 가벼운 논쟁도 벌어졌다. 낯선 언어 속에서도 체념과 좌절이 느껴졌다.

얼마 후 눈이 퀭한 여성이 자리에서 일어서더니 입을 열었다. "존 선생님. 저희는 일꾼을 둘 형편이 안 됩니다. 가족끼리 알아서 해야 돼요. 가족이란 부인을 의미하죠. 부인들이 김을 매야 합니다. 저희는 어린것들을 밭으로 데려가서 나무 옆에 앉혀 놓고 땡볕 아래서 일을 합니다." 분구어와 킹가어로 재빨리 통역된 그 말에 다들 동감하는 분위기였다. "그러고 나서 밥을 해야 해요. 빨래도 해야 해요. 애들도 돌봐야 해요. 어르신들도 돌봐야 하고요. 그런데 온종일 이 잡초들을 뽑다 보면 그 일을 다 어떻게 합니까? 잡초 때문에 우리가 죽을 지경입니다."

조용한 웅성거림이 이어지고 두서없는 토론이 시작되었다. 잡초를 뽑을 일손이 부족하다는 데 모두가 동의했다. 어떤 농부들은 외부인을 고용해 밭의 잡초를 뽑게 했다. 어떤 사람들은 어린 자녀들을 학교 대신 밭으로 보냈다. 중등학교를 마친 자녀들은 지겨운 농사일에서 벗어나려고 도시로 나갔다.

모두 열성적으로 대화에 임했고, 나는 대화를 따라가느라 애를 먹었다. 그 대화 내용에서 괭이질의 노고를 덜 수 있는 제초제 홍보가 한창 진행 중임을 알게 되었다. 판매업자들은 남자들과 계약을 맺고 여성과 아이들이 일하는 밭에 농약을 살포했다. 트랙터와 농약 살포기와 시끄러운 기계를 소유한 대형 농장주에게 땅을 넘기는 이웃도 있었다. 외국인들이 넓은 땅을 사들여 가족농을 밀어냈다. 마을 사람 일부는 농사를 관두고 장사를 시작했다. 도시에서 값싼 물건을 사들여서 시장에서 되파는 일이었다.

다양한 언어 속에서 나는 '나티냐시nati-nyasi'라는 단어가 여러 번 등장하는 것을 알아차렸다. 농촌 지도소 공무원은 그 스와힐리어 단어가 '기름골nut-grass'을 뜻한다고 설명해주었다. 어떤 작물을 기르는지는 상관없었다. 열대지방에서 기름골Cyperus esculentus은 모든 농부가 아는 잡초다. 나는 그 잡초의 이름을 여러 언어로 들었다. 몇 년 전에도 서아프리카 여성들에게서 비슷한 이야기를 들은 적이 있었다. 등에 아기를 업고 손에는 짧은 괭이를 들고 몇 시간이나 허리를 숙여 밭을 맨다는 하소연이었다. 아프리카뿐 아니라 아시아와 라틴아메리카 전역의 소규모 자작농들은 똑같은 딜레마에 직면해 있었다. 일꾼들(주로 여성이었다)은 온종일 괭이질을 하고 기름골과 같은 잡초를 뽑았다. 그러지 않으면 작물이 제대로 자라지 못해, 밭을 갈고 씨앗을 뿌리고 벌레와 병충해에서 작물을 보호하느라 들인 모든 노력이 물거품이 되고 말았다. 전부 잡초 때문이었다.

진상 파악

그해 초에 나는 자원봉사 요청을 받았다. 탄자니아에서 진행되는 한 프로젝트의 일환으로 잡초 관리에 관한 기술 자문을 해달라는 요청이었다. 국제 개발 분야에는 다양한 머리글자를 조합한 원조 기구가 즐비했고, 그 가운데는 NGO 즉, 민간단체도 많았다. '농부에서 농부로Farmer-to-Farmer' 프로젝트는 두 컨소시엄의 협업으로, 제3의 컨설팅업체가 현지에서 관리하고 있었다. 목표는 옥수수와 땅콩에 대한 '교육과 책임자 양성'이었다. 사업 계획을 읽어보니 진짜 목표는 이러한 작물에 뿌릴 "안전하고 효과적인" 제초제 채택률을 높이는 것인 듯했다. 나는 아프리카를 겪어보았고, 옥수수와 땅콩 재배에 대한 지식이 있으며, 제초제 사용에 대한 소규모 자작농들의 회의적인 태도를 알고 있었기 때문에 기꺼이 자원봉사에 나서기로 했다.

다르에스살람 공항에 착륙하니 NGO 프로젝트 감독관이 나를 맞이했다. 그는 새로운 정책 방향에 따라 목표가 바뀌었다고 말했다. 내가 잘 아는 땅콩 대신 거의 아는 바가 없는 수수에 초점을 맞추라는 것이었다. 또한, 교육과 훈련을 진행하는 대신 여러 가지 잡초 관리 방법을 테스트하기 위한 실험을 설계해달라고 했다. 그는 프로젝트의 현지 담당자인 V를 소개해주었다. 키가 작고 통통하며 안경을 쓴 곤충학자였다. V는 내가(혹은 다른 누구라도) 과연 잡초에 일시적인 흥미 이상을 보일지 궁금해하는 눈치였다. 다음 날, 공무원들과의 공식적인 회의에 참석하고 그 상사들과 환영 인사를 나누고 그 상사의 상사와 악수한 끝에, V와 나는 수정된 사업 계획의 재수정판을 건네받았다. 옥수수, 채소, 벼에 초점을 맞추라는 내용이었다. 실험은 설계하지 않아도 됐다. 대신 그 실험을 진행할 장소를 찾아야 했다. V는 웃으면서 GPS 장치를 들어 보였다.

우리의 운전기사는 언어 재능이 뛰어난 마라라는 사내였다. 그는 리프트밸리에서 반¥유목민으로 살아가는 마사이족 출신이었는데, 전통적인 마사이족 삶을 뒤로하고 운전사 겸 투어 가이드가 되었다. 도시로 들어가자 마라는 정지 신호를 그냥 통과했고, 가까이 붙은 차량의 틈새로 불쑥 끼어들었으며, 고속도로에 느닷없이 올라탔다. 나는 뛰는 가슴을 진정시키고 용기를 내어 전혀 서두를 필요 없고 안전하게만 운전해달라고 말했다. 마라는 백미러로 내 눈을 보며 말했다. "걱정하지 마세요, 존 선생님. 제 운전은 안전하답니다. 아시게 될 거예요."

이후 몇 주에 걸쳐 우리는 탄자니아 남쪽에서 북쪽으로 3500킬로미터 넘게 이동했다. 마라는 부드러운 재즈 음악을 틀었고, 나는 랜드로버 뒷좌석에 앉아 광활하고 아름다운 시골 풍경을 바라보았다. 우리는 관목과 덤불이 간간이 보이는 사바나, 습한 미옴보 삼림지대, 아카시아가 점점이 자라는 풀밭, 바오바브 숲, 눈 덮인 산, 바짝 마른 평원을 통과했다. 10월 말이었고 단기 우기는 아직 오지 않아서 탄자니아의 단기 우기는 11월과 12월°옮긴이 낙엽 진 풍경을 배경으로 기린, 물소, 얼룩말, 코끼리, 임팔라 등 동물을 관찰하기 좋은 시기였지만, 나는 당황스러울 정도로 앙상한 동물들을 도저히 카메라에 담을 수 없었다.

우리는 바퀴 자국이 난 길과 풀 덮인 들판을 따라 질주하며 실험 장소로 적합한 곳을 물색했다. 차를 멈추는 곳마다 농부들이 망고나무 아래에 모였고, 농촌 지도사가 나타났고, 잡초에 관해 이야기를 나누었다. 탄자니아에서 사용되는 모든 언어를 섭렵한 듯한 마라가 뒤에 서서 통역을 해주었다. 지역에 따라 작물은 달랐지만 잡초는 비슷했다. 옥수수를 기르는 남부 지방 여성들은 남자들이 땅을 일구고 씨앗을 뿌리면 나머지는 여자들의 몫이라며 불만을 토로했다. 여성들은 잡초를 뽑고 또 뽑아야 했다. 여기서도 나티냐시가 문제였다. 수확한 작물을 판 돈은 남자들이 챙겼다. 또 다른 마을에서는 다 함께 농사를 짓고 판매하는 채소 재배자들을 만났다. 그들은 마을 사람들끼리 품앗이를 한다고 했다. 하지만 짧은 괭이로 양파밭의 잡초를 캐내는 것은 여자들이었다.

농부들은 잡초 제거에 관한 선택권이 별로 없었다. 대부분은 수작업이었다. 즉, 자기 자신이나 배우자, 자녀들 혹은 값싼 일꾼들의 노동력을 썼다. 밭에 나는 잡초의 종류는 다양했지만 기름골은 항상 빠지지 않았다. 괭이질을 해도 기름골은 땅 밑의 덩이줄기에서 재빨리 다시 자랐다. 어떤 농부들은 제초제를 이용하기도 했지만, 제초제는 비쌌고 사용법도 어려웠다. 적절한 비율로 정확하게 살포하면 시간과 노동력을 획기적으로 절약해주지만, 엉뚱한 시기에 엉뚱한 작물을 대상으로 쓰거나 비율이나 장비를 잘못 선택하면, 또는 깨끗하지 않은 물을 사용하면 효과도 없을뿐더러 작물이나 사람을 해칠 수도 있었다.[1]

내가 만나본 모든 농부는 김매기가 가장 고된 일이라고 했다. 병해충은 일부 작물에서, 어떤 해에만 문제가 되었다. 농부들은 거기에 대응하는 방법을 알았다. 하지만 기름골과 같은 잡초는 매년 모든 작물에 피해를 줬다. 잡초를 뽑을 노동력은 농사의 필수 요소였다.

잡초인가, 작물인가

잡초의 천성을 타고 태어난 식물이 있다면 그것은 바로 기름골 yellow nutsedge이다. 기름골의 성공은 다른 어떤 잡초와도 닮지 않은 외양 덕분이었다. 기름골은 볏과 식물처럼 잎이 길고 좁아서 흔히 '넛그래스nut-grass'라고 불린다. 하지만 기름골은 볏과 식물이 아니고 볏과 식물처럼 행동하지 않는다. 기름골은 촉촉한 흙을 좋아하지만 물가에 모여 사는 골풀류가 아니다. 이름이 함축하듯이, 기름골은 사초莎草, sedge라는 전혀 다른 범주에 속한다. 열, 햇빛, 물을 좋아하고 대다수 정원사와 농부들이 잡초로밖에 생각하지 않는 식물이다.

기름골은 사촌인 향부자purple nutsedge, *Cyperus rotundus*와 함께 잡초의 한 유형을 대표하며, 둘 다 세계적인 악성 잡초라는 낙인이 찍혔다.[2] 향부자는 방제가 더 어렵지만 기름골은 더 광범위하게 퍼져 있으며 문화적으로 중요한 의미가 있다.[3] 열대의 사탕수수 농장뿐 아니라 알래스카의 양배추밭에서도 기름골을 찾아볼 수 있다. 두 종은 형태와 습성이 약간 다르지만 둘 다 땅속의 '덩어리nut' 즉 덩이줄기에 의존해 퍼지고 생존한다는 점에서 적절한 이름을 얻었다. 두 종은 생물학적 특성이 유사하지만 이번 이야기에서는 기름골에 초점을 맞추도록 하겠다.

기름골은 사초과Cyperaceae에 속하는 식물이다. 다습한 열대지방에서 진화한 5000종 이상의 식물이 이 과에 속한다. 그중에서도 키페루스속*Cyperus*(방동사니속) 식물들은 기름, 식품 등으로 이용되어왔다. 키페루스 파피루스*Cyperus papyrus*는 파피루스의 원료다.[4] 기름골은 아마도 열대 아프리카에서 유래했을 것이다.[5] 매끈한 줄기는 3면으로 이루어져 있고 단면이 삼각형이다. 지표면에 뭉쳐난 잎에서 줄기가 올라오고, 줄기의 각 면에 잎이 하나씩 붙어 있다. 꼭대기에는 병 닦는 솔 모양의 꽃이 산만하게 뒤엉켜서 핀다. 꽃은 연한 노란색이지만 나머지 부분은 황록색이고 달콤한 향이 난다. 기름골은 다년생이지만 출아와 개화 패턴이 일년생식물과 비슷하다. 온대 지역에서는 생장기가 끝나면 식물은 시들어 죽고 땅 밑 뿌리만 남아서 겨울을 난다.

기름골은 잡초의 천성을 가지고 태어났지만 작물이 될 수 있는 천성도 가지고 태어났다. 그래서 두 가지 변이형이 있다. 잡초형인 '기름골'은 전 세계 농가와 정원에 말썽을 일으키는 유해 식물이다. 작물형인 '추파chufa'는 타이거너트tiger nut라고도 하며 덩이줄기에서 즙을 짜내 음료로 마신다. 식용 가능한 추파 품종은 잡초인 기름골보다 덩이줄기가 크고 달콤하다. 두 유형은 유전적으로 갈라졌지만 별도의 종이 될 만큼 다르지는 않아서 여전히 교차수분이 가능하다. 이들의 공진화 파트너인 인간은 이들을 각기 다른 길로 이끌었다. 추파형은 작물이 되어 재배, 돌봄, 수확의 대상이 되었다. 기름골형은 온갖 종류의 장비를 동원해 박멸해야 하는 저주의 대상이고, 전 세계인이 혐오하는 잡초로 통한다. 하지만 식물학적으로 둘은 같은 종이다.

기름골과 추파 중 어느 쪽이 먼저였을까? 정답은 분명하지 않다. 추파는 고대 작물이지만 기름골은 신기하게도 고대 잡초가 아니었을 가능성이 있다. 추파는 고대 이집트에서 길들여졌다.[6] 학명에 포함된 에스쿨렌투스*esculentus*는 '먹을 수 있다*edible*'는 의미다. 테오프라스토스는 기원전 300년경에 추파 덩이줄기를 맥주에 넣어서 끓이거나 간식거리로 먹는다고 기록했다. 이집트 무덤에 있는 3500년 전 벽화에는 덩이줄기를 돌보는 일꾼들의 모습이 그려져 있다. 그림 옆에는 추파를 꿀과 섞는 조리법도 남아 있다.[7]

하지만 고대의 맛 좋은 추파에서 잡초인 기름골이 떨어져 나왔을 거라고 보기에는 무리가 있다. 추파형은 꽃을 맺는 일이 드물어서 잡초가 된 유전자 변이를 생성할 수 없었을 것이다. 이에 반해, 기름골형은 꽃을 맺는다. 생육 가능한 꽃가루가 바람을 타고 이동해 다른 기름골 개체와 타가수분하고 생육 가능한 씨앗을 만들어낸다. 잡초인 기름골만이 형태와 덩이줄기 크기가 다른 유전자 변이를 만들어낼 수 있었다. 추파형은 오래전에 길들여져 안정적인 품종으로 유지되었다. 재배되는 환경에서는 잡초성 생물형이 자라날 수 없었다. 잡초에 대해 많이 알고 기록도 남겼던 테오프라스토스, 플리니우스, 콜루멜라*Columella*는 모두 추파를 간식으로 즐겼지만, 기름골에 대해서는 아무도 언급하지 않았다.[8]

먼 옛날부터 소중하게 관리되어온 식물이 인간의 공모 없이 악성 잡초로 돌변할 리 없다. 기름골은 북아프리카 사람들이 덩이줄기가 큰 개체를 기르고 선택해 텃밭에 심으면서 잡초로 변모하기 시작했다. 덩이줄기의 성장에 에너지를 쏟은 개체는 꽃을 맺는 데에 별다른 노력을 들이지 않았다. 덩이줄기가 작은 개체는 쓰레기더미에 버려졌고, 거기서 잡초로 증식했다. 버려진 개체들은 꽃을 만드는 일에 에너지를 쏟았고 많은 씨앗이 맺혔으며 유전자 변이가 이어졌다. 조그마한 씨앗과 작은 덩이줄기는 인간과 동물의 도움으로 널리 퍼졌다. 1만 2000년도 더 전에 잡초성 기름골은 열대와 온대 기후에 적응을 마쳤다. 인간의 애정을 받는 추파는 유전자 변이를 포기했고, 그 결과 고향인 아열대지방에서 벗어나지 못했다.

이집트에서 작물성 추파와 잡초성 기름골을 가져와 남으로는 아프리카, 서로는 지중해 건너 스페인까지 전달해준 사람은 아랍 상인이었을 가능성이 크다.[9] 잡초성 기름골은 거의 모든 대륙에서 농업 시스템 안으로 침투했다. 기름골을 파내고 자르고 뽑고 괴롭히려는 인간의 노력 때문에 상대적으로 약한 유전형이 사라졌고, 파내고 자르고 뽑고 괴롭히는 힘을 견딜 수 있는 개체의 비율이 높아졌다. 이 무의식적인 농경선택으로 농업 환경에서 튼튼한 유전형이 살아남았고, 현지에 적응한 잡초성 기름골 변이형이 여럿 생겨났다. 잡초형은 여전히 제법 큰 덩이줄기를 만들어내었고, 의도했든 아니든 작물형과 뒤섞이기도 했다. 생장 조건이 좋으면 잡초성 기름골의 덩이줄기는 재배된 추파와 비슷한 크기와 당도를 보이기도 한다.

기름골과 추파처럼 당근, 파스닙, 순무, 상추, 아마란스, 오크라, 벼, 서속黍粟 등 다른 작물도 모두 잡초가 된 짝이 있다. 종과 속이 같고 유전적으로도 거의 일치한다. 이와 반대로 쇠비름, 까마중, 비름, 치커리 등 대개 잡초로 인식되어온 일부 식물은 작물로 이용되는 변이형이 있다. 작물형으로 선택된 종은 고분고분하고 협력적이며 인간에게 유용하다. 기름골과 같은 잡초형은 밉살맞고 경쟁심 강한 유해 식물로 인간의 노동력과 이윤을 갉아먹는다. 그 둘은 종이 한 장 차이다.

킬리만자로의 그늘에서

　동아프리카 잡초 시찰이 중반쯤 진행되었을 무렵, 드넓은 고지대에서 담수 관개농경지 전면에 물을 채우는 관개 방법·옮긴이로 쌀 생산을 하는 지역을 방문하게 되었다. 나는 처음 보는 작물 재배 시스템이었다. 관개 수로로 둘러싸인 네모난 논은 동물이나 경운기를 사용해 일구었다. 추수 후에는 커다란 돗자리를 땅 위에 펼쳐서 쌀을 말린 다음 포대에 담았다. 마라는 농기계, 비료, 농약을 취급하는 대형 납품업체에 우리를 데려다주었다. 점주는 자신의 현대적인 설비들을 열성적으로 과시했다. 짐을 잔뜩 실은 픽업트럭과 당나귀 수레들이 쉴 새 없이 들락거리면서 씨앗 포대, 왕겨 상자, 라벨이 없는 플라스틱 통 들을 실어 날랐다.

　우리는 그곳을 나와서 공급 체인의 아래 단계인 '아그로딜러agro-dealer'를 찾아갔다. 지독한 냄새가 나는 제초제, 씨앗, 비료는 물론 등에 지는 분무기, 고무장화, 탄산음료, 생수 따위를 파는 작은 점포나 가판대였다. 형형색색의 비닐봉지, 흰 마개를 채운 병, 은색 깡통들이 카운터 뒤 선반 위에 즐비했다. 마을마다 아그로딜러가 두세 군데씩 있는 듯했다. 취급 품목은 비슷했다. 제초제 제품 이름은 낯설었지만 라벨을 자세히 살펴보니 2,4-D와 프로파닐 같은 오래된 성분이 대부분이었다. 라벨이 중국어나 스와힐리어로 되어 있어서 성분을 알 수 없는 제품도 있었다.

어떤 점포는 제대로 운영되고 있었다. 점주는 제품 사용 방법을 잘 알았다. 하지만 청소년이 가게를 보는 곳이 더 많았다. 열네 살쯤 된 소년들은 선반 위의 제품이 어떤 용도인지 전혀 모르는 듯했다. 산 근처의 한 아그로딜러에서 나는 카운터 뒤의 청소년에게 말을 걸어보았다. 이름은 앨프리드고 옆 마을에 산다고 했다. 가게는 삼촌 소유였다. 녹색과 노란색의 용기 안에 무엇이 들었는지 묻자 그는 어깨를 으쓱했다. 낮은 선반에는 라벨이 없는 병들이 있었다. 탄산음료병이나 물병에 제초제 용액을 채워둔 것이 분명했다. 우유처럼 흰 액체가 든 병에 관해 물었더니 앨프리드는 나에게 채소와 벼에 사용하는 곰팡이 방지약 한 봉지를 내밀었다.

나는 코카콜라가 든 것처럼 보이는 라벨 없는 유리병 몇 개를 손가락으로 가리켰다. 앨프리드가 다른 선반의 물병을 향해 손짓했다. 라벨은 중국어로 되어 있었지만 그는 이름을 알고 있었다. "그라목스Gramox"라고 말하며 미소지었다. 패러캇paraquat이라고도 부르는 제초제였다. 나는 그 제초제에 대해 말해줄 수 있는지 물었다. 앨프리드는 마라를 바라보았고 둘이 낯선 언어로 대화했다. 마라의 설명에 따르면 농부들은 자기가 원하는 제품을 알고 있어서 앨프리드는 돈을 받고 내어주기만 하면 된다고 했다.

다음 날은 태양이 이글거리는 더운 날씨였다. 우리는 킬리만자로산 끝자락까지 뻗은 조각보 모양의 논으로 차를 몰고 갔다. 논은 모두 같은 크기였고, 가장자리에 두렁을 만들었으며, 용수로를 통해 물이 흘러들어왔다. 논의 한 모서리에서는 어린 소년 하나가 가죽 새총을 빙빙 돌리더니 놀라운 속도와 정확성으로 점토 덩어리를 날려 익어가는 곡식에 달려드는 새들을 쫓아냈다. 농부 십여 명이 모여들어 나와 인사를 나누고 잡초에 관해 이야기했다. 그들에게는 유쾌하지 않은 주제였다. 날이 덥고 물은 마르지 않으니 잡초는 멈출 줄 모르고 자라났다. 농부들은 제초제를 사용해 볏과 잡초와 씨앗이 작은 광엽 잡초들을 죽였다. 하지만 이 방법은 통제하기 더 어려운 다른 잡초에게 기회를 줄 뿐이었다. 남자들은 약을 치고 여자들은 며칠 뒤 살아남은 잡초를 뽑았다.

사람들 속에서 나는 아그로딜러 점주인 루스를 알아보았다. 루스는 나에게 자기 논을 보여주고 싶어 했다. 내가 본 논 중에서 가장 깔끔한 논이었다. 루스의 논에는 녹색 벼가 균일하게 자라고 있었다. 이글거리는 태양이 물에 비쳤고 눈 덮인 킬리만자로산이 뒤에 서 있었다. 루스는 논두렁을 따라 걷다가 논 안으로 들어가더니 진흙 속에서 식물 하나를 홱 잡아당겨 뽑았다. 나티냐시였다. 루스는 구부린 세 손가락을 들어 올리면서 빠른 속도로 말했다. 잎이 세 개씩 달려 있다는 것은 통역이 필요 없었다. 루스는 땅을 가리키더니 새끼손가락 끝을 엄지와 검지로 쥐었다. 덩이줄기를 표현한 동작이었다. 다시 땅으로 손을 뻗어 관개 수로에 버려진 플라스틱병 하나를 들어 올렸다. 얼른 라벨을 보니 그라목스(패러쾃)였다. 루스는 말하면서 두 손가락으로 병을 톡톡 두드리더니 얼굴 앞에서 한 손을 쓸어내렸다. 마라의 통역으로는 모를 심기 전에 논에 물을 대고 나티냐시가 자라게 내버려 두었다가 이 제품을 쓴다고 했다. 그러면 모내기 전에 잡초를 없앨 수 있다는 것이었다. 얼굴을 손으로 쓸어내린 동작은? 그건 통역하지 못했다.

놀랍게도 너무나 많은 장소에서 패러콰을 볼 수 있었다. 이 제초제는 1970년대부터 미국에서 사용되었으나 그 후에 더 안전하고 효과 좋은 제품들이 나왔다. 패러콰은 상당히 유독한 농약 중 하나였다. 정확하게 사용하면 지표면 위로 나온 잡초를 태워버리지만, 부정확하게 사용하면 작물을 죽일 수 있었다. 흡입하거나 마시면 폐가 손상되고 심하면 목숨을 잃을 수도 있다.

패러콰은 여러 나라에서 문제를 일으켰다. 열악한 노동환경, 부실한 장비 관리, 극한 온도, 높은 문맹률, 가난 때문에 안전하게 사용하기 어려웠다. 제조사는 라벨에 써 있는 대로 사용하면 안전하다고 한다. 어떤 나라에서는 그러한 안전 수칙이 전반적으로 잘 지켜진다. 하지만 전 세계에서 패러콰 섭취 또는 피부 노출로 사망한 사람이 수천 명에 달한다. 혼합을 잘못하거나 뿌리는 과정에서 노출되어 급성 또는 만성적인 피해를 입은 사람도 수천 명이다. 아프리카, 인도, 스리랑카, 동남아시아 일부 지역에서는 자살에 쓰이기도 한다.[10]

우리는 랜드로버에 다시 올라타고 출발했다. 한쪽으로는 구름 위로 솟은 킬리만자로산이 보이고 반대쪽에는 넓은 논이 펼쳐진 고속도로를 달렸다. 한쪽은 숨 막힐 듯 아름다운 경관, 다른 한쪽은 아그로딜러, 농가, 패러콰이었다. 수많은 관광객이 이 산을 보려고 찾아온다. 그리고 그 그늘에서 농업용품 납품업체들은 중국산 제초제를 사용 방법에 관한 교육도 없이 팔아댔다. 기름골 퇴치에 필사적인 농부들은 제초제가 자신과 가족에게 끼칠 위험은 몰랐거나 그냥 무시했다. 때로 잡초는 잠재적인 위험을 외면하게 한다. 그리고 어쩔 수 없는 일이라고 믿게 했다. 구름 위로 눈 덮인 산이 보이는 곳에서, 잡초와 농부들은 초점 밖으로 사라지고 배경 속에 묻혀버렸다.

기름골이 대단한 이유

농부들은 논에 패러콰을 뿌려댔으나 기름골을 없애진 못했다. 그래도 어느 정도 억제는 되었고, 농부들은 바싹 말라 죽은 잎을 흡족하게 바라봤다. 하지만 뿌리와 덩이줄기는 살아남았다. 며칠 후면 덩이줄기가 새로운 싹과 잎을 올려보내고 새로운 덩이줄기와 더 많은 잎이 만들어졌다.

콩알 크기의 기름골 덩이줄기는 씨앗과 비슷한 역할을 한다. 덩이줄기는 더위, 가뭄, 추위 등으로 성장이 불리할 때 흙 속에서 휴면 상태를 유지한다. 적절한 수분과 따뜻한 온도가 있으면 언제든 새로운 싹을 틔워 올린다. 한 차례의 생장기 동안 덩이줄기 하나는 500개의 새로운 기저 구근과 1700개 이상의 새로운 덩이줄기를 만들어낼 수 있다. 이런 속도로 1년이면 600만 개 이상의 새로운 기저 구근과 2.5톤 이상의 덩이줄기가 만들어진다.[11]

기름골은 덩이줄기뿐 아니라 씨앗도 만들어낸다. 탄자니아의 논에도 씨앗이 가득했을 것이다. 기름골이 들끓는 밭은 헥타르당 6억 개의 씨앗이 있을 수 있다.[12] 기름골 씨앗은 티스푼 하나에 1000개를 올려놓고도 공간이 남을 정도로 작다. 옷, 털, 기계, 타이어, 진흙에 붙어 멀리 이동한다.

기름골 꽃은 자가수분이 되지 않아서 다른 기름골의 꽃과 교차
수분할 수밖에 없다. 수분은 아주 쉽게 이루어지고 하나의 꽃대에
서 6000개 이상의 씨앗이 나온다. 1헥타르에 50만 송이 이상의 꽃
이 필 수 있다.[13] 교차수분으로 다양한 유전자 조합이 만들어진다.
씨앗은 키, 잎 길이, 개화 시기, 내열성, 내건성뿐 아니라 덩이줄기
의 크기와 개수 등 수백 가지 면에서 다른 다양한 형질의 개체로
성장한다. 충분한 유전자 변이는 새로운 환경에 적응할 가능성을
높인다. 이 새로운 유전자 조합은 기계, 화학, 생물학적 방제 수단
에 대응해 농경선택이 이루어지는 변이의 원천이다.[14]

덩이줄기가 튼실하고 종자 생산량이 많으며 유전자가 다양한 식
물은 잡초가 될 만반의 준비가 되어 있는 셈이다. 사람, 동물, 흐르
는 물이 덩이줄기와 씨앗을 퍼뜨렸다. 극한 환경을 견디고 잎과 싹
이 사라지더라도 새로운 개체군을 다시 만들어낸다. 인간이 흙을
일구고 햇빛과 물을 충분히 제공해준다면 기름골은 그걸로 충분
했다. 그 후에 그들을 막을 방법은 없었다.

무슨 말을 해야 할지

우리는 남부 고지대의 이링가 마을에 다다랐다. 마라는 이곳이
1900년대 초 독일의 식민 통치에 반발해 마지막 반란1905년 독
일령 동아프리카의 목화 재배지에서 일어난 전쟁·옮긴이이 일어난 장소라고
설명해주었다. 이 반란은 탄자니아 민족주의 운동의 시작이었다.
우리는 지방 농무부의 도움을 받아 인근의 카페에서 농부들을 만

났다. 남녀가 고르게 섞인 농부들은 점잖고 사무적이었다. 이제는 우리도 나름의 진행 방식을 터득한 상태였다. 나는 자연스러운 대화를 위해 콜라와 환타를 넉넉히 대접했고, 마라는 뒤에 서서 언어 소통의 공백을 메워주었다.

지역 농촌 지도소 담당자가 정중하게 소개를 하고, 이 지방에서는 여성들이 채소를 수확하고 남성들이 곡물을 수확한다고 설명해주었다. 나는 스와힐리어로 인사한 다음, 잡초에 관한 여러분의 지식을 배우고 싶다고 말했다. 늘 그렇듯이 웅성거림, 끄덕거림, 신속한 통역이 이어졌다. 앞쪽에 앉은 깡마른 남자를 통해 이 지역에 잡초가 정말 많다는 사실을 알게 되었고 추수 때 일꾼을 사서 밭에서 잡초를 제거할 여력이 되는 건 부자들뿐이라는 실정을 이해했다. 뒤쪽에 앉은 검은 드레스와 베일 차림의 여성이 이어서 덧붙이길, 여자들은 남자들처럼 교통수단을 이용할 수 없어서 수확물을 시장에 내다 팔기가 어렵다고 했다. 어쩌면 쌍둥이가 아닌가 싶은 그 옆의 여성은 결혼한 여자들은 시댁의 농지에서 일하는데 만약 남편이 아내와 아이들을 버리거나 사망하면 시댁에서 그 땅을 다시 빼앗아갈 수도 있다고 말했다. 잡초에 관한 토론은 엉뚱한 방향으로 흘러버렸다. 그러더니 앞쪽에 앉아 있던 번쩍이는 검은 양복에 앞코가 뾰족한 구두를 신은 남자는 남편과 아들들이 여자들의 논밭에 농약과 화학비료를 뿌려주고 물 대는 일을 도와준다고 설명했다.

그것은 주제로 돌아갈 수 있는 틈새였다. 나는 잡초를 없애기 위해 괭이질 이외에 다른 수단을 써본 사람이 있는지 물었다. 농부들은 웅성거렸다. 어떻게 답해야 좋을지 모르는 듯했다. 마침내 농무부에서 나온 사람이 입을 열었다. 그는 나에게 이곳을 방문해주시고 잡초에 관한 관심을 환기해주셔서 감사하며, 김매기를 제대로 하지 않으면 농사가 망할 텐데 그 필요성을 상기하도록 도와주셔서 감사하다고 말했다. 또한, 먼 곳에 있는 대학에서 작물을 키우고 잡초를 관리하는 데 도움이 될 방법들을 개발 중일 것으로 굳게 믿지만, 그때까지 우리는 대대손손 이어온 조상들의 방식으로 밭일을 계속하겠노라며 다시 한번 와주시고 함께해주셔서 감사하다고 말했다.

나는 마라에게 이게 대체 무슨 상황인지 다급히 물어보지 않을 수 없었다. 그는 대략 다음과 같이 설명했다. 현지 언어에는 농약을 가리키는 말이 없어서 약藥을 의미하는 스와힐리어 '다와dawa'를 사용한다. 살충제와 살균제와 제초제를 구분하는 말도 없다. 그것은 모두 농약, 즉 다와다. 토마토가 병들면 다와를 뿌려서 병을 고친다. 어떤 방언에서 약이라는 단어는 독이라는 단어와 똑같다. 토마토 모종에 벌레가 생기면 그들은 다와를 사용해 벌레를 죽인다. 마라는 잠시 숨을 돌렸다. 검은 베일을 쓴 여자들은 세상을 떠난 사촌을 애도하는 중이었다. 2주 전에 농약 중독으로 사망했다고 했다. 농약은 코카콜라와 똑같은 색인데, 농부들은 살포하고 남은 것을 병에 담아두었다. 마라는, 그 사촌이 아파서 약이 필요했을지도 모른다고 이야기하는 사람들도 있었다고 얘기해주었다. 등에 진 분무기에서 약이 피부로 흘러내려서 사고가 났다고 말하는 사람들도 있었다. 몇몇은 그게 사고가 아니었다고 말했다. 마라는 이어서 이렇게 말했다. "이 사람들은 선생님이 그 다와 이야기를 하시려는 줄로 오해했어요. 자기네 밭에 다와를 뿌리라고요." 그는 내 반응을 살피며 잠시 뜸을 들였다가 말했다. "미리 경고해 드리지 못해서 죄송해요."

여성 농부들의 멍에

여성 농부들이 떠안은 부담스러운 노동은 농업의 발명 이후 지금까지 이어지는, 전 세계에서 해결되지 못한 현실이다. 최초의 작물 재배자가 여성이었다는 믿음은 농업의 시작이 소박하고 영리하며 예스럽게 가정적이었다고 아름답게 포장했다. 인류학자 헤르만 바우만Hermann Baumann은 농업의 기원을 '괭이 재배hoe culture'라고 표현했다. "가장 오래된 토경 재배법은 여성 덕분에 생겨났다. … 여성은 뿌리에서 싹이 자라는 것을 보고… 여자다운 절약 정신을 발휘해, 이 자연스러운 과정을 인위적으로 유도했고 뿌리의 포기를 나누어 심었다. … 그렇게 해서 최초의 농업이 탄생했다." 이에 따라 유목 생활을 하던 수렵·채집인들은 "정착하게 되었고, 방랑하던 생활양식이 흙에 매이게 되었다."[15]

초기 작물 재배에 관한 다른 기록들과 마찬가지로, 바우만은 괭이가 어떻게 등장했는지 설명하지 않았다. 작물을 심은 후 뭐라도 수확하려면 누군가 지키고 있다가 괭이로 잡초를 뽑아야만 한다. 남자들은 며칠 동안 멀리 떠나 화살을 깎고 야자주를 홀짝이면서 의기양양하게 사냥에 나섰지만 실패할 때도 많았다. 여성과 아이들은 남아서 잡초를 뽑았다. 여성들은 안정적인 에너지원을 얻을 방법을 궁리했다. 직접 잡초를 뽑아야 한다는 의미일지언정 개의치 않았다.

약 1만 2000년 후, 유엔은 농업에 주로 의존하는 국가들을 위한 여덟 가지 '밀레니엄 개발 목표'를 제시하면서 농업에 종사하는 여성 문제에 관심을 기울였다.[16] 2000년, 여성의 교육, 양성평등, 건강, 시민 참여 등의 문제 해결을 위한 주요 지표가 세워졌다. 농업의 무엇이 여성의 시간을 빼앗아가는지에 관한 언급은 없었다. 그런데도 많은 비정부기구가 프로젝트 계약을 따냈고, 기술적인 솔루션의 채택과 상용 제품의 보급을 바탕으로 한 '개발' 모델을 추진했다.[17]

적절한 실험 장소를 찾아 탄자니아 전역을 훑고 다닌 나도 이 개발 목표의 거미줄에 얽힌 신세였다. 내가 참여한 비정부기구는 제초제와 같은 농업용 제품을 시연하기 위한 실험이 필요했다. 비정부기구는 농부들의 손에 제초제를 쥐여주는 것으로 개발 기준을 달성했다고 할 수 있기 때문이다.

2016년 유엔은 17가지 새로운 지속 가능 발전 목표와 함께 세부 목표 169개와 수많은 측정 기준을 도입했다(이후에 '2030 어젠다'로 명명됨). 그 목표는 소규모 자작농들이 환경 지속 가능성에 따라 생산하고 소비하면 '성장'을 통해 빈곤과 불평등을 줄일 수 있다는 믿음을 바탕으로 한다. 성장은 사기업과 민관 파트너십이 도입하는 기술을 통해 이루어질 것이다.[18] 여성의 노동 부담을 덜고 작물 수확량을 높이기 위해 도입될 기술 중 하나가 바로 유전자변형 작

물과 거기에 수반되는 제초제들이다.[19]

당시에 유전자변형 기술은 대다수 아프리카 국가에서 불법이었다. 또한, 소규모 자작농들은 매년 씨앗을 저장해왔는데, 특허로 보호되는 교잡종 GMO 종자는 다음 해 농사에 쓰기 위해 보관할 수 없었다. 사하라 이남 아프리카에서 이루어진 한 후속 연구에서 농약 도입이 작물 수확량과 농민의 소득을 늘려준 것으로 나타났다. 하지만 동시에 건강과 환경에 대한 부정적인 영향도 늘어났다. 종합적으로는 농업 생산성과 농민들의 행복도가 감소했다.[20]

기름골이 잡초가 된 과정

그 어떤 잡초도 미국 농지를 장악하지 않고는 세계 최악의 잡초로 등극할 수 없다. 스페인 사람들은 1500년경 작물 추파와 함께 잡초 기름골을 서인도제도로 들여왔다. 그들은 이 종이 콜럼버스보다 훨씬 이전에 서반구에 들어와 있었다는 사실을 몰랐다.[21] 기름골 씨앗과 덩이줄기는 물에 뜰 정도로 가벼워서 해류를 타고 아프리카에서 아메리카로 건너왔을 가능성이 크다. 원주민들은 1만 1500년 넘게 덩이줄기(추파)를 식품으로 이용해왔다. 유전적 증거에 따르면 기름골은 세계 다양한 지역에서 여러 차례 서반구에 도입된 것으로 보인다.[22]

유럽식 농업이 아메리카를 잠식할 무렵에도 기름골은 잡초로 여겨지지 않았다. 북아메리카의 기름골에 관한 초기의 기록은 네덜란드 태생의 미국인 탐험가 버나드 로먼스Bernard Romans가 남겼다.

그는 미국독립전쟁(1775~1783) 직전 플로리다 일대를 여행하며 치카소 자치국 잔존자들의 농업 행태를 서술했다. 말이 먹는 유용한 식물에 관해서도 기록했다. 이 식물은 덩이줄기와 잎 모양 때문에 '넛그래스nutt grass'라고 불렸는데, "일단 땅속에 자리를 잡으면 아주 좋은 목초가 되지만 돼지를 막을 수 있게 울타리를 잘 쳐야만 한다. 돼지는 그 덩어리를 아주 좋아해서 잠깐 사이에 뿌리를 죄다 뽑아낼 것이다"라고 썼다.[23]

1860년대 미국 남부의 농업 신문은 돼지와 닭에게 사료로 먹일 수 있는 기름골 재배에 관해 여러 편의 기사를 냈다.[24] 그런가 하면 미국의 식물학자 아사 그레이Asa Gray가 1862년에 내놓은 식물 지침서에는 기름골이 언급되지 않았다. 이를 통해 남북전쟁(1861~1865) 이전에는 미국에서 기름골이 흔하지 않았음을 유추할 수 있다.[25] 1895년에 나온 L.H. 듀이L.H. Dewey의 잡초책도 100가지 골칫거리 잡초 목록에 기름골을 올리지 않았다.[26] 내가 찾은 자료 중에서 기름골을 잡초로 기록한 최초의 자료는 1908년 『그레이의 지침서Gray's Manual』 개정판이다. 그러나 이 책도 "가끔 경작지에 유해 식물이 되기도 한다"면서 기름골을 미온적으로 비난하는 데 그쳤다.[27]

그러나 북아메리카에 트랙터가 도입되고 제초제가 발명되면서 기름골은 드디어 제대로 미움받는 잡초가 되었다. 트랙터로 돌리는 원판 쟁기, 갈퀴, 써레는 땅 밑의 기름골 덩이줄기와 땅속줄기를 끌어다가 주변 밭에 퍼뜨렸다.[28] 농부들은 제초제를 사용하기 시작하면서 기름골의 생리를 알게 됐다. 첫 번째 그룹의 제초제들

(2,4-D)은 광엽 잡초를 죽였지만 볏과 잡초를 죽이지 못했다. 두 번째 그룹의 제초제들(디니트로아닐린)은 볏과 잡초를 죽였지만 광엽 잡초를 죽이지 못했다. 어느 유형의 제초제도 기름골을 없애지 못했다. 그제야 기름골이 광엽 식물도 볏과 식물도 아니라는 사실이 명확해졌다. 기름골은 잡초 방제를 수월하게 해주는 '기적의 화학물질'에 반응하지 않는 잡초였다. 제초제가 나머지 잡초 대부분을 죽여준 덕분에 기름골은 더 많은 공간, 빛, 양분, 물을 확보해 밭을 가득 채울 수 있었다.

극도로 사랑받거나 극도로 미움받거나

농부들은 오래전부터 기름골의 끈질긴 성질을 알고 있었다. 하지만 키가 30센티미터를 넘는 일이 드문 작은 식물이 옥수수, 벼, 대두처럼 키 큰 작물을 방해한다는 사실은 쉽게 이해하지 못했다. 기름골은 효율적이다. 해충과 천적(과 농부들)에 의한 피해에 노출될 수 있는 긴 줄기를 만들어내지 않는다. 하지만 주변 작물의 발육을 가로막아 노랗게 말려 죽일 수 있다. 타감작용alleopathy을 통해 주변 식물의 성장을 방해하는 화학물질을 분비하기 때문이다. 기름골은 자체적인 제초제(타감 물질)로 주변 식물의 성장을 억제함으로써 더 많은 햇빛과 양분을 빼앗는다. 땅 위로 드러난 부분이 사라지더라도 기름골의 뿌리와 덩이줄기는 여전히 타감 물질을 분비한다. 이 화학물질은 흙 속에 계속 남아 작물의 생장을 방해한다.[29]

기름골은 덩이줄기의 눈에서 싹이 트지 못하게 하는 화학물질도 만든다. 잡초스럽지 않은 일처럼 느껴질 수 있다. 하지만 덩이줄기에는 수십 개의 눈이 있고(감자의 '눈'처럼) 밭에는 수천 개의 덩이줄기가 있을 수 있다. 그 모든 덩이줄기가 한꺼번에 싹을 틔우면 토양 속 양분이 고갈되어 한 포기도 제대로 성장할 수 없을 것이다. 일부 눈의 성장을 억제함으로써 기름골은 몇 개의 눈에서만 싹이 트게 하고, 건강한 성체로 자라난다. 휴면 상태인 눈은 나중에 성장하도록 남겨두어 미래의 번식을 보장하는 것이다.[30]

　타감작용은 기름골이 성공적인 잡초이자 가치 있는 작물이 되는 데 이용한 놀라운 화학작용 중 하나에 불과하다. 이 식물은 본질적으로 생화학 공장이나 다름없다. 식물 성장에 필수적이지 않은 온갖 종류의 화학물질을 만들어낸다. 이는 보통 '2차 화학물질'이라고 불리며, 신진대사의 부산물이다. 천적을 저지하고 수분 매개자를 유인하는 기름, 사포닌, 테르페노이드, 알칼로이드 등이다.[31] 이는 조미료, 향수, 염료, 오일, 비누, 약의 원료이기도 해서 잡초와 작물의 경계를 모호하게 만든다. 인간은 이 유용한 성분 때문에 식물을 보호하고 퍼뜨렸다.

　기름골은 화학물질 때문에 한층 더 미움받는 잡초가 되었지만, 식용 가능한 추파는 화학물질 때문에 더욱 사랑받는 작물이 되었다. 추파는 당분, 녹말, 지방과 함께 항암 성분이 있는 항산화 물질을 덩이줄기에 보관한다.[32] 그래서 추파는 향수, 비누, 이뇨제, 각성제뿐 아니라 소화불량과 이질 치료제로 사용되어왔다.[33] 추파의 덩이줄기는 혈액순환을 개선하는 식물성 의약품이기도 하다.[34]

추파는 식품으로 이용할 수 있고 건강에도 좋기 때문에 여러 나라에서 인기 작물이 되었다. 이집트는 물론 지중해와 서아프리카에서도 흔히 볼 수 있다. 스페인 니토 계곡에서 자란 추파로 만든 '발렌시아 추파'는 보르도 와인처럼 원산지 명칭이 법적으로 보호된다. 무어인들은 밀크셰이크와 비슷한 오르차타 데 추파horchata de chufa를 만드는 법을 알려주었다. 오르차타 데 추파는 건강식품으로 인기를 끌고 있다. 비슷한 음료인 쿠눈 아야kunnun aya도 아프리카 일부 지역에서 만들어지고 있다.

추파 덩이줄기의 2차 화학물질과 관련해 가장 흥미로운 연구는 오랫동안 전통 의학에서 최음제로 사용되었다는 것이다.[35] 덩이줄기를 먹인 수컷 쥐는 성욕, 교미 행동, 성행위 수행 능력, 테스토스테론 농도가 증가했다.[36] 지금까지 인간에게서 비슷한 효과가 검증된 바는 없으나, 고대 아랍에서는 추파를 '남자의 씨앗hab al-zulom'이라 부르며 새신랑에게 선물하는 풍습이 있었다.[37]

풀리지 않는 딜레마

나는 며칠 동안 사무실에 틀어박혀 탄자니아에서 수행한 임무의 보고서를 작성했다. 비정부기구 행정관이 요청한 동아프리카에서 '잡초 관리를 현대화할 방법'에 관한 보고서였다. 마라는 사무실에 나를 내려주면서 이제 다시 만나기는 힘들겠다며 마지막으로 인사했다. 나는 도시에 머물 것이고 그는 다른 일거리를 찾아 떠나야 했다. 여러 날을 함께 보냈지만 마라는 자기 이야기를 거의 하지 않았다. 마사이족은 유목민이고 여행자라고 그는 말했다. 어딜 가든 그곳 사람들의 언어와 삶의 방식을 배워야 했다. 그의 부모는 그가 계속 학교에 다니는 것을 허락하지 않았고, 그래서 그는 운전 사가 되었다. 나는 그의 어린 딸에게 줄 선물을 전하면서, 통역사 겸 여행 안내자로 도움을 주고 우리를 즐겁게 해주었을 뿐 아니라 약속한 대로 안전하게 운전해줘서 고맙다고 말했다. 그는 나에게 보고서 쓸 때 필요할 수도 있을 거라며 얇은 종이 묶음을 건넸다.

다음 날 아침, 뽀얗고 달콤한 아프리카 차에 사모사감자, 채소, 카레 등을 넣은 삼각형 모양의 인도식 튀김 만두。옮긴이를 먹으며 그 종이들을 살펴보았다. 대부분은 우리가 방문했던 아그로딜러의 농업용품 광고 전단이었다. 우리가 방문한 마을의 소식지와 신문도 있었다.

제목이 적혀 있지 않은 한 서류철에서 나는 익명의 네 쪽짜리 기사를 꺼냈다. 표제는 "제초제가 옥수수밭 전체에 치명적인 독이 되다: 포포티 이야기"였다. 포포티는 우리가 찾아갔던 첫 번째 마을이었다. 저화질 사진 속 여성은 망연자실한 표정이었고 그 밑에 '줄리아 아주머니'라는 설명이 달려 있었다. 그 아래에는 한때 옥수수밭이었던 곳의 사진이 있었다. 무릎 높이의 식물은 갈색으로 시들어버린 상태였다. 기사에 따르면 줄리아 아주머니는 밭에 난 잡초를 깨끗이 제거하려고 일꾼들을 고용했다. 하지만 나티냐시가 곧 다시 나타났다. 일꾼을 한 번 더 고용할 여력은 없었다. 아그로딜러 점원이 제초제를 써서 한번에 잡초를 죽이라고 조언했다. 일꾼을 쓸 때처럼 큰 비용이 들지 않을 거라고 했다. 줄리아 아주머니는 그렇게라도 돈을 아껴야 했다. 작년에 남편을 잃은 데다 중

풍을 앓고 있었기 때문이다. 그래서 제초제를 두 병 사고 인부 한 명을 고용해서 옥수수밭에 약을 뿌렸다.

전에도 이와 비슷한 이야기들을 들은 적이 있었다. 사진은 현장을 생생하게 보여주었다. 기사는 이어서 옥수수를 죽이지 않을 다른 제초제를 홍보했다. 나티냐시에는 소용없을 거라는 사실은 언급하지 않았다. 나는 이것을 어떻게 받아들여야 할지 몰랐다. 패러콧 광고에 스테이플로 고정되어 있는 것을 보니, 마라는 내게 이 기사를 보여주고 싶어 했던 거였다.

나는 몇 년 전에 만났던 농업대학교 교수들에게 전화를 걸어 도움을 청했다. 이 나라에 겨우 몇 주 머문 내가 잡초와 농민들의 관계를 이해할 방법은 없었다. 이런 사례가 보기만큼 흔한지, 내가 보고서에 뭐라고 써야 할지 알고 싶었다. 현지 문화를 이해하는 농학자들의 도움이 필요했다.

나는 다음 날 빈 강의실에서 세 명의 학계 동료들을 만났다. 짧은 기간 탄자니아 이곳저곳을 다니며 목격한 상황을 설명했다. 김 매기 일을 힘겨워하는 여성들, 안전하지 않은 방법으로 제초제를 보관하고 사용하는 행태, 독극물로 사망한 사람들과 망가진 작물 이야기도 했다. 문제가 심각해 보였는데 내가 상황을 올바르게 이해한 건지 확인하고 싶었다.

그들은 정중히 경청했다. 내가 말을 마치자, 꿰뚫는 듯한 눈빛의 기품 있는 여성 농촌사회학자가 동료들과 잠깐 눈빛을 교환하더니 나를 바라보았다. 이어서 양손을 포갠 채 경직된 말투로 다음과 같이 이야기했다. 전부 교육의 문제다. 적절한 교육이 이루어진다면 이런 일은 벌어지지 않을 것이다. 자살에 관해서라면 사람들은 어떻게든 수단을 찾을 것이다. 만약 당신이 보고서에 농부들이 제초제를 사용하지 말아야 한다고 쓴다면 여성들이 수백 년 전 조상들처럼 계속 밭에서 괭이질을 해야 한다고 이야기하는 것이나 다름없다. 식민 지배 세력은 사람들이 가난해야 다루기 쉽고 의존적인 상태가 되므로 일부러 겨우 먹고살 만한 수준을 유지하게 했다. 반드시 현대화가 필요하다. 물론 그 과정에서 오류는 발생할 것이다. 작물이 망가지고 잔류 농약 수치가 높아질 수 있다. 물고기가 죽고 사람들이 독극물로 사망할 것이다. 미국에서도 똑같은 일이 벌어졌지 않았나. (그분은 나를 노려보았다) 하지만 이곳 농부들도 미국 농부들과 똑같은 기술을 누려야 한다. 그것이 그들의 권리다. 다른 제안을 하려거든 잡초를 관리할 다른 방법을 제시해달라.

보고서를 쓰려고 사무실로 돌아가는 길에 아프리카 농가를 처음 방문했던 일이 떠올랐다. 대학을 갓 졸업하고 평화봉사단 자원봉사자로 왔을 때였다. 가나 친구 자스는 카카오, 파파야, 그리고 간간이 바나나가 자라는 산 중턱으로 나를 데려갔다. 불규칙하게 심은 옥수수들이 비대칭을 이룬 그의 농장이 지금도 눈에 선하다. 당시에는 그곳이 난장판처럼 보였다. 옥수수 사이에 목질화된 카사바가 서 있었다. 자스는 옥수수 대에서 통통한 낱알 하나를 비틀어 떼어 내더니 줄기를 구부려 곁에 있는 카사바가 햇빛을 더 받을 수 있도록 했다. 카사바를 수확한 자리에는 콩과 고구마를 심었다. 빽빽한 초관 밑까지 도달하는 햇빛이 너무 적어서 잡초가 많이 자랄 수 없었다. 몇 안 되는 잡초는 대부분 아마란스와 까마중이었는데,

그는 그것을 수확해 먹었다. 근처에는 그의 아내가 돌보는 밭이 있었다. 토마토, 시금치, 근대, 콩, 양배추, 양파, 적고추, 토란, 허브가 자랐고 그 전체를 비둘기콩과 레몬그라스가 둘러싸고 있었다.

자스는 미소 띤 얼굴로 농장에 대한 내 의견을 물었다. 미 중서부 농장의 질서정연한 단작 재배만 보고 자란 나는 눈앞의 무질서함이 얼마나 가치 있는 것인지 몰랐다. 나는 잠시 생각하다가 열을 맞추어 심지 않은 작물을 처음 본다고 말했다. 자스는 걸음을 멈추고 주위를 둘러보았다. 꼬꼬댁거리며 돌아다니는 닭 몇 마리와 함께, 밭에는 다양한 작물이 골고루 섞여 있어서 그의 가족은 적당히 먹고살 수 있었다. 부인의 밭에도 십여 종 정도의 야채가 더 있어서 식생활에 영양가와 다채로움과 풍미를 더해주었다. 나는 그의 반응을 잊을 수 없다. "그런데 왜 그래야 해?"

나는 이번 보고서에서도 그 질문에 대한 답을 할 수가 없었다. 트랙터가 지나다니도록 한 가지 작물을 열 맞추어 심어놓고 잡초에 약을 친 다음 작물을 죽이거나 우물에 흘러들지 않기를 바라는 것. 이곳 교수들은 서구의 기술 전도자들이 설파하는 이 접근법이 옳다고 믿었다. 그런데 왜 그래야 하는가? 자스가 보여준 것처럼 아프리카식 농법은 재치 있고 풍성했다. 그는 시장 공급에 앞서 가족이 먹을 작물을 길렀다. 이윤을 추구하기보다 호혜주의에 근거해 시간, 노동, 물자를 서로 주고받았다. 그의 노동에는 존엄성과 공동체 의식이 깃들어 있었다. 수입 제초제, 유전자변형 종자, 디젤과 석유로 작동하는 기계에 의존하는 것이 또 다른 식민주의가 아니고 무엇인가 하는 생각이 들었다.

나는 보고서를 제출했고 프로젝트 리더들 앞에서 발표도 했다. V도 제일 앞줄에 밝은 표정으로 앉아 있었다. V를 비롯한 모든 관계자의 친절과 후의에 감사를 표한 뒤, 비판하려는 게 아니라 객관적으로 접근하는 것이 내 의도임을 분명히 밝혔다. 나는 농약 안전, 보관, 사용, 교육에 관해 우리가 보고 들은 바를 이야기했다. 아그로딜러 점원과 농부들에게 화학물질을 보관하고 사용하는 방법에 관한 교육 없이 독극물을 판매하는 관행을 지적했다. 패러콰이 금지되거나 제한된 지역에서는 자살로 인한 사망이 적었음을 보여주는 연구 자료도 인용했다.[38] 나는 농부들이나 비정부기구 관계자들이 잡초를 죽이는 화학물질을 제대로 이해하지 못하고 있음을 알게 되었다. 여성들에게 관심을 기울일 때 고된 괭이질 아니면 위험한 제초제라는 딜레마와 이 두 가지가 그들의 삶과 자녀들의 삶에 끼치는 영향을 간과하지 말기를 바랐다.[39]

비정부기구 국장은 지루해하는 눈빛이었다. V는 손목시계를 만지작거렸다. 나는 마지막으로 하고 싶은 말을 던졌다. 잡초는 곤충과 같지 않다. 따라서 농부들이 제초제를 살충제 사용하듯이 사용해서는 안 된다. 나는 농부와 판매자들에게 제초제의 올바른 사용법을 교육하러 다시 돌아오고 싶다고 했다. 실험 데이터도 분석해주겠다고 제안했다. 비정부기구 행정관들은 서면으로 요청하겠노라고 나를 안심시켰다. V는 시범 실험에서 나온 데이터를 보내주겠다고 했다. 국장은 내 조언을 구하겠다고 했다. 우리는 화기애애한 분위기 속에서 악수했고 연락하기로 약속했다. 하지만 나는 그들이 다시 연락하지 않으리라는 것을 알고 있었다.

공항에 도착할 무렵, 차와 같이 먹은 샌드위치가 상했는지 속이 좋지 않았다. 나는 비행기 날개 바로 옆자리로 좌석을 옮겨 13시간 비행하는 내내 화장실을 들락거렸다. 그간의 여정에 어울리는 마무리였다. 그 후로 몇 주가 지나고 다시 몇 개월이 지나는 동안 나는 V, 프로젝트 감독관, 내가 만났던 모든 사람에게 메시지를 보냈다. 답장한 사람은 마라뿐이었다. 그는 사파리에 가려는 사람이 있으면 자신을 추천해달라고 했다. 두어 달 후, 컨설팅업체가 철수하면서 '농부에서 농부로' 프로젝트는 완전히 종료되었다. 새로운 비정부기구가 미국국제개발처USAID 계약을 이어받았다. 목표도 변경되었다. 앞으로도 잡초 실험과 안전 교육은 없을 예정이었다. 그들은 그때 이미 일이 이렇게 될 줄 알고 있었을 것이다. 미국 대학교에서 온 전문가는 시찰 항목에 완료 표시를 하고 최종 보고서에 구색을 맞추기 위한 형식적 기준일 뿐이었다.

바로잡기

몇 년 전 동아프리카에서 일할 기회가 다시 한번 찾아왔다. 미국국제개발처의 지원을 받는 프로젝트였고, 목표는 해충이 심한 채소 작물에 병해충종합관리IPM, Integrated Pest Management 기술을 이용할 수 있도록 돕는 것이었다. 제안서 공모문은 농약 사용을 줄이고 젠더 문제, 특히 여성 건강 증진의 필요성을 강조했다. 탄자니아 전역에서 내가 목격한 문제에 드디어 관심을 두는구나 싶었다. 새 프로젝트는 주로 병해충에 초점을 맞추었지만, 양성평등 문제를 다루기 위해 나는 잡초에 관한 연구를 포함시켰다. 패러콧 오용 사례들을 염두에 두고 농약, 특히 제초제 사용에 관한 교육 계획도 집어넣었다.

프로젝트 시찰 중 나는 마라, V와 함께 다녔던 장소 중 몇 곳을 다시 찾아가 보았다. 여자들은 여전히 괭이를 들고 밭일을 하고 아이들은 나무 밑에서 놀고 있었다. 아그로딜러 몇 곳을 방문해보니 여전히 콜라병에 갈색 액체가 들어 있었다. 카운터 뒤에 앉은 청소년은 휴대전화에서 얼굴을 거의 떼지 않았다. 중독 사고와 피해 작물의 통계 수치도 개선되지 않았다. 이번 프로젝트는 내가 현지 전문가들과 함께 이러한 문제에 조그만 변화라도 끌어낼 기회였다.

나는 약 서른 명의 프로젝트 참가자들과 회의를 해서 병해충 우선순위를 정하고 여성들의 참여를 끌어낼 방법을 합의할 예정이었다. 내게는 생소한 해충 문제와 식물병에 관한 긴 토론이 시작되었다. 나는 입을 다물고 경청했다. 곤충 매개 바이러스와 살충제 저항성이 심각한 문제인 듯했다. 미국과 아프리카 전문가들이 자신이 연구하는 곤충, 질병, 바이러스에 초점을 맞추어달라고 호소했다. 그다음으로 사회학자와 경제학자들이 나서서 여성 농부들의 참여를 보장하고 데이터를 분석할 방법을 상세히 설명했다.

나는 회의를 마무리하려다가 참지 못하고 한 가지 질문을 했다. "여성과 작물 병해충을 걱정한다면 잡초를 고려해야 하지 않을까요? 특히 기름골과 같은 잡초들을 괭이질하느라 여성들이 들에서 혹사당한다면 어떻게 해야 할까요?"

나는 큰 기대를 하지 않았지만, 그래도 전문가들의 반응이 궁금했다. 몇 번의 한숨과 기침 후에 다음과 같은 대답이 나왔다. 작물 병해충에 대해서는 생물적 방제, 식물 살충제, 포식 기생충을 비롯해 다른 이로운 미생물들을 쓸 수 있다. 모두 안전한 기술들이다. 하지만 잡초에 대해서는 괭이질과 제초제 외에 달리 방법이 없다. 그래서 잡초는 이 프로젝트의 우선순위가 될 수 없다. 밭에 기름골이 있는 것은 사실이다. 일꾼들은 기름골을 괭이로 캐내고 뽑는다. 그것이 그들의 일이다.

토론은 끝났다. 이제 워싱턴의 정책 입안자들이 내려주는 최신 지침을 확인할 차례였다. 첫째, 탄자니아는 최근 열린 유엔 총회에서 미국 정부의 바람과 달리 반대표를 던졌다. 따라서 향후 탄자니아 프로젝트에 대한 자금 지원 여부가 불투명하다. 둘째, 우리더러 프로젝트 제안서를 수정하라고 했다. 농약 안전 교육은 빼야 한다는 것이었다. 잘못된 메시지를 보낼 우려 때문이었다. 아프리카 농약 시장은 중국이 장악하고 있는데, 거기에 힘을 실어주어서는 곤란하다는 것이었다. 우리는 미국 비정부기구 민간 부문 파트너들과 함께 미국 기술이 채택될 수 있도록 힘써야 했다.

농경 문화의 변두리

탄자니아 남부를 마지막으로 방문했을 때 므베야 도로를 따라 달리던 우리는 '이시밀라 석기시대 유적'이라고 적힌 작은 표지판을 보고 샛길로 들어섰다. 올두바이 협곡의 180만 년 전 오스트랄로피테쿠스 발굴지가 더 유명하긴 했지만, 이곳에서는 6만 년에서

10만 년 전까지 거슬러 올라가는 도구, 거대한 손도끼, 괭이들이 무더기로 출토되었다.[40] 깔끔하고 예리한 금속 도구가 아니라 큰 벽돌만 한 돌덩어리들이었다.

처음에는 별 감흥이 없었다. 한쪽이 날카로운 돌덩어리를 보고 도구였다는 것을 떠올리기 쉽지 않았다. 하지만 하나씩 자세히 살펴보니(작은 박물관에 이런 유물이 수천 개가 있었다) 돌을 아무렇게나 무작위로 쪼갠 것이 아니라 반대편이 손잡이가 되도록 위치를 세심하게 선정했다는 것을 알 수 있었다. 나는 이 도구들이 발견된 골짜기 깊숙이 걸어 들어갔다. 도구를 만든 이들은 돌의 모양, 색깔, 질감에 따라 어떻게 두들겨야 유용한 도구가 되는지 정확히 알고 있었다.

한쪽은 예리한 칼날, 반대쪽은 손잡이인 이 도구들은 사냥에 이용되었지만, 동시에 흙을 긁어내어 뿌리, 알줄기, 덩이줄기를 캐내는 용도로도 이용되었다. 정착 농업이라는 개념이 등장하기 훨씬 전부터 인간이 지구에 영향력을 행사했다는 의미다. 인간은 식물의 형태를 의식적으로 선택하기에 앞서, 땅에 있는 사물을 신경 써서 선택하고 다듬었다. 돌덩어리처럼 보였던 것이 도구가 되었다. 이와 마찬가지로 쓸모없는 식물처럼 보였던 것은 음식이 되었고 내일 다시 찾으러 오는 대상이 되었다. 특정 형태의 돌을 계속해서 선택하는 행위는 칼날과 손잡이로 이루어진 도구를 만들어냈다. 그리고 나머지 돌들은 버려졌다. 식물도 마찬가지다. 어떤 식물은 작물로 선택되고 어떤 식물은 잡초가 되었다.

인간이 야생에서 사냥하고 채집하던 시절의 불확실한 성과를 포기하고 씨앗을 뿌리고 유묘를 돌보고 식물을 수확하는 쪽을 택한 이후, 농사라는 개념은 잡초나 김매기와 동의어가 되었다. 작물을 '경작'한다는 개념(땅을 고르고 씨앗을 뿌리고 수확 때까지 식물을 기르는 행위)은 오래전에 잡초를 '경작'한다는 개념(괭이나 다른 도구를 사용해 잡초를 제거함으로써 작물이 자랄 기회를 주는 행위)과 하나로 합쳐졌다.

이시밀라를 뒤로하고 비행기를 타러 가는 동안 들판을 바라보았다. 수천 년 전 이런 곳에서 초기의 농부와 정원사들은 지금의 채소와 곡물이 된 식물들을 처음 경작했다. 그러려면 잡초를 (다른 의미로) 경작했어야 했다. 그들은 작물로 여기는 식물들을 소중히 재배하고 돌보며 길렀고, 잡초로 여겨 경멸하는 식물들을 뽑고 파내고 짓이겼다. 묘하게도 같은 종이면서 다른 대접을 받는 종들이 있었다. 움직이는 차창 밖으로 보이는 땅은 평평하고 바위가 많았다. 농부들이 흙을 갈고 풀을 베어내고 괭이로 잡초를 파내느라 분주했다. 그들의 노동은 작물이 성장하고 번성하게 하는 행위라기보다 잡초가 성장하고 번성하지 못하게 막으려는 행위에 가까웠다. 그들이 들일을 하는 것은 잡초가 그러한 노력을 요구했기 때문이었다. 잡초의 끈질김과 농부들의 수고로움은 쉽게 잊혔다. 식품, 섬유, 꽃, 허브 경작은 잡초 박멸과 정반대처럼 보였지만 결국은 같은 의미였다. 하나 없이 다른 하나는 없다.

플로리다 베가위드

학명 데스모디움 토르투오숨*Desmodium tortuosum*

원산지 남아메리카	잡초가 된 시기 1980년대
생존 전략 '잡초의 변신은 무죄'	발생 장소 땅콩밭

특징 노예무역의 비극을 함께한 식물

이 식물을 특별히 싫어하는 사람 미국 남부의 땅콩밭 주인들

인간의 대응 수단 제초제를 '뿌리고 기도하기spray-and-pray'

생김새 키가 크고, 가는 줄기와 가지는 끈적이는 털로 뒤덮여 있다. 작은 분홍색이나 보라색 꽃이 피고 나면 씨앗이 든 꼬투리가 열린다.

플로리다 베가위드

가나의 수도 아크라에 있는 마콜라 시장에는 서아프리카 하이라이프highlife 영국의 식민 지배를 받던 시절 가나에서 생겨난 흥겨운 댄스음악。옮긴이 리듬처럼 율동감이 있다. 회색과 노란색이 섞인 택시, 덜거덕거리는 자전거, 경적을 울리는 미니밴, 무거운 짐을 실은 트럭, 진한 색 반바지에 고무 샌들을 신고 땀을 뚝뚝 흘리는 남자들이 끄는 나무 수레 등으로 거리는 북적였다. 긴 옷을 두른 여자들과 줄무늬 덧옷을 걸친 키 큰 하우사족 남자들이 좁은 인도를 따라 줄지어 걷고 아이들은 빵, 말린 생선, 바나나 따위를 얹은 커다란 접시를 양손에 든 채 사람들 사이를 비집고 잽싸게 뛰어다녔다. 이글거리는 태양이 연기, 땀, 폐기물의 냄새를 뿌연 공기 속으로 끌어당겼다.

나는 1970년대에 평화봉사단청년들을 2년 동안 아시아, 아프리카, 중남미 등으로 파견해 개발도상국을 원조하는 미국 정부의 민간 원조 단체。옮긴이 자원봉사 기간 중 매주 마콜라 시장을 방문했다. 어설픈 트위어가나 남부 아칸어 방언의 하나 · 옮긴이로 오크라, 플랜틴, 토란잎 값을 흥정했다. 미국식 서아프리카 요리를 하려면 꼭 필요한 식재료들이었다. 그런데 봉사 기간이 끝나가던 어느 날, 진짜 미국 음식이 너무 먹고 싶었다. 얼마 전 미국에 갔다 돌아온 사람이 시장 제일 끝에 있는 어떤 상인 이야기를 해주었다. 내 미각이 그리워할 물건을 판다는 것이었다.

나는 줄지어 늘어선 노점들을 헤집고 지나갔다. 양철 지붕들이 군데군데 그늘을 드리웠다. 상인들(모두 여성이었다)은 육중한 체격에 목소리가 우렁차고, 선명한 무늬가 찍힌 옷에 어울리는 스카프를 두른 화려한 차림이었다. 끊임없이 농담을 주고받았고, 음절을 잘라내고 말했으며여러 음절의 단어에서 하나 이상의 음절을 탈락시켜 새로운 단어를 만드는 언어 습관을 가리킨다 · 옮긴이, 간혹 손가락으로 무언가를 가리키거나 '딱' 하고 튕기거나 허공을 찌르느라 분주했다. 모퉁이를 돌자 한 여성이 숯불에 올린 거대한 주전자 옆에서 비지땀을 흘리고 있었다. 두 손으로 긴 나무 막대를 쥐고 껍데기 벗긴 대량의 땅콩을 휘저어 볶는 중이었다. 감칠맛 나는 팝콘과 은근하게 눋은 캐러멜 비슷한 냄새에 크리스마스 무렵 고향의 견과류 가게가 떠올랐다. 노란 옷을 맞추어 입은 젊은 여자 둘이서, 한 명은 등에 아기까지 업고, 나무절구에 기다란 나무 절굿공이를 찧었다. 그들 옆에 내가 찾던 상인이 있었다. 열두 살은 됐으려나, 반짝이는 눈에 머리를 뒤로 땋아 넘긴 소녀가 커다랗고 먹음직스러워 보이는 땅콩버터 산 뒤에 서 있었다. 60페세와가나의 화폐 단위 · 옮긴이에 소녀는 손을 휘저어 파리를 쫓아내고는 주걱으로 땅콩버터를 푹 떠서 플라스틱 용기에 가득 담아주었다. "여기 있습니다, 손님." 소녀는 미소를 지으며 말했다. "감사합니다, 손님."

나는 아크라에서 약 12킬로미터 떨어진 아키모타라는 조용한 마을에서 일하고 있었다. 가나 동물연구소의 농학자 자격으로 아샨티주 출신의 사려 깊은 목초 전문가 코비와 함께 일했다. 그는 사료작물, 그러니까 소와 양이 목초지에서 신선한 상태로 먹거나 건초로 말려 먹일 수 있는 식물에 관해 연구 중이었다. 코비와 나는 상대방의 문화, 음식, 말투를 갖고 놀리지 않을 때면 함께 덥고 건조한 기후에서 잘 살아남을 수 있는 사료용 식물들을 검토했다. 특히 우리의 관심사는 좋은 사료가 되어주고 토질 개선에 도움이 되는 콩과科 식물이었다.

나는 연구소 도서관에서 열대지방의 콩과 식물에 관해 몇 시간씩 조사했다. 그리고 코비가 고려해볼 만할 종의 목록을 작성했다. 어느 날 점심시간에 나는 사료작물 교과서에 고개를 파묻고 있다가, 더운 기후에 적합한 식물에 관한 장을 코비에게 보여주었다. 몇 가지 종은 우리가 이미 검토한 것이었고 나머지는 낯설었다. 한 가지 속이 가능성 있어 보였다. 데스모디움*Desmodium*(도둑놈의갈고리속)이었다. 잎이 큼직하고 매력적으로 생긴데다 줄기는 직립 또는 포복형이었으며, 몇 종은 열대지방에서 이미 이용되고 있었다. 코비는 얼굴을 찌푸리더니 고개를 저었다. "생각만 해도 몸이 가려워." 더 이상의 설명은 없었다. 대신 그는 내 점심 도시락을 가리키더니 일하면서 식사를 하는 미국인들의 습관을 놀려댔다. 그것은

2년 만에 먹은 땅콩버터 샌드위치였다.

발목 잡히다

데스모디움과 땅콩과 내가 다시 만난 것은 약 10년 뒤 조지아 남부의 해안평야에서였다. 미국 농무부의 연구 농학자로 근무하게 된 첫날이었다. 나와 함께 픽업트럭에 탄 CW는 오랫동안 농촌 지도 사업(파견 교육)을 펼쳐온 전문가였다. 그는 나에게 땅콩 농사에 관해 가르쳐주었다. 작물에 관한 이야기를 본격적으로 꺼내기도 전에 그는 우리가 지나가는 거의 모든 밭마다 군데군데 자란 플로리다 베가위드, 즉 데스모디움 토르투오숨*Desmodium tortuosum*을 손가락으로 가리켰다. 코비가 퇴짜를 놓았던 종이었다. CW의 설명에 따르면 플로리다 베가위드는 미국 남부 땅콩밭에서 가장 골치 아픈 잡초다. 옥수수, 목화, 대두 밭에도 들끓었지만 땅콩밭의 피해가 가장 극심했다. 농부들은 많은 시간과 돈을 들여 베가위드를 제거하려고 애썼다. 갈아엎고 베어내고 약을 치는 등 다양한 방식을 동원했지만 주로 약을 많이 쳤다.

우리는 시커모어라는 마을의 주유소 앞 사거리를 지나 큰길에서 벗어났다. 농로를 따라 덜컹거리며 달리다가 덥수룩한 베가위드가 군데군데 자란 어느 밭에 멈추어 섰다. 나는 차에서 내려 키 큰 자줏빛 갈색 줄기를 향해 다가갔다. 가까이 다가가니 줄기가 더 커보였다. 푹푹 찌는 열기에 잎이 축 늘어졌고, 밑동에서 뻗은 가지가 사방으로 휘청거렸다. 분홍과 보라 중간 색의 작은 꽃들이 철사처럼 가느다란 가지 끝에 띄엄띄엄 피어 있었다. 꼬투리는 얇고 뒤틀린 모양으로 3~5개의 칸마다 씨가 하나씩 들었다. 식물 전체가 짧고 끈적이며 근질근질한 털로 뒤덮여 있고, 그 털이 엷은 기름기를 뿜어냈다. 키가 큰 베가위드는 마구잡이로 엉킨 줄기, 잎, 꼬투리로 땅콩 위에 그늘을 드리웠다. 지나다니는 동물들의 몸에 걸리고, 농기계에 엉키고, 지나가는 운 나쁜 식물 연구자의 바짓가랑이를 낚아채기도 했다. CW는 베가위드가 늘 문제였던 것은 아니라고 설명했다. 베가위드는 오랫동안 눈에 띄지 않는 곳에 숨어서 지냈다. 그게 골칫거리가 되리라 생각한 사람은 아무도 없었다. 하지만 지금은 농부들이 가장 싫어하는 잡초가 되었다.

어떤 문제든 그 문제가 왜 일어났는지 알면 해결할 수 있다는 것이 역사 교수님의 가르침이었다. 조지아 남부는 역사에 대한 자부심이 강한 지역이다. 하지만 그걸로는 플로리다 베가위드 사태를 해결할 수 없었다. 잡초 개체군이 문제가 될 정도로 커지자 CW는 "침입 전으로 되돌아갈 수는 없다"라고 설명했다. 이 식물이 어떻게 거기에 왔고, 무엇 때문에 퍼졌으며, 오늘날 문제인 이유는 무엇이고, 이 식물을 없애려는 온갖 노력에도 불구하고 무엇 때문에 이 뜨겁고 건조한 흙에서 계속 살아남았는지, 그런 것들을 걱정할 시기는 오래전에 지나갔다. CW는 알 수 없는 미소를 머금은 채 말했다. "이제 이 잡초를 맡으시면 되겠네요."

사슬 속 연결 고리

조지아해안평야실험장Georgia Coastal Plain Experiment Station은 1919년 에 문을 열었다. 델라웨어부터 걸프 코스트멕시코만에 면해 있는 미국 남부의 해안선˚옮긴이에 이르는 깊은 사질 토양모래가 70퍼센트 이상이고 점토가 15퍼센트 미만인 모래흙˚옮긴이 위에 세운 최초의 농업 연구용 시 설이었다. 완만한 경사지에는 겨울이면 밀, 호밀, 귀리가 자랐고 6월 이면 수박과 채소들로 활기를 띠었다. 스프링클러가 물을 뿜어 올 리면 안개 속에 무지개가 생겼다. 농업용 항공기들은 밭을 스치듯 날다가 전화선이나 테다소나무loblolly pine 숲 앞에서 갑자기 휙 날아 오르기도 했다. 늦여름이면 목화밭은 새하얗게 변했고, 햇볕에 잎 이 누렇게 달구어진 땅콩은 뿌리가 뒤집힌 채 나란히 줄지어 수확 을 기다렸다. 건조한 가을날, 거대한 콤바인이 으르렁거리며 땅을 가로지르면 그 뒤로 붉은 흙먼지 구름이 피어났다.

이러한 풍경의 중심에 티프턴이라는 마을이 있었다. 75번 고속 도로를 타고 플로리다에 있는 별장에서 겨울을 보내러 내려가던 사람들이 하룻밤 묵으려고 들르는 동네였다. 주민들은 티프턴이 살기 좋은 곳이며, 가족을 꾸리기에도 안성맞춤이라고 나를 안심 시켰다. 그들은 느긋한 삶의 속도와 친절한 동네 분위기를 자랑스 러워했다. 영화관에서 조금 떨어진 슈거 색이라는 디저트 가게에 서는 단돈 50센트에 아이스크림콘을 살 수 있었다. 사람들은 서로 악의 없는 농담을 던졌고, 자화자찬식의 익살을 즐겼으며, 수시로 터무니없는 허풍을 떨었다.

좋은 마을이었지만 이 동네에 익숙해지려면 시간이 좀 걸릴 것

같았다. 내가 상황을 제대로 이해하지 못할 수도 있었다. 보이지 않는 뭔가가 있다는 느낌을 받았다. 주민들은 알고 있지만 나는 이해 못할 뭔가가 있었다. 사람들은 자신감 있어 보였지만 내 북부식 말투와 눈치 없는 태도가 그들을 불편하게 하지나 않을까 걱정스러웠다. 그들은 긍지, 남부인다움, 자랑스러운 남부 유산에 관한 이야기를 많이 했다.

이해하기 어렵기는 베가위드도 마찬가지였다. 나는 식물 분류학 서적을 탐독한 끝에 전문가들도 베가위드의 기원과 분류를 혼란스러워한다는 사실을 알게 되었다. 전문가들은 이 식물이 어디서 왔고 뭐라고 불러야 할지 의견의 일치를 보지 못했다. 땅콩 잡초, 가뭄 잡초라고도 부르고 가장 일반적으로 부르는 이름은 플로리다와 거지베가beggar는 거지라는 뜻이다。옮긴이를 합친 '플로리다 베가위드'였다. 현지에서 종종 부르는 '베가라이스beggar-lice(거지-이)'라는 이름도 나을 게 없었다. 포르투갈인들은 이 식물을 '페가페가pega-pega' 즉, 체포 후 석방catch-and-release 국경 월경자와 불법 이민자를 단속해 체포했다가 구치 시설 부족으로 석방하는 미 정부 정책을 '캐치 앤드 릴리스'라고 부른다。옮긴이이라고 불렀으니 여기에도 분명히 사연이 있는 듯했다. 학명인 데스모디움 토르투오숨도 그다지 유익한 정보를 주지 않았다. 데스모디움이라는 단어는 그리스 단어 '사슬'에서 왔는데, 아마도 꼬투리의 분절 구조나 들러붙는 특징 때문이었을 것이다.[1] 토르투오숨은 꼬이거나 뒤얽히거나 그보다 심한 무언가를 나타내는 이름이었다. 나는 대체 무슨 일에 휘말리게 된 건지 너무 깊이 생각하지 않으려고 애썼다.

나는 베가위드에 관해 배울 수 있는 최적의 장소는 '서던 오븐 다이너'라는 식당이라는 사실을 곧 깨닫게 되었다. 농부들이 비스킷과 버터, 그레이비소스, 옥수수죽, 차를 앞에 놓고 뭉그적거리면서 깔깔대거나 일 이야기를 하며 투덜거리는 곳이다. 농부들은 농사지을 작물을 구하려면 또 대출을 받아야 한다면서 불평했다. 가뭄, 우박을 동반한 폭풍, 흰곰팡이, 잎마름병 등으로 기대한 만큼 수익이 나오지 않았다고 얼굴을 찌푸렸다. 땅콩밭에 등장한 잡초 때문에 괴로워했다. 모든 일이 순조롭게 풀릴 경우, 잡초는 기세가 꺾이고 작물이 잘 자라서 씨앗, 비료, 관개시설, 농약, 지대地代, 품삯, 보험료 등을 회수할 수 있다. 하지만 상황은 좋은 쪽으로 흘러가지 않을 때가 많았고, 잡초는 방제 프로그램의 빈틈을 교묘히 빠져나갔다. 성장이 빠르고 키가 큰 베가위드는 그중에서도 최악이었다. 마치 뱀처럼 작물의 틈새에 몰래 끼어들어 햇빛, 물, 양분을 훔쳐가기 때문이다.

농부들의 가장 큰 불만은 쓸 수 있는 방법이 부족하다는 것이었다. "적절한 수단이 없다니까요." 나는 이 말을 듣고 또 들었다. 모든 농부가 기본적으로 사용하는 수단 중 하나는 디노셉dinoseb이라는 제초제였다. 땅콩밭에 만연한 잡초를 죽이려고 25년간 디노셉을 사용해온 사람들도 있었다.[2] 농부들은 땅콩 유묘가 지표면을 뚫고 나올 때 디노셉을 살포했다. 조건이 맞으면 어린 잡초는 죽고 땅콩은 살아남았다. 디노셉은 베가위드와 여타 광엽 잡초를 죽이는 제초제였다. 디노셉을 뿌리면 베가위드의 75퍼센트가 죽었고, 운 좋으면 85퍼센트까지도 죽일 수 있었다. 이는 더 튼튼한 나머지

15~25퍼센트가 성장할 공간이 넓어진다는 뜻이었다. 견디는 힘이 강한 개체들은 마지막까지 꿋꿋이 살아남아서 꽃을 피우고 씨앗을 퍼뜨렸다. 농부들은 베가위드를 처리할 더 많은 방법, 더 많은 수단을 원했다. 그 말은 물론 더 좋은 제초제가 더 많이 필요하다는 뜻이었다.

전문가들은 이를 '뿌리고 기도하기spray-and-pray'라고 불렀다. 당시 잡초를 연구하던 사람들은 여러 가지 제초제를 뿌리고 그중 하나가 작물에 피해 없이 잡초를 죽여주기를 기도했다. 일부 제초제 신봉자들은 식물 세계를 통제한다는 기분을 즐겼다. 다행히도 농무부에서는 내게 땅콩밭의 잡초를 관리할 다른 방법을 찾아보게 했다. 곤충과 식물 병원균을 연구하는 동료들은 살충제 남용을 줄일 방법을 개발 중이었다. 나도 잡초에 대해 똑같은 일을 하고 싶었다. 그러려면 플로리다 베가위드에 대해 더 자세히 알아야 했다.

나는 며칠에 한 번씩 연구용 시험 재배장까지 차를 몰고 가서 베가위드와 땅콩의 싸움이 어떻게 진행되고 있는지 기록했다. 두 종은 사촌뻘이지만 사이가 좋진 않았다. 오히려 변변찮은 자원을 놓고 경쟁하는 처지였다. 둘 다 약 6000만 년 전부터 있었던 거대한 식물 집단인 콩과에 속한다.[3] 그리고 두 종 모두 토양 박테리아의 도움을 받아 필요한 질소를 포착 또는 '고정'하는 방식으로 척박한 땅에서 살아간다. 깊은 모래, 부족한 양분, 잦은 경작, 매년 이루어지는 수확과 개간, 높은 온도, 높은 습도, 이글거리는 태양 등은 열대지방 출신인 콩과 식물에게 완벽한 환경이었다. 열대 콩과 식물은 수천 종에 달하고, 데스모디움속에도 수백 가지 식물이 있다.

하지만 농부들이 땅콩을 심어놓은 밭으로 어떻게든 기어들어온 것은 이 베가위드라는 녀석뿐이었다.

베가위드와 땅콩은 마치 거대한 농기계에 맞물려 돌아가는 톱니바퀴와 같았다. 농부들은 농사라는 기계를 계속 돌리기 위해 더 많은 수단을 원했다. 나는 밭에 물을 대는 대수층물을 충분히 함유·방출하는, 경제적으로 개발 가능한 토양층. 여기서는 비유적인 의미다. 옮긴이이 무한하지 않다는 것을 알고 있었다. 소비자들은 화학적 수단을 쓰지 않는 유기농 식품과 섬유를 원했다. 비료와 농약은 토양 침식과 함께 다른 곳으로 이동했다. 하지만 농사를 둘러싼 분위기상 이 메커니즘이 얼마나 지속 가능할까 하는 의구심을 제기할 수는 없었다. 나는 땅콩 업계와 좋은 관계를 유지해야 했다. 하지만 지금 사용하는 제초제를 쓰지 못할 미래에 대비하고 싶었다. 해안평야실험장은 잡초, 작물, 농부들과 함께 일하기에 좋은 곳이 틀림없었다. 그리고 내가 현재의 농사 방식에 문제가 있으니 바꿔야 한다고 말하는 순간 언덕 위로 바윗돌을 밀어 올리는 죄인의 무리에 합류하게 되리라는 것도 틀림없었다.

찬밥 더운밥 가릴 처지가 아니라

플로리다 베가위드와 땅콩은 둘 다 남아메리카에서 왔지만 거기서 서로 만난 적은 없을 가능성이 크다. 둘은 아마존분지로 나누어진 완전히 다른 환경에서 자랐다. 땅콩, 즉 아라키스 하이포게아 *Arachis hypogea*는 남아메리카 남서부, 브라질과 파라과이의 습한 삼림지대에 뿌리를 두고 있다.[4] 플로리다 베가위드는 덥고 건조하며 풀이 듬성듬성한 남아메리카 북동부의 해안사막에서 발생했다.[5]

두 종의 모양과 크기는 같은 콩과 식물이라기에는 너무도 다르다. 땅콩은 줄기가 땅을 기는 키 작은 다년생식물이다. 꽃이 피고진 자리에 줄기와 비슷한 자방(씨방 자루)이 자라나고 그것이 흙 속으로 파고들어 씨앗, 즉 견과가 안에 든 꼬투리를 부풀린다. 이에반해 베가위드는 높게 자라는 가지가 특징으로, 줄기 윗부분을 따라 콩알 모양의 꽃이 달린다. 씨앗을 땅 밑에 숨기고 인간이 꺼내주기를 기다리는 땅콩과 달리, 플로리다 베가위드의 꼬투리는 가느다란 줄기 끝에 대롱대롱 매달려 있다. 꼬투리는 씨앗이 하나씩든 여러 개의 분절로 나뉘어 있다. 여러 조각으로 쪼갠 콩깍지 안에 씨앗이 하나씩 들어 있는 형상과 비슷하다. 베가위드의 꼬투리는 모상체trichome라는 수천 개의 짧은 갈고리로 뒤덮여 있다. 모상체는 끈적한 진액을 분비해 꼬투리 분절이 피부, 털, 옷에 들러붙을 수 있게 도와준다. 끈적끈적한 꼬투리는 가느다란 가지에 대롱대롱 매달려, 다른 장소로 데려다 달라고 구걸이라도 하듯 바람에흔들린다.

땅콩은 대략 4000년 전에 인간의 관심을 사로잡았다.[6] 숲에서식량을 찾던 사람들은 먹을 수 있는 덩이줄기를 찾아 땅을 파다가땅콩을 발견했다. 생으로 먹거나 말려서 먹고, 뜨거운 숯에 익혀서먹을 수도 있는 땅콩은 생분해성 포장 용기에 담겨 있어 운반하기도 쉬운 초간편 간식이었다. 땅콩은 남아메리카 전역은 물론 카리브해와 멕시코까지 퍼졌다. 어떤 곳에서는 땅콩을 망자와 함께 묻

거나 희생 제물로 사용하거나 불이나 강에 던져 신에게 바치기도 했다.[7]

베가위드는 건조하고 풀이 듬성듬성한 방목지를 돌아다니는 목동들에게 성가신 존재가 되었다. 끈적이는 꼬투리에 든 베가위드 씨앗은 동물의 털에 들러붙기 쉽다. 씨앗은 작고 맛이 없지만 초식동물들은 통통한 잎과 어린줄기에서 귀한 영양분을 얻었다.

여러 세대가 지나면서 수렵·채집인은 맛 좋고 큰 씨앗이 달리는 땅콩 유전형을 선택했다. 이것은 작물화로 이어졌다. 그러는 사이, 같은 대륙의 반대편에서는 목동과 그 가축들이 야생 베가위드의 씨앗을 퍼뜨렸다. 의식하지 못하는 사이 씨앗의 접착성이 높은 유전형이 선택을 받았다. 베가위드 역시 인간에 의해 어느 정도 길들여졌다. 불규칙한 발아, 긴 종자 휴면, 고르지 않은 개화, 자유로운 산포 등 적응성 높은 야생의 형질을 잃지 않으면서 인간의 활동에 업혀갔다.

베가위드가 사는 건조한 북동부 자생지 사람과 식물은 땅콩이 사는 습한 남서부와는 물리적으로도 문화적으로도 단절되어 있었다. 두 종은 수백 년 동안 서로에게, 그리고 나머지 세상과 격리된 상태로 만족스럽게 살아갔다.

묻어둔 견과와 묻어둔 역사

나는 차를 몰고 시골길을 따라 작은 마을들을 돌아다니면서 해안평야 일대의 지리를 익혔다. 자기네가 주, 국가, 세계의 '땅콩 수도'라고 내세우는 마을들이 흥미로웠다. 이런 마을들은 땅콩 축제를 열어서 퍼레이드를 벌이고 금발의 아리따운 땅콩 아가씨를 뽑아 왕관을 씌워주었다. 마을 광장에는 땅콩 동상이 있었다. 예를 들어 조지아주 얼리 카운티에는 남부연합기를 세운 잔디밭 건너편에 대리석 땅콩 기념비가 서 있고 이 소박한 식물에 바치는 소박한 감사의 인사가 새겨져 있었다. 어떤 조각상, 명판, 헌사도 이 작물의 기원에 관해 길게 언급하지 않았다. 땅콩을 미국 땅으로 가져온 영웅적 인물을 기리는 동상도 없었다. 하지만 땅콩이 해방과 자유라는 미국적 가치에 푹 담긴 자랑스러운 역사의 일부였음은 분명히 알 수 있었다. 나는 지금도 이 작물이 남아메리카의 중심부에서 북아메리카 해안으로 이동해온 경로를 보여주는 전시물이나 재현물을 볼 수 있기를 고대하고 있다.

땅콩뿐 아니라 베가위드와 남아메리카의 모든 작물, 잡초, 사람에 관한 역사적 기록은 콜럼버스의 교환1492년 크리스토퍼 콜럼버스가 신대륙을 발견하면서 신대륙과 구대륙 사이에서 일어난 생물과 인구의 급격한 이동◦옮긴이과 함께 시작된다. 유럽 탐험가들이 신대륙에 야기한 정치적, 문화적, 생태학적 혼돈은 땅콩과 베가위드도 피할 수 없었다.

동아시아를 향해 떠난 포르투갈 탐험가들은 1500년대 초에 지금의 브라질이 된 땅에 도착했다. 그들은 최초로 작물화가 이루어진 지역에서 무럭무럭 자라고 있는 땅콩을 만났다. 포르투갈 박물학자 가브리엘 소아레스 드 수자Gabriel Soares de Souza는 초창기의 땅콩 재배에 관해 이렇게 설명했다. "남편들은 이런 노동에 대해 아무것도 모른다. 남편이나 남자 노예가 이것을 심는다면 싹이 트지 않을 것이다."[8] 머지않아 브라질과 서인도제도까지 무역로를 개척한 포르투갈 선원들은 땅콩을 아프리카와 유럽에 들여왔다.[9]

아프리카 해안을 정기적으로 오가는 유럽 선원들은 적미, 서속, 수수, 참깨, 야자유 등 아프리카 작물에 의존하게 되고, 그 대신 옥수수, 카사바, 호박, 콩, 토마토, 감자, 담배 등 남아메리카에서 모아온 다양한 농작물을 아프리카에 넘겨주었다.[10] 땅콩은 이렇게 해서 '어퍼 기니Upper Guinea' 서부 해안을 따라 아프리카 대륙에 도착했다.[11] 땅콩이 아프리카에 들어온 시기는 확실하지 않다.[12] 땅콩 재배는 빠르게 내륙으로 전파되었고 땅콩은 금, 상아, 향신료, 노예무역과 함께 사하라 전역은 물론 아프리카 남부와 동부의 삼림지대로 이동했다. 이렇게 아프리카에 워낙 널리 퍼져서, 식물학자들은 오랫동안 땅콩이 아프리카 대륙에서 유래한 식물이라고 생각했다.[13]

대서양의 노예무역 시스템은 복잡했고, 거기에 관여하는 사람을 모두 먹여 살리려면 방대한 농장이 필요했다.[14] 유럽인 감독관들은 까다로운 열대작물과 토양을 다루어본 경험이 없었다. 그래서 수 세대 조상의 지식을 물려받은 아프리카 농부들의 기술에 의지했다.[15]

노예가 된 아프리카 농사꾼들이 서인도제도와 남아메리카로 보내어졌을 때도 이 패턴은 반복되었다. 아프리카 노예들은 카사바, 옥수수, 땅콩 같은 토착 작물의 재배 방법을 이미 알고 있었다. 아프리카 농부들은 신대륙의 기후에 맞추어 자신의 농사 지식을 조정했다. 아프리카 농부든 그들을 붙잡아 온 포획자든 그러한 전문

기술이 없었다면 살아남지 못했을 것이다.[16]

유럽인들은 훔쳐간 보물 대신 천연두, 홍역, 콜레라를 신대륙에 전해주었다.[17] 원주민 인구가 빠르게 감소하자 이런 전염병에 내성이 있던 아프리카 노예 농사꾼이 농업 시스템을 유지하게 되었다. 아프리카 노예는 아메리카 열대지방에서 다양한 작물 유전자원의 수호자이자 재배를 맡은 청지기가 되었다.[18] 그런 작물 가운데 땅콩이 있었다. 1600년대 중반까지 땅콩은 스페인, 포르투갈, 필리핀, 중국까지 진출했지만 북아메리카에는 아직 도달하지 못한 상태였다.[19]

사랑의 허브가 한 줌의 희망을 만나다

베가위드는 성가신 풀이긴 했지만, 삼각무역 시스템여기서는 아프리카, 아메리카, 유럽 간에 이루어진 대서양 노예무역을 뜻함。옮긴이에 종사하는 사람들이 관심을 둘 아무런 이유가 없었다. 베가위드가 어떤 경로로 북아메리카 남동부까지 오게 됐는지는 불분명하다. 내가 찾을 수 있었던 가장 이른 자료는 아일랜드 태생의 박물학자 겸 의사인 한스 슬론Hans Sloane의 기록이었다. 1687년, 슬론은 새로운 약재를 발견할 수 있기를 희망하면서 서인도제도를 항해했다. 그는 원주민과 아프리카인이 이용하는 여러 동식물과 재료를 기록했고, 그중에는 유럽인에게 낯선 800종 가까운 식물도 있었다. 슬론은 1707년과 1725년에 출간된 두 권짜리 책으로 그것을 설명했다. 『마데라, 바베이도스, 니에베스, 세인트크리스토퍼, 자메이카섬으로의 항해, 그 섬들의 초본과 나무, 네발짐승, 물고기, 새, 곤충, 악어 등의 자연사와 더불어, 그곳의 주민, 공기, 물, 질병, 교역 등에 관한 설명을 서문으로 붙인, 이웃하는 대륙 및 아메리카 섬들과의 관계와 함께』라는 눈길을 끄는 제목이었다.[20] 삽화 또한 제목만큼 호화로웠다.

슬론이 쓴 책에는 땅콩, 베가위드, 노예제도가 처음으로 함께 등장한다. 자메이카에서 본 땅콩과 베가위드에 관한 그의 묘사를 통해 두 종이 반드시 같은 서식지는 아니더라도 같은 섬에 살고 있었음을 알 수 있었다. 그는 노예로 잡힌 아프리카인들을 수송하는 과정에서 땅콩의 역할에 대해 이렇게 설명했다. "뱃사람들이 어스넛 Earth-Nuts이라고 부르는 이 열매는 기니에서 노예선에 실려 들어온 것으로, 기니에서 자메이카까지 항해 중 흑인들에게 식량으로 제공되었다." 슬론은 포르투갈인들이 "세인트토머스섬에서 리스본으로 데려오는 노예들에게 배급"하는 용도로 땅콩을 사용했다고도 설명했다. 이것은 대서양을 가로질러 양방향으로 식물과 사람이 이동했음을 확인해준다.[21]

슬론은 베가위드를 방목지뿐 아니라 농작물과 처음 연관 지은 사람이었다. 그는 헤디사룸 트리필룸Hedysarum triphyllum이라는 옛 이름을 사용해 세 가지 식물의 표본을 묘사했다. 데스모디움 토르투오숨으로 알려지게 된 식물의 이형이었다.[22] 그의 그림 중 하나(도해 116번)는 누가 봐도 틀림없는 플로리다 베가위드다. 슬론은 산야 고 드 라 베가라는 마을 근처와 "이 섬의 여러 곳에서 키우는 사탕수수밭 사이의 통로"에서 이 식물이 자라는 것을 발견했다. 의사

였던 슬론은 이 식물에서 아무런 의학적 가치를 찾지 못했다. 하지만 열매에 관한 기록은 남겼다. "각 마디가 아주 얇은 연결부로 옆 마디에 고정되어 있어서 꺼칠꺼칠한 부분이 누군가의 옷에 달라붙으면 곧잘 떨어져서 포르투갈인들은 이것을 '에르바 다모르Erva d'Amor', 즉 사랑의 허브라고 불렀다."[23] 이것은 농경지에서 발견된 베가위드에 관한 가장 이른 기록이자 베가위드가 아프리카와 서인도제도로 퍼지게 된 경위를 짐작할 수 있게 해주는 기록이다. 그러니까 땅콩과 사랑의 허브는 둘 다 노예선을 타고 대양을 건넜다. 전자는 항해를 위한 필수 식량으로, 후자는 옷, 피부, 털에 달라붙어 살그머니 숨어들었다.

베가위드는 땅콩과 마찬가지로 아프리카에 너무나 널리 퍼지게 되어 유럽 식물학자들은 베가위드가 아프리카에서 유래되었다고 생각했다. 1800년대 중반에 기록을 남긴 생물지리학자 찰스 피커링Charles Pickering은 베가위드의 원산지를 아프리카 적도 지방으로 보고, 서인도제도를 통한 유럽인들의 식민지 개척과 연결 지었다. 그는 다음과 같이 서술했다. "데스모디움 토르투오숨은… 유럽 식민지 개척자들을 통해 서인도제도에 들어왔고 슬론이 관찰한 바 있는 관목형의 콩과 식물로서… 자메이카에서는 경작지에서 곧잘… 동쪽으로는 세네갈부터 아비시니아(에티오피아)까지 자라는 것으로 알려져 있다."[24] 식물학자 윌리엄 잭슨 후커William Jackson Hooker는 슬론이 머쓱해질 만큼 긴 제목의 책에서 베가위드를 언급했다. 『1841년 영국 여왕 폐하가 왕립 해군 선장 H.D. 트로터의 지휘하에 니제르강으로 보낸 탐사 여행에서 식물학자 고 테어도어 포겔 박사가 수집한 니제르의 식물상, 또는 서부 열대 아프리카의 식물 목록. P.B. 웹의 스피칠레기아 고르고니아, J.D. 후커 박사와… 조지 벤탐의 플로라 니그리티아나, W.J. 후커 경이 편집한 포겔 박사의 실물 스케치… 두 개의 조망도, 지도, 50개의 도해 포함』이라는 책이었다.[25] 이 책은 다양한 베가위드가 광범위하게 퍼져 있었으며 오래전부터 서아프리카 지역에 있었음을 암시했다.

초기의 유럽 식물학자들에게 플로리다 베가위드는 식품이나 약품 또는 관상용으로 가치 없는 수많은 식물 중 하나였다. 피커링은 이 식물에 주목하고 그 기원을 아프리카로 보았다. 포겔은 서아프리카에서 베가위드에 관한 기록을 남겼지만 후커는 이것이 아메리카 열대지방에 흔하다고 설명했다. 알퐁스 드 캉돌Alphonse de Candolle은 1855년에 발표한『합리적인 식물지리학, 또는 오늘날 식물의 지리적 분포에 관한 주요 사실과 법칙의 노출』이라는 비교적 짧은 제목의 책에서 베가위드가 "아프리카와 아메리카 사이에 공통적"으로 나타난다며 그 기원이 불확실하다고 밝혔다.[26] 학명 표기의 권위자인 스웨덴 식물학자 올로프 스와츠Olof Swartz는 이 식물에 대한 설명에서 아프리카를 언급조차 하지 않았다.[27] 스와츠는 오랫동안 서인도제도에서 식물을 연구했지만 아프리카에는 가본 적이 없었다. 어쨌거나 이 초기 식물학자들은 어디든 갈 수 있는 형편이 아니었고, 다른 학자들이 쓴 책의 제목 읽기처럼 따분한 일을 하느라 너무 바빴을 것이다.

땅콩과 베가위드가 언제 어떻게 누구에 의해 북아메리카에 들어오게 됐는지는 알려진 바가 없다. 확실한 것은 유럽, 아프리카, 북아메리카 사이를 이동하며 식민지에서 목화, 담배, 사탕수수 생산을 뒷받침할 인력을 실어 나르는 선박을 타고 함께 들어왔다는 사실이다. 땅콩에 관해 종합적으로 다룬 어느 책조차 "결국 (땅콩은) 현재의 미국 남동부에 해당하는 해안까지 이동했지만 도입된 시기와 장소는 기록으로 남아 있지 않다"라고 밝혔다.

삶이 산산이 조각난 잔혹하고 혼란한 시대에, 남은 희망이라고는 생존을 보장해주고 문화를 지켜주며 식량이 되어줄 한 줌의 씨앗뿐이었다. 고향을 떠나게 된 아프리카 사람들이 머리카락이나 옷가지 사이에 땅콩 씨앗을 숨겼다는 이야기들이 전해진다.[28] 뱃짐 속에 고향의 씨앗을 가져온 용기 있고 지혜로운 사람들에 관해서는 아무것도 알려진 바가 없다. 나는 광활한 조각보처럼 잡초와 땅콩이 우거진 밭을 가만히 바라보곤 했다. 가끔 냉방이 켜진 차 안에 앉아 있을 때면 이 풍경에 괴리감이 느껴지기도 했다. 내 앞에 있는 이 식물의 씨앗은, 굶주리고 발가벗겨지고 겁에 질린 채 육신은 배에 사슬로 묶였을지언정 정신만은 빼앗기지 않은 사람들이 가져온 것이기 때문이다.

베가위드는 그만큼 가슴 저미는 여정은 아니었지만 유입 경로가 모호하기는 마찬가지였다. 식량으로 쓸 수 없는 이 식물은 아마도 동물의 사료로 배에 실렸을 가능성이 크다. 달라붙는 모상체 덕분에 누군가가 씨앗을 일부러 선상에 몰래 들여올 필요는 없었을 것이다. 땅콩과 베가위드가 노예제도와 결부된 유일한 식물은 아니다. 주요 작물과 잡초는 거의 모두 그러한 관계가 있다. 미국 남부 주들은 노예 문화 옹호를 서서히 내려놓았다. 그러나 과거를 일

깨워주고 끊임없이 제초를 요구하는 식품과 섬유까지 내려놓기는 불가능했다.[29]

땅콩의 지위 변화

아메리카에 도착한 후 100년 동안 땅콩은 대부분 아프리카 노예들을 위한 작물로 남아 있었다. 1769년의 한 보고서는 땅콩이 남부 식민지에 "잘 알려져" 있으며, "흑인들이 내다 팔 목적으로 작은 땅 뙈기에" 심었다고 기록했다. 땅콩은 아프리카계 사람들 사이에서 거래되었으며, 음식에 갈아 넣기도 하고 끓이거나 구워서 통째로 먹기도 했다. 1791년 아이티 혁명프랑스 식민지 생도맹그에서 일어난 혁명. 이 혁명의 결과 식민지의 아프리카 노예들이 해방되었으며 아이티가 세워짐。옮긴이 이후 프랑스 크리올프랑스계 정착민들의 후손。옮긴이 난민의 노예로 있던 하인들이 필라델피아로 탈출하면서 땅콩을 가져왔다. 그들은 케이크와 수프에 땅콩을 넣었다.[30]

땅콩은 대서양 중부 연안을 따라 아프리카 공동체 밖에서도 알려지게 되었다. 1780년대에 해방과 속박을 동시에 옹호한 토머스 제퍼슨은 '핀다르peendar'를 심었고 그것이 "고소하다"고 표현했다.[31] 하지만 대부분의 플랜테이션 농장주들은 '노예 음식'이라며 코웃음 쳤다. 어떤 사람들은 땅콩의 풍미가 느껴지는 돼지고기를 생산하려고 돼지 사료로 땅콩을 길렀다. 녹비작물비료로 사용하려고 기르는 작물。옮긴이로 길러 땅콩의 영양소를 흙에 돌려주고 돼지들을 들여보내 남아 있는 견과를 파헤치게 하는 사람들도 있었다.[32]

식민지 시대의 북아메리카 농업에서 베가위드에 관한 기록은 찾아볼 수 없다. 미국 박물학자 윌리엄 바트럼은 1770년대 후반 조지아에서 플로리다에 이르는 스와니강을 따라 걸으며 옛 속명이 헤디사룸Hedysarum인 식물에 관해 기록했다. 만약 이것이 훗날 플로리다 베가위드로 불리게 된 식물이 맞는다면 바트럼은 북아메리카에서 최초로 관련 기록을 남긴 사람이다.[33] 하지만 바트럼 자신이나 식물학자인 그의 아버지는 물론, 초기 정착민들의 이야기에서도 베가위드는 언급되지 않았다. 단단히 들러붙는 성가신 씨앗이 그들의 관심을 끌지 못했을 리 없다. 미국 식물 표본집에 실린 가장 오래된 표본은 플로리다 레온 카운티(탤러해시 근처)에서 비교적 늦게(1843년) 채취한 표본이다. 딥 사우스Deep South 노예제도가 성행했던 미국 남부 지역에서도 최남부 지방˚옮긴이 지방에서는 베가위드를 흔히 볼 수 있었던 시기다.[34]

베가위드가 플로리다의 더위에 힘겨워하는 사이, 땅콩은 메이슨-딕슨선Mason-Dixon Line 미국의 남부와 북부를 나누는 남북전쟁 시절의 자연적 경계˚옮긴이 위쪽의 소규모 재배지에 한정되어 자라고 있었다. 그 둘 사이에는 소나무, 울창한 관목, 늪지대가 뒤섞인 땅이 있었다. 크리크족과 체로키족이 사는 곳이기도 했다. 북아메리카에서 땅콩과 베가위드가 한자리에 모이게 된 발판은 앤드루 잭슨Andrew Jackson이 크리크 자치국을 상대로 전쟁을 일으킨 1813년 무렵에 마련되었다. 다양한 종이 살던 삼림지대가 훼손되었고 마을이 불탔으며 수천 명이 죽거나 추방당했다.[35] 남북 캐롤라이나부터 플로리다, 서쪽으로 텍사스까지, 부유한 플랜테이션 농장주를 꿈꾸는 이들과 잭슨 일가는 경작하기 좋은 잭슨 랜드잭슨이 무력으로 빼앗은 땅을 비꼰 표현·옮긴이의 땅을 사들였다. 담배와 목화를 심고 노예를 부릴 목적이었다.

1830년 의회에 보낸 두 번째 교서에서 잭슨은 "이 나라의 원주민을 나만큼 우정 어린 마음으로 대할 수 있는 사람은 없다"고 호소했다.[36] 그 후에 눈물의 길Trail of Tears 1830년 미국에서 제정된 인디언 이주법에 따라 아메리카 원주민 부족들이 겪었던 일련의 강제 이주·옮긴이을 감독한 마틴 밴 뷰런Martin Van Buren은 1838년 보고서에서 다음과 같이 자화자찬했다. "체로키 자치국을 미시시피 서쪽의 새로운 집으로 완전히 이주한 것은… 대단히 행복한 결과를 불러왔다."[37] 땅콩과 플로리다 베가위드에게는 행복한 결과가 보장되었다. 덕분에 생태적 성공이 보장되었으니 말이다.

말과 노새를 사용하고 인간을 착취하는 농업은 미국 남부의 경관과 문화를 빠르게 바꾸었다.[38] 인간은 둘째 치더라도 말과 노새는 먹이가 필요했다. 이 지역의 풀은 사역 동물들에게 에너지원이 되어주었지만 필수 단백질을 제공하지는 못했다. 습한 남부에서 알팔파나 붉은토끼풀처럼 단백질이 풍부한 온대성 사료작물은 살아남지 못했다. 농부들은 열기와 가뭄을 견딜 수 있으면서 생산성 높고 질 좋으며 질소를 고정하는 콩과 식물이 필요했다.

플로리다주 세인트오거스틴에 사는 존 레이텀이라는 농부가 해결책을 제안했다. 레이텀은 《서던 애그리컬처리스트Southern Agriculturist》라는 잡지에 편지를 썼다. "검토해보실 만한 종을 하나 보내드립니다. … 말도 소도 걸신들린 듯 먹는 이 식물은 플로리다 몇몇 지역과 버려진 밭에서 야생으로 자랍니다." 편집장은 그 식물을 헤디사룸이라고 확인해주고 "가축 사료로서의 쓰임새에 대해서는 우리도 익숙하지 않다"라고 덧붙이면서 레이텀에게 자생 볏과 식물 중 하나를 심으라고 조언했다.[39] 레이텀이 편집장의 조언을 받아들였는지는 알 수 없다. 농부들은 대개 고집이 세기 때문이다. 머지않아 플로리다 베가위드는 딥 사우스 전역에서 밭을 가는 말들의 귀중한 먹이가 되었다.

레이텀의 편지에는 베가위드의 본질이 조금 더 드러나 있었다. "이유는 모르겠지만 흑인들은 이걸 스위트 위드Sweet Weed라고 부르더라고요"라는 구절이었다. 아프리카 노예들은 이 잡초를 잘 알고 있었던 것이 틀림없다. 알려진 바와 달리 약으로 유용하게 쓰였을 수 있다. 데스모디움에 대한 최근의 검토에 따르면 아프리카와 라틴아메리카 사람들은 플로리다 베가위드를 자궁근종 치료에 사용해왔다고 한다. 잎과 줄기를 갈아서 만든 음료로 "월경통과 위통을 치료하고 인지능력 발달을 도왔다"는 것이다.[40] 이뿐 아니라, 아프리카 전통 약물에 관한 한 연구는 플로리다 베가위드가 "행운을 얻는 데에" 사용되었다고 밝혔다.[41] 이게 정확히 무슨 뜻인지는 설명되어 있지 않았다. 스위트 위드를 월경통 치료나 행운과 연관시킨 것은 유럽 식물학자들보다 아프리카와 라틴아메리카 사람들이 플로리다 베가위드에 대한 지식이 깊었음을 암시해준다.

1800년대 중반까지 베가위드는 남부의 대표적인 사료작물로 자리 잡고 있었다. 상업적인 생산이나 판매처 없이도 농부들끼리 씨앗을 주고받았다. 이 식물은 플로리다 팬핸들프라이팬 손잡이 모양의 지형 때문에 붙여진 플로리다주 북서부의 별명 ˚옮긴이부터 서쪽으로 텍사스와 북쪽으로 조지아와 남북 캐롤라이나까지 해안평야 주변으로 서서히 퍼져 나갔다. 베가위드는 짐을 나르는 짐승들의 사료가 되어주었고 특히 말이 좋아하는 건초 작물로 알려졌다.

한편, 땅콩은 미온적으로 수용되는 중이었다. 잡지《서던 컬티베이터Southern Cultivator》에 1860년 실린 한 기사는 남부의 자립 농업을 촉구하면서, 여물이나 돼지 먹이용이 아닌 식용 목적으로 "그라운드 피ground pea, 핀더pinder, 구버 피goober pea 등으로 불리는 품종"의 재배 방법을 소개했다. 《서던 컬티베이터》는 1840년대부터 1860년대까지 미국 남부에서 가장 영향력 있는 농업 잡지였다. 이 잡지의 독자층은 대부분 백인이었기 때문에, 이 기사는 땅콩에 대한 사람들의 태도에 변화가 생겼음을 보여준다.

베가위드를 먹는 동물들이 끄는 농기구 덕분에 전국은 목화 경제 체제에 돌입했다. 뉴욕시는 목화 운송과 거래의 거점이 되었다. 어떤 사람들은 연간 약 2억 달러 규모의 목화 수입 중에서 40퍼센트를 거두어들이는 뉴욕을 남부의 수도라고 불렀다.[42] 링컨이 대통령에 당선되자 뉴욕 시장 페르난도 우드Fernando Wood는 만약 연방남북전쟁 당시 노예제 폐지와 합중국 유지를 지지한 20개 주 ˚옮긴이이 해산하면 뉴욕시가 독립을 선언하고 남부와 교역을 계속해야 한다고 주장했다.[43]

남북전쟁은 땅콩의 지위를 바꾸어놓았다. 남부와 북부 병사들은 땅콩을 가지고 다니며 먹었다. 〈땅콩을 먹으며Eatin' Goober Peas〉라는 노래는 남부연합군 병사들 사이에 땅콩이 주요 간식이었음을 말해준다. 연방군이 1865년 피터즈버그와 리치먼드에서 남부연합군 보급선을 차단했을 때, 로버트 E. 리Robert E. Lee 장군은 남부연합 의회에 도움을 호소했지만 묵살당했다며 이렇게 불평했다. "내 군대는 굶어 죽고 있는데, 저들은 땅콩을 먹고 담배를 씹는 것 말고는 아무것도 할 줄 아는 게 없는 것 같다."[44]

땅콩은 이후 더욱 널리 알려지게 되었다. 노예 신분에서 해방된 자유민들이 땅콩을 날것으로, 또는 삶거나 구워서 남과 북의 시장에 내다 판 덕분이다. 1800년대 중후반 목화의 수익성이 떨어지자 땅콩은 텃밭에서 밭 한가운데로 이동했다. 목화 재배로 토질이 떨어진 데다 노동 생산성이 하락했고 영국이 인도에서 더 값싼 목화를 사 오는 탓이었다.[45] 전쟁은 남부의 농업을 황폐화했고 회복은 더뎠다. 《서던 컬티베이터》는 땅콩을 '코튼푸어cotton-poor' 농부들을 위한 작물이라고 했다. 1868년, 노스캐롤라이나 윌밍턴 근처에 있던 포터스 넥 플랜테이션의 니컬러스 닉슨Nicholas Nixon은 장문의 글로 대규모 땅콩 재배 방법을 설명했다. 닉슨은 과거 아프리카 노예들에게서 얻은 지식을 활용해 수십 년 동안 땅콩 생산 방식을 발전시켜온 사람이었다.[46]

하지만 땅콩의 이미지 변화는 더뎠다. 1870년 《하퍼스 위클리 Harper's Weekly》의 한 기사는 상류사회에서 땅콩을 먹는 행위는 여전히 품위 없는 행동이라고 했다. 땅콩은 소란스러운 스포츠 경기장이나 극장에서 먹는 음식이었고, 특히 껍데기가 골칫거리였다.[47] 이에 대한 대응으로, 윌밍턴 사람들은 길거리 상인들을 파견해 더 폭넓은(더 많은 백인) 소비자층을 대상으로 뜨겁게 구운 땅콩을 팔러 다니게 했다. 20년 뒤, 레티아 앤 스펜스Rettia Anne Spence는 '땅콩의 지위 상승'에 관한《굿 하우스키핑Good Housekeeping》의 한 기사에서 품위 있는 대중의 땅콩 소비를 칭찬했다. "여대생 매너" 및 "풀먹이기와 다림질하기"에 관한 꼭지와 함께 땅콩이 "장점을 바탕으로 이 땅의 가장 훌륭한 사람들에게 전해졌다"라며 독자들을 안심시켰다.[48]

남부의 구원과 영광

플로리다 베가위드는 남부의 회복에 도움을 주면서 빠르게 상승세를 탔다.《조지아 위클리 텔레그래프Georgia Weekly Telegraph》는 베가위드가 "전쟁 전까지는 조지아 남부와 플로리다 북부에 알려지지 않은 식물이었으나 이후 플로리다 남부의 소 떼가 풀을 뜯는 밭에서 관찰되기 시작했다"고 보도했다. 베가위드는 "옥수수밭에서 많이 재배"했으며 "키가 60센티미터에서 1.8미터까지 성장하고 비옥한 땅에서는 무성하게 자라 옥수수가 보이지 않을 지경"이었다. 돼지, 소, 말들은 이 풀을 "게걸스럽게 먹느라 바로 옆에 서 있는 옥수수도 거들떠보지 않을 정도"였다. 이뿐 아니라, "지기地氣가 약해진 땅에 비료로 쓰였고… 매년 씨앗을 맺는다는 장점이 있었다." 곧 있을 주 박람회에서는 베가위드 곤포곡물이나 볏단을 운반하거나 저장하기 편하게 둥글거나 네모난 모양으로 압축한 것◦옮긴이가 전시될 예정이었다.[49]

이 전도유망한 식물은 대중의 총애를 받았다.《서던 컬티베이터》는 조지아주 브룩스 카운티의 S.W.B.라는 독자가 "인디언 토끼풀 또는 베가위드"라는 제목으로 편집장에게 보낸 편지를 실었다.[50] 그는 "사료작물로서 높은 가치가 있고, 에이커당 산출량이 엄청나며, 모든 가축에게 영양가 높은 먹이가 된다"라고 이 식물을 극찬했다. "에이커당 수천 파운드씩 월등하게 맛있는 건초"가 나오며, "해안가부터 블루리지blue-ridge 푸른 안개에 휩싸인 산마루라는 뜻으로, 미국 동부 애팔래치아산맥 일부를 이루는 산간지대 ◦ 옮긴이까지 배를 곯는 젖소가 한 마리도 없을 정도로" 수확량이 풍부했다. 독자들은 게인즈빌에서 열리는 농업 회의, 애틀랜타 농무부, 혹은 조지아주 콜럼버스의 J.H. 마틴 대령에게서 견본을 확인할 수 있었다. 플로리다주 레이크시티에 사는 조지 M. 베이츠는 《서던 컬티베이터》의 다음 호에 게재된 편지에서 농부들에게 사료 겸 '좋은 비료'로 쓰려면 "빽빽하게 흩뿌려놓으라고" 조언했다.

베가위드는 미국 북부 주민들을 플로리다로 유인하는 역할을 했다. 1888년 시카고의 《데일리 인터 오션》은 건강 악화로 선샤인 스테이트플로리다주의 별명 ◦ 옮긴이에 내려간 존 W. 매크레이 대위의 이야기를 실었다. 매크레이 대위는 "수중에 가진 돈이 1000달러가 안 됐고… 처음 2년 동안은 말도 한 마리 없었을뿐더러 친척들은 그가 폐결핵으로 죽으리라 생각했다." 하지만 그는 "현재 읍내에서 제일 잘나가는 가게와 드넓은 농지의 소유자"였다. 신문은 매크레이 대위가 "베가위드를 재배하는데, 이것이 엄청나게 잘 자라고… 세계 최고급의 말 사료로 통한다"라고 전했다.[51]

10년 안에 이 귀중한 식물에 관한 소식은 북방 적응 한계선까지 퍼졌다. 1897년 노스캐롤라이나주 박람회를 보도한 신문은 '가장 흥미로운 출품작 중 하나'에 주목했다. "군 복무 중 시력을 잃었지만 용기와 애국심으로 1급 애국 훈장을 받았을 뿐 아니라 농부로 성공한" 해밀턴 중사의 출품작이었다. 신문에는 그의 출품작 가운데 하나가 소개되었다. "새로운 사료작물로 2.7미터에 달하는 자이언트 베가위드의 표본도 있었는데, 이 식물은 완두나 클로버보다 땅을 더 빠르게 개선하고, 기존의 다른 어떤 식물보다 소를 살찌워준다." 그의 출품작 중에는 "돼지를 살찌우는 데에 효과적이라고 알려진 스패니시 땅콩과 품질 좋은 토종 와인도 있었다."[52]

제약 회사 N.L. 윌릿의 1900년 카탈로그에 따르면 플로리다 베가위드는 다시 씨를 뿌릴 필요가 없는 식물이었다. 이 카탈로그는 길더 박사의 간장약 광고와 함께 '자이언트 베가위드'에 대해 설명했다. "이 작물과 플로리다의 관계는 클로버와 테네시나 켄터키의 관계, 완두콩과 조지아나 앨라배마의 관계와 같다. 하지만 훨씬 척박한 땅에서도 잘 자라고… 모든 가축을 살찌게 하며… 땅을 비옥하게 한다는 점에서 그보다 낫다"는 평가를 받았다. 무엇보다 "어떠한 작물에도 지장을 주지 않고 쉽게 기를 수 있다"는 것이 가장 큰 장점이었다. 씨앗 0.5파운드(약 230그램)가 달걀 12개 가격 정도인 23센트에 판매되었다.

알렉산더 종자 회사의 카탈로그 표지에는 흐르는 듯한 드레스를 입고 한쪽 가슴을 내놓은 채 기다란 나팔을 부는 우아한 여성의 그림이 그려져 있었다. 그 여성은 개량된 '본 에어' 루타바가rutabaga 순무와 비슷하지만 좀 더 달콤한 뿌리채소°옮긴이와 같은 신품종을 소개하면서 "자이언트 베가위드의 인기가 매년 높아지고 있다"라고 밝혔다. "서리가 끝난 후부터 6월 중순까지 언제든 에이커당 3~4파운드씩 줄뿌림하거나 에이커당 10~12파운드씩 흩뿌리면 된다. … 송료 포함 1파운드에 45센트"라는 안내도 곁들였다.

종자 회사의 독려, 농부들의 증언, 가슴을 내놓은 여성의 그림에도 관심이 동하지 않은 사람들을 위해, 농무부는 플로리다 베가위드가 "절대 잡초가 되지 않는다"고 강조한 회람문을 발행했다.[53] 이러한 확언 덕분에 플로리다 베가위드는 생태적 성공을 보장받았다. 미국 남동부 전역에 씨앗이 뿌려졌고, 재배 범위는 북부와 서부로 넓어졌다. 가축의 사료와 토양 개선제로서의 가치 때문에 보급이 촉진되었다. 1960년대의 카탈로그에도 계속해서 광고가 실렸다. 이 식물에 대한 칭송은 농업 소식지, 정기간행물, 사료작물 교재에도 등장했다.[54]

끈적거리며 얽혀들다

1890년대 텍사스주 브라운즈빌에 작은 벌레가 나타나면서 남부의 농업은 달라졌다.[55] 20년 동안 멕시코목화바구미*Anthonomus grandis*는 북부와 동부로 퍼져, 목화 산출량을 감소시키고 남부의 분익 소작 시스템지주와 소작인이 일정한 비율로 수확물을 나누어 가지기로 계약하고 농사를 짓는 소작 제도◦옮긴이을 종식시켰다. 대안 작물을 찾던 농부 중 다수가 때마침 사회적으로 수용되고 있던 땅콩에 관심을 돌렸다.

머지않아 부드럽고 오도독 씹히는 땅콩버터가 등장했다. 북아
메리카에 땅콩버터 제품이 소개된 것은 1904년 세인트루이스 세
계박람회에서였다.[56] 그보다 3000년 전, 잉카인들과 그 후 아스테
카인들에게도 비슷한 음식이 있었다. 내가 가나의 마콜라 시장에
서 목격한 땅콩을 볶아서 빻는 제조 방식은 남아메리카에서 들여
온 16세기 서아프리카의 땅콩버터 제조 방식과 크게 다르지 않았
다.[57] 그런데도 1884년 마셀러스 에드슨Macellus Edson이라는 캐나다
약사에게 땅콩 페이스트 제작 공정에 관한 특허가 발급되었다. 그
리고 1895년에는 당시 배틀 크리크 요양소의 감독관이자 콘플레
이크의 개발자이며 모든 종류의 육욕을 반대했던 존 하비 켈로그
John Harvey Kellogg 박사단백질 섭취가 성욕의 원인이 된다고 생각하여 옥수수로
만든 콘플레이크를 개발했다。옮긴이에게 다른 공정에 대한 특허가 발급
되었다. 그 어떤 특허에도 잉카나 서아프리카인에 대한 언급은 없
었고, 땅콩버터는 가장 전형적인 미국 음식이 되었다.

1920년대에 트랙터가 철커덕철커덕 농장을 누비게 되면서 농
부, 플로리다 베가위드, 땅콩의 운명은 얽혀들기 시작했다. 말과
노새가 자취를 감추었고, 사료로서의 가치가 없어진 베가위드는
땅 위에 그대로 남겨졌다. 농부들은 베가위드 건초가 빽빽했던 들
판을 갈아엎고 땅콩, 목화, 옥수수, 담배와 대두를 심었다. 성장이
빠르고 생물량이 풍부하며 풍성한 씨앗이 수년간 흙에서 생존하
는 형질 덕분에 플로리다 베가위드는 좋은 사료작물이 되었지만,
같은 이유로 경작지에서 사라져줄 생각을 전혀 하지 않았다. 건초
작물로서 베가위드의 전성기는 끝이 났다. 한때 덥수룩한 잎을 사

랑스럽게 바라보고 옷에 달라붙은 꼬투리를 너그러운 마음으로 떼어냈던 사람들은 이름에 '잡초weed'가 들어간 식물은 실제로도 그냥 잡초일지도 모른다고 생각하기 시작했다.

땅콩과 플로리다 베가위드는 척박하고 모래가 많은 토양에서 자원을 놓고 다투는 처지가 되었다. 이 콩과의 두 사촌은 원산지, 모양, 구조, 종자 확산 메커니즘이 확연히 달랐다. 하지만 식물 생리와 환경 적응성 면에서는 매우 유사해서 한정된 햇빛, 수분과 양분, 그리고 인간의 관심을 얻기 위해 경쟁해야 했다. 키 작은 땅콩이 경제적으로 중요한 작물이 되는 사이, 키 큰 베가위드는 경멸의 대상이 되었다. 베가위드는 농부들이 어떠한 장비와 독성 물질이라도 가져다 써도 되는 표적이 되었다.

철강과 석유 덕에 강력해진 현대 농업은 기술을 진보의 원동력으로 받아들였다. 단작넓은 지역에 오랜 기간에 걸쳐 단일 작물이나 식물종을 생산하거나 재배하는 농업 관행◦옮긴이 농경지에 시끄럽고 매연을 내뿜는 농기계가 들어섰다. 농부들은 토양 비옥도, 해충, 병해, 잡초 등 작물 생산을 방해하는 모든 요소를 트랙터에 앉아 통제할 수 있기를 바랐다.

플로리다 베가위드는 자가수분으로 씨앗을 만들어낸다. 그러다 보니 유전적 변이가 거의 없어서 경멸의 대상이라는 새로운 지위에 오르기엔 잠재력이 부족했다. 평범한 잡초 그 이상이 되려면 인간의 공조와 약간의 유기화학이 필요하다. 값싼 노동력이 사라지자 농부들은 잡초를 죽이는 험한 일을 하기 위해 화학물질에 손대기 시작했다. 잡초를 죽이는 화학물질 대부분은 작물도 죽이거나 해쳤다. 하지만 제2차 세계대전이 끝나자, 군산복합체의 전문 기술을 용도 변경한 농업용 화학제품들이 개발됐다.[58]

그중에는 아주 놀라운 효력을 갖춘 제초제들도 있었다. 선택성 selectivity은 그러한 효력 중 하나였다. 제초제가 일부 식물(바라건대 잡초)만 선택적으로 죽이면 나머지(바라건대 작물)는 계속 살 수 있었다.

일꾼들(돈을 받는 일꾼이든 강제 노역이든)이 손으로 괭이질하는 모습만 보아왔던 농부들은 잡초는 말라 죽고 작물은 여전히 싱싱한 광경은 보고도 믿기 힘들었다. 밭에다 약만 치면 잡초가 사라져버리고 말았으니 말이다.

하지만 아쉽게도, 선택성이란 제초제가 한 종류의 잡초를 선택적으로 죽이고 다른 잡초는 살게 놔둘 수 있다는 뜻이기도 했다. 어떤 제초제는 씨앗이 작은 잡초만 죽이고 씨앗이 큰 잡초는 자라게 놔두었다. 어떤 제초제는 잎이 넓은 잡초만 죽이고 잎이 길쭉한 볏과 잡초는 그냥 놔두었다. 농부들은 다양한 유형의 잡초를 동시에 죽이기 위해 여러 가지 제초제를 섞어 쓰기 시작했다. 관건은 작물을 해치지 않는 것이었다.

땅콩 재배자들은 적절한 제초제 찾기가 쉽지 않았다. 땅콩은 화학물질에 쉽게 손상되기 때문이었다. 작물과 유사한 잡초를 죽이기는 특히 어려웠다. 땅콩과 베가위드는 비슷하게 생기지도 비슷하게 행동하지도 않지만, 신진대사가 비슷하다. 베가위드를 죽이는 제초제는 대개 땅콩에도 손상을 입혔다. 땅콩에 사용해도 안전한 제초제는 베가위드 퇴치에 소용이 없었다. 농부들은 한 가지 제초제로 볏과 잡초를 방제하고, 또 다른 제초제로 작은 씨가 맺히는 광엽 잡초를 죽였지만 베가위드는 살아남았다. 그리고 다른 잡초가 사라진 땅에서 베가위드는 무성하게 자라났다.

1960년대 땅콩 농부들은 제초제를 잡초 방제의 주된 수단으로 사용하기에 이르렀다. 플로리다 베가위드에는 디노셉을 사용했다. 내가 서던 오븐 다이너에서 엿들었던 대화 속의 그 제초제였다.[59] 농부들은 매년 수십만 에이커에 이 약품을 뿌렸다. 시기만 잘 맞으면 디노셉은 베가위드 유묘를 포함해 이제 막 나오는 잡초 대부분을 죽였다. 하지만 토양이 너무 습하거나 너무 건조하면 잘 듣지 않았다. 베가위드는 싹을 늦게 틔워 방제를 피하는 방식으로 슬그머니 다시 자라났다. 고유의 회복력과 인간의 도움으로, 베가위드는 아프리카와 북아메리카까지 진출한 상태였다. 똑같은 회복력과 화학적 선택성으로, 베가위드는 제초제를 피해 땅콩밭에서 가장 골치 아픈 잡초가 되었다.

화학 농업의 초창기에 농부들은 온종일 뙤약볕 아래서 잡초를 뽑고 베어내는 고된 일이 다른 유형의 고충으로 대체되리라고는 생각지 못했다. '기적의 제품'에 의존하다 보니 막강한 화학 업계의 변덕에 휘둘리게 된 것이다. 농부들은 한 제초제가 듣지 않으면 유일한 방법은 또 다른 제초제를 뿌리는 것이라고 생각하게 되었다. 잡초 제거 앞에서는 누구도 건강이나 환경에 끼칠 수 있는 위험을 깊이 생각하지 않았다. 또 다른 유형의 선택성인 농장 합병소규모 농가에 대한 지원을 줄이고 대규모 산업형 농장으로 전환하는 정책◦옮긴이에 대해서도 누구도 깊이 생각하지 않았다. 잡초는 반드시 사라져

야 할 존재였다. 농부들은 잡초를 없앨 더 많은 방법을 원했다. 제
초제가 등장하자 그들이 원한 것은 더 많은 제초제였다.

이것이 1983년 내가 조지아에 도착했을 때의 상황이었다.

절정과 추락

1986년 10월 초의 어느 날 아침, 출근하자마자 전화가 울렸다.
업무 점검차 전화를 건 연구실 직원이겠거니 생각했다. 우리는 베
가위드의 출아와 성장을 억제하고 필요한 경우에만 제초제를 사
용하는 병해충종합관리IPM, Integrated Pest Management 접근법을 개발
하고 있었다. 하지만 웬걸, 전화는 다른 주의 동료에게서 걸려온
것이었다. 화려한 단어의 향연 속에 내가 이해한 바는 환경보호청
EPA이 갑자기 디노셉 사용을 전면 금지했다는 소식이었다. 공청회
나 반론의 여지 없는 즉각적이고 최종적인 결정이었다. 디노셉은
1940년대 후반부터 사용되었다. 잘 알려진 연구소의 안전 데이터
를 바탕으로 허가된 약품이었다. 조지아는 물론 텍사스, 오클라호
마, 뉴멕시코의 농부들이 모두 디노셉을 뿌렸다.[60] 우리는 설명이
필요했다.

한참 후에야 사건의 경위를 알게 됐다. 1월의 어느 날 아침 비바
람이 거센 북해 어딘가에서 덴마크 선박에 실렸던 디노셉 제초제
80통이 바다에 빠지는 사고가 일어났다. 배는 엔진이 꺼진 채 항
구로 떠밀려 왔다. 화물이 어디에 떨어졌는지는 아무도 몰랐다. 덴
마크 환경부 장관은 드럼통을 찾아낼 것을 요구했다. 이 사건으로

인해 디노셉을 제조한 독일 회사는 독성 검사를 새로 진행했다. 결과는 충격적이었다. 디노셉이 여성의 기형아 출산 위험을 높였고, 남성의 불임을 유발할 수 있다는 것이었다. 물고기, 새, 무척추동물, 포유류 모두 위험했다. 디노셉이 안전하다는 주장은 전에도 여러 차례 결함 있는 보고서를 제출한 적이 있는 IBT 실험실Industrial Bio-Test Laboratory의 데이터에 근거한 것이었다는 사실이 나중에야 드러났다.[61]

땅콩 재배자, 땅콩버터 제조사, 땅콩 판매원, 땅콩 운송업자, 땅콩 건조업자, 땅콩 볶는 사람, 땅콩 취급자, 땅콩 마케터, 땅콩 시장 투기꾼, 땅콩 제품 판촉업체, 땅콩 상품위원회 사람들까지 모두 분개하며 당혹스러워했다.

첫 번째 분노의 대상은 환경보호청이었다. 농부들은 내년에 쓸 디노셉을 이미 사들인 상황이었다. 디노셉 드럼통은 남부 전역의 헛간에서 밭에 살포되기를 기다리고 있었다. 그런데 이제 디노셉을 쓰는 것은 불법이었다. 누군가의 밭에서 디노셉 잔류물이 발견되면 그 밭에서 난 모든 작물이 폐기될 예정이었다.

두 번째 분노의 대상은 땅콩밭의 잡초 문제를 해결해주어야 할 정부의 농업 전문가, 즉 나와 같은 사람들이었다. 이제 농부들은 어느 때보다도 간절하게 다른 방법, 새로운 잡초 방제 수단을 원했다. 땅콩을 재배하는 모든 주에는 땅콩밭에 생기는 잡초와 관련된 일을 하는 사람이 적어도 두세 명씩 있었다. 그들은 어째서 다른 방법을 알려주지 않는가? 덴마크의 관료들이 누구길래(심지어 거기서는 디노셉을 사용하지도 않았는데) 미국에 있는 전문가보다 잘 안다고 저러는가? 디노셉 드럼통을 그냥 놔두면 언젠가 녹이 슬어 샐 텐데 어쩌란 말인가?

불과 몇 달 뒤면 땅콩 생장기가 시작될 터였고, 10억 3000만 달러 규모의 땅콩 업계는 잡초로 가득한 150만 에이커(약 6000제곱킬로미터)를 어찌해야 하느냐 묻고 있었다. 아직 완성되지 않은 IPM 접근법, 그러니까 베가위드 종자 발아, 형태 변이, 잡초 경합에 관한 연구에 농부들이 관심을 가질 리 없었다. 동료 CW는 내가 연구 중인 균류를 화학물질과 섞어서 베가위드를 통제할 수 있겠느냐고 물었다. 나는 그게 농담인지도 몰랐다. CW는 평소 썰렁한 농담을 하는 사람이 아니었다.

사무실에 앉아서 대응 방법을 생각해내려고 애썼다. 창문 너머로 수확 철에 자르고 남은 작물 그루터기가 땅을 뒤덮고 있는 게 보였다. 전화가 쉴 새 없이 울려댔다. 농부들은 내년 봄에 밭에 무엇을 뿌려야 하는지 아무런 이야기도 듣지 못한 것이 분명했다. 제과 회사들은 땅콩사탕에 유입된 잡초 부스러기 때문에 줄소송이 이어질 거라고 했다. 제초제 회사들은 자기네 제품이 디노셉을 대체할 수 있다고 단언했다. 나는 농민회, 농산물 협회, 제품 개발 단체, 가짜 약장수들을 만났다. 디노셉 없이는 잡초를 통제하지 못할 것이고, 땅콩이 들어가는 제품의 가격이 상승할 것이며, 수입 땅콩이 이 틈을 기회로 이용하고, 농부들은 절박해지고, 누군가는 다칠 수 있었다. 플로리다 베가위드를 어찌해야 한단 말인가? 이 잡초를 처리할 기막힌 수단이 없을까?

그 후로 몇 년 동안 플로리다 베가위드는 절정에 달했다. 정상적인 식물 진화로 달성 가능한 수준 이상이었고, 홍보 전단과 씨앗 판매상들이 장담한 수준을 넘어섰다. 한 가지 수단에 과도하게 의존하고 나머지 방법을 깡그리 무시한 결과, 건조한 지대에서 잘 자라는 이 텁수룩한 풀이 이례적인 수준의 생태적 성공을 달성했다.[62] 성장을 억누르는 디노셉이 사라지자 땅콩밭마다 베가위드 부흥 축제가 열렸다. 봄이 되면 땅이 회녹색 유묘로 뒤덮였다. 몇 킬로미터 밖에서도 알아볼 수 있을 정도였다.

농부들은 오래된 경운기를 꺼내서 밭고랑 사이의 잡초를 제거했다. 경운기가 지나갈 때마다 땅콩 줄기에 상처가 났다. 경운기가 지나가면서 땅콩 줄기에 뒤집어씌운 흙먼지가 흰곰팡이를 비롯한 다른 질병의 감염을 부추겼다. 텁수룩한 베가위드가 빽빽하게 자라면 곰팡이 방지약을 도포하기도 힘들어졌다. 땅콩이 잘 자라려면 빛이 필요한데, 베가위드가 이 빛을 차단했다. 날씨가 건조해지면 사막과 비슷한 환경에서 진화해온 베가위드는 물 없이도 몇 주 동안 잘 자랐다. 땅콩을 살리려고 밭 전체에 관수 설비를 돌려봤자 베가위드만 기세 좋게 자라났다. 몇 차례의 생장기 동안 생산된 베가위드 씨앗은 엄청나서, 30년 동안은 충분히 자라날 만큼 많은 양이 땅속에 비축되어 있었다.

농부들은 최선을 다했지만 베가위드는 너무나도 끈질겼다. 끈적이는 털투성이 줄기들이 빽빽하게 뒤얽혀서 그 아래 있는 작물은 보이지도 않았다. 어떤 사람들은 이주 노동자를 대거 고용해 베가위드를 뽑게 했다. 큰 비용이 들었지만 작물을 수확할 수는 있었다. 기계로 베가위드를 베어내려는 사람들도 있었다. 하지만 줄기가 기계 체인에 걸리곤 했다. 땅콩을 제때에 뒤집지 못해서 제대로 건조되지 않았다°땅콩 수확 시 꼬투리가 위로 가도록 포기를 뒤집어 말림 ° 옮긴이. 수확용 기계가 덜거덕거리며 밭을 돌아다닐 때, 털과 송진이 뒤덮인 베가위드 줄기가 앞쪽 릴에 엉키고 나사송곳을 틀어막고 절단 바를 옭아매고 타작 실린더에 끼었다.

농부들은 농기계를 계속 돌릴 방법이 당장 필요했다. 오랜 시간이 걸리는 내 연구는 긴급 상황에 별 도움이 되지 않았다. 농부들은 뭐가 됐든 지금 당장 뿌릴 수 있는 제초제가 필요했다. 마침내 CW는 디노셉을 대체할 수 있는 화학 혼합물을 만들어냈다. 시간이 지나면서 그보다 좋은 다른 제초제들도 시장에 나왔다. 이 새로운 수단들은 베가위드의 전성기를 끝냈다. 베가위드 개체 수가 감소하기 시작했다.

농부들은 환호했다. 나는 10년 혹은 20년 뒤에나 쓸모 있을 IPM 방식을 연구하는 게 옳은 것인지 의구심이 들었다. 미완성 연구였지만 농부들이 IPM 방식을 사용할 수 있었다면 상황이 그렇게까지 엉망이 되지는 않았을 거였다. 농업계는 IPM 같은 대체 방식을 찾는 대신 농부들을 예전과 같은 접근법으로 등 떠밀어, 해마다 똑같은 제초제를 뿌리게 했다. 결과는 예측한 대로였다.[63] 플로리다 베가위드를 해치운 새로운 제초제가 다른 잡초에 길을 열어주어 새로운 골칫거리로 부상했다.

오하이오에 일자리를 구해 티프턴을 떠나기 전 나는 차를 몰고 마지막으로 무더운 시골길을 달렸다. 7월 말, 작물이 가장 왕성하게 자랄 때였다. 식물이 자라는 소리가 들린다고 하는 사람도 있었다. 플로리다 베가위드는 땅콩밭과 몇 가지 다른 작물들 사이에 그대로 있었다. 하지만 예전처럼은 아니었다. 나는 이 잡초가 애초에 밭에 들어오지 못하도록 오래전에 무슨 수를 쓸 수는 없었을까 궁금해졌다. 아니, 어쩌면 베가위드는 피할 수 없는 존재인지도 모른다. 농업이 있다면 잡초도 있다. 꼭 베가위드가 아니라도 그 자리를 대신할 잡초는 얼마든지 있다.

떠도는 망령

나는 지난 몇 년간 서너 차례 아프리카에 갔다. 얼마 전에는 토마토와 파파야를 심은 탄자니아의 밭둑길을 거닐었다. 나를 초빙한 주최 측 담당자는 현지에서 부르는 잡초들의 이름을 알려주었다. 내가 좋아하는 잡초가 있는지 유심히 살펴보다가 저 멀리 한구석에 서 있는 플로리다 베가위드를 발견했다.

그 녀석이 어떻게 거기 들어오게 되었는지는 추측만 할 수 있었다. 하지만 아프리카와 그 외 지역으로 전파된 경로에 대해서는 알고 있었다. 베가위드가 널리 퍼진 이유는 다른 식물과 다르지 않았다. 플로리다 베가위드의 특이점은 단작 시스템 안에서 경이로운 잡초가 되었다는 데에 있다. 베가위드는 메귀리wild oat나 잡초벼weedy rice처럼 재배 작물의 방치된 유전형이 아니었다. 주요 작물과 유전적으로 가깝지도 않았다. 베가위드는 인류 역사의 우연을 발판 삼아 자신의 실력만으로 유용한 사료작물이 되었다. 인간의 도움을 받아 종자를 퍼뜨리는 것은 잡초에게는 흔한 일이다. 하지만 움켜쥐는 갈고리형 모상체가 달린 분절형 꼬투리는 흔하지 않다. 플로리다 베가위드의 특별한 점은 그 이중적 속성이었다. 양질의 사료를 공급하고 토양을 개량할 잠재력이 있는 동시에 (인간의 개입으로) 골치 아프고 해로운 잡초가 될 잠재력도 있었다.

탄자니아 농부들은 오래전 가나에서 코비와 내가 시도해보려고 했던 방식으로 베가위드를 이용하고 있었다. 코비가 가려움을 견딜 의사만 있었다면 말이다. 이곳에서 베가위드는 동물의 먹이로 쓰이는 사료작물이자 토양을 개량하는 녹비작물이다. 이러한 환경에서 베가위드는 잡초가 아니다. 인도, 동아시아, 이집트, 지중해 지역에서도 이런 식의 쓰임이 검토되고 있다.[64] 사람들은 베가위드를 유용하게 쓸 수 있는 잠재력 있는 종으로 여긴다. 좋은 공진화 파트너로서 그들은 더 순조롭게 성장하고 종의 생태적 성공 가능성을 높여줄 유전형을 선택하는 중이다. 사람이 베가위드와 얽히는 곳이라면 어디든 이 식물은 퍼져 나갈 것이고, 그러한 서식지 중 일부에서는 다시 잡초로 정착하게 될 것이다. 베가위드는 더이상 미국 남부의 우세 잡초가 아니지만 브라질의 대두밭에는 만연해 있다. 지속적인 확산과 기후변화로 인해, 덥고 건조한 환경에서 잘 자라는 플로리다 베가위드는 여전히 생태적 성공 가도를 달리고 있다.

내가 방문한 탄자니아 마을의 주민들은 베가위드를 아프리카에서 흔히 불리는 이름으로 지칭했다. 번역하면 대략 '망령 식물'이라는 뜻이다. 야생성과 신출귀몰한 능력에 경의를 표하는 이름일 것이다. 미국 농무부는 최근 이 식물의 이름을 '딕시도둑놈의갈고

　　　　　Florida Beggarweed

리Dixie ticktrefoil'로 변경했다. 의도하지는 않았겠지만, 이 식물이 미국에 오기까지 겪은 복잡한 여정과 잡초화된 경로를 담은 이름이라고 생각한다.

망초

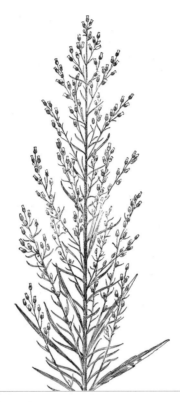

학명 코니자 카나덴시스*Conyza canadensis*

원산지 북아메리카	**잡초가 된 시기** 1990년대
생존 전략 조용히 뒤통수 치기	**발생 장소** GMO 작물밭

특징 몬산토 등 글로벌 GMO 기업의 허를 찌른 식물

이 식물을 특별히 싫어하는 사람 제초제에 의지해 농사를 짓는 농부들

인간의 대응 수단 2,4-D, 글리포세이트(라운드업) 등

생김새 줄기는 50~150센티미터로 자라며, 전체적으로 털이 나 있다.
작은 흰색 꽃이 핀다.

망초

1990년대 초, 토요일 아침이면 나는 오하이오주 스미스빌의 중심가를 찾곤 했다. 철도 근처의 시드앤피드Seed-N-Feed 매장과 신호등 앞의 하드웨어 매장 사이를 지나고 있었을 것이다. 이 도로는 미국 콘 벨트Corn Belt 미국의 중서부에 걸쳐 형성된 세계 제일의 옥수수 재배 지역∘옮긴이 동쪽 끝자락에 있는 이 농촌 마을의 중심부를 관통한다. 1818년 이 마을이 형성된 이래 마을과 주변 카운티의 약 2000가구 주민들은 똘똘 뭉쳐서 곡물 농사와 축산을 병행하는 공동체를 이루고 있었다.

나는 딸과 함께 닭 사료나 울타리 버팀목을 사러 하드웨어에 들르곤 했다. 1830년대에 지어진 2층짜리 붉은색 벽돌 건물은 마을의 구심점이었다. 앞 유리에는 일 년 내내 통조림, 튤립 구근, 새 모이 따위의 할인 안내문이 붙어 있었다. 문을 열면 딸랑거리는 종

소리가 들렸고, 우리는 삐걱거리는 목재 바닥을 걸어서 씨앗 단지, 양파 구근을 담아둔 통, 씨감자 포대 쪽으로 갔다. 그러고는 거기에 한참 머물면서 동네 농부들이 나누는 수다를 엿들었다. 심각한 이야기가 오갈 때도 있었다. 병든 소, 농장 경매, 농산물 가격, 작년에 방제하지 못한 잡초에 관해서였다. 농부들은 나를 툭 치면서 올해는 연구용 시험 재배장에 어떤 잡초를 심을 건지 묻기도 했다. 내 표준적인 대답은 이랬다. "그거야 선생님께 달렸죠. 뭐든 골라주세요." 이 말에 사람들은 웃음을 터트렸다.

우리는 바로 옆 IGA 식료품점에 들를 때도 있었다. 아이스크림이나 과일 파이를 사 먹기 좋은 곳이었다. 그런 다음 시드앤피드로 향했다. 160년 넘게 일가족이 운영해온 시드앤피드는 미국 중서부의 전형적인 종합 종묘상 겸 곡물 엘리베이터생산자에게 곡물을 사들인 뒤 건조, 저장, 분류, 운송하는 업체∘옮긴이이자 비료와 농약을 판매하는 도매점이었다. 대형 농업 법인과 농부들 사이의 연결 고리로서 최신 옥수수 교잡종, 새로 나온 대두 품종과 제초제를 소개하는 곳이었다. 봄철 아침이면(일요일만 빼고는) 거대한 노란색 비료 트럭과 곤충처럼 긴 다리가 달린 커다란 농약 분무기들이 먼지 풀풀 날리는 주차장을 분주하게 들락거렸다.

그때만 해도 스미스빌은 소도시다운 삶의 방식, 스위스식 낙농업의 역사, 아미시나 메노나이트현대 기술을 거부하는 재세례파 신앙 공동체∘옮긴이 공동체와의 연관성을 자랑스럽게 여기는 분위기였다. 나는 마을 안팎을 드나들면서 계절에 따라 달라지는 들판의 모습을 관찰했다. 해가 바뀌면서 달라지는 잡초도 관찰했다. 풍경이 변화하기 시작하면서 한결같던 마을의 모습도 퇴색되었다. 시간은 오래 걸리지 않았다. 농지에 망초가 퍼지고 있었다.

망초는 들판 가장자리와 황무지에 언제나 존재했지만 아무도 큰 관심을 두지 않았다. 망초는 민들레, 어저귀, 베가위드, 기름골과 달리 한번도 유용하거나 매력적이라고 여겨진 적이 없었다. 교란된 땅을 잠식했다가 슬며시 사라지는 식물 중 하나일 뿐이었다. 뻣뻣한 줄기에 좁다란 잎이 사방으로 뻗은 모습은 사람들 눈에 띄지 않다가 가을이 되면 바람에 날리는 회백색 먼지 때문에 비로소 눈길을 끌었다. 먼지 속에는 털이 달린 작은 씨앗 수천 개가 들어 있다. 그 털이 바로 낙하산 역할을 하는 관모다. 망초가 가벼운 바람에 흔들리면 수백 개의 씨앗이 공중을 채운다. 민들레 씨앗보다 훨씬 많은 숫자다. 씨앗은 높이 날아서 천천히 내려앉는다. 망초 씨앗은 스미스빌에서 오하이오주를 횡단해 인디애나주까지 갈 수 있었고 느긋하게 착륙했다.[1]

더 골치 아픈 잡초들이 있을 때는 아무도 망초 따위를 거들떠보지 않았다. 실질적인 피해를 주려면 망초가 제곱미터 당 수백 개는 있어야 했다.[2] 게다가 봄이나 가을에 하는 밭갈이만으로도 망초를 막을 수 있었다.[3] 망초는 대부분 자가수분하기 때문에 눈길을 끌 만큼 새로운 변이를 만들어내지 못했다.

이름도 혼란을 주었다. 망초를 지칭하는 영명인 'marestail'과 'horseweed'는 몇몇 다른 잡초에도 사용되었다. 캐나다인들은 이 식물을 '캐나다개망초Canada fleabane'라고 부르지만 이것은 개망초가 아니다. 학명인 코니자 카나덴시스Conyza canadensis는 캐나다에서 온 향이 강한 식물이라는 뜻이다.[4] 어떤 사람들은 에리제론 *Erigeron*이라고 불러야 한다고 주장한다. 'Er'는 봄, 'Geron'은 노인 이라는 뜻으로, 봄에 나타나는 백발의 노인 같은 식물이라는 의미 다.[5]

1990년대 망초는 잠에서 깨어나 농촌을 뒤덮었다. 이 수수하고 겸손한 토착 식물은 기회와 선의의 거미줄에 얽혀들어 종, 유전학, 기술, 공동체에 예상치 못한 변화를 일으켰다. 몇 년 사이에 문제 잡초에 대한 내 대답도 변했다. "망초입니다." 이제는 아무도 웃지 않았다.

달라진 흙, 달라진 잡초

망초의 개체 수 증가는 몇 차례 돌풍과 함께 시작되었다. 1930 년대 초 주기적으로 발생한 가뭄과 흉작에 이어, 더스트볼Dust Bowl 1930년대 미국 대평원에 막대한 피해를 준 먼지 폭풍。옮긴이로 중서부의 귀 중한 토양 자원이 유실되었다. 300만 명 가까운 사람들이 농사를 그만두어야 했다.[6] 프랭클린 루스벨트 정부는 일련의 프로그램으 로 이 사회적, 생태적 비극에 대응했다. 그중 하나가 곡물 공급을 관리하는 제도였다. 농산물 가격을 떨어뜨리고 토양에 해가 되는 과잉 생산을 조절하는 것이 주된 목적이었다. 토양 보존을 위한 토 지관리생태, 경제, 사회, 문화적 측면을 염두에 두면서 장기적으로 땅을 보살피고 보존하는 일。옮긴이 개념이 대두되었다.

더스트볼 이후 많은 이가 『밭 가는 사람의 어리석음Plowman's

Folly』에서 쟁기질은 불필요하고 토양에 해롭다고 주장한 에드워드 포크너Edward Faulkner의 생각에 동조했다. 오하이오와 켄터키에서 농업 교육자로 활동한 포크너는 "발토판 쟁기흙을 수평으로 들어 올린 후 뒤집어서 내려놓도록 설계된 쟁기◦옮긴이는 세계 농업의 악당"이라면서 당시의 일반적인 농법을 손가락질했다.[7] 문제는 그 악독한 쟁기 없이 농사를 지을 다른 방법이 없다는 것이었다. 그리고 흙을 쟁기로 갈고 써레로 고르지 않고서는 잡초를 방제할 다른 방법도 없었다.

포크너 이후 무경간과 최소경간 농법이 발전했다.[8] 무경간 옹호자들은 포크너의 유명한 말 "누구도 경작이 필요한 과학적인 이유를 내놓은 적이 없다"를 인용한다. 무경간 농법을 가능하게 한 중대한 혁신은 쟁기를 대신할 화학적 제초제였다. 이른바 '번다운burndown' 제초제들은 밭의 잡초를 깨끗하게 제거해줬다. 잡초가 사라진 깨끗한 땅에서 작물 재배를 시작하는 것이다. 작물을 키우기 전에 밭에 난 잡초를 죽이려면 발아 전처리 제초제가 필요했다.

2,4-D와 다른 제초제들의 발명으로 정부, 대학, 산업 연구소들은 앞다투어 무경간 농법을 지지했다. 1960년대까지 비교적 싼 비료, 농약, 정밀 파종기와 높은 출력의 트랙터 덕분에 화학 농법이 장려되었다. 값비싼 장비는 전문화, 단일 종 재배, 농장 대형화로 이어졌다. 은행들은 매년 새 기계를 들일 돈을 낮은 금리로 빌려주었다. 그 대열에 늦게 합류할수록 제일 먼저 땅을 내놓을 수밖에 없었다.

1970년대와 1980년대에 농경학을 공부한 나는 무경간 농법이 정착하는 과정을 맨 앞자리에서 지켜보았다. 그 장점에 대한 설교도 귀에 못이 박히게 들었다. 무경간은 특히 구릉성 지형에서 토양침식을 90퍼센트 이상 줄였다. 지표면에 남은 잔류물은 토양을 보호하고 토양 구조를 개선하는 효과가 있었으며 영양분과 지렁이뿐 아니라 이로운 토양 미생물이 풍부한 환경을 만들어주었다. 오랫동안 무경간 방식을 고수한 토양을 삽으로 푹 떠보면 임상층산림 토양의 유기물로 이루어진 숲 바닥◦옮긴이과 비슷한 종단면이 나왔다.

농부들은 시간과 돈을 절약해준다는 무경간 농법을 기꺼이 받아들였다. 한 번 농약을 뿌리고 작물을 심으면 되었고, 서너 번 밭을 갈 필요가 없어졌다. 1990년대 중반까지 밭갈이를 거의 하지 않는 농사법이 큰 인기를 얻었다.[9]

무경간 농법을 도입하자, 작은 잡초 씨앗이 땅속 깊숙이 묻힌 채로 남아 있게 되면서 처음 2년 동안은 많은 잡초 종이 감소하거나 밭에서 자취를 감추었다. 하지만 잡초는 변화한다. 완전히 다른 새로운 잡초가 문제를 일으킬 수 있다는 것을 누구도 생각하지 못했다. 농부들이 쟁기질을 중단하자, 죽이기 쉬운 한해살이 잡초가 사라지는 대신 죽이기 어려운 두해살이 또는 여러해살이 잡초가 그 자리에 들어섰다.

시드앤피드

1990년대 초의 어느 날 아침, 나는 실험에 쓸 물품을 주문하러 시드앤피드에 들렀다. 불그레한 얼굴에 머리가 벗어지기 시작한

퇴역 군인 쳇이 두툼한 손가락으로 연필을 만지작거리며 계산대를 보고 있었다. 그는 늘 최선을 다해 내 연구에 필요한 특이한 작물이나 식물 씨앗을 찾아주었고, 보답으로 나는 손님들이 가져다 놓은 잡초가 무엇인지 알려주었다. 이번에도 그는 가시나무 한 다발을 꺼냈다. 무경간 5년째인 한 농부가 밀을 수확하다가 가시나무와 옻나무가 자라는 것을 발견했다고 했다. "제가 가서 농기계에 얽힌 줄기라도 좀 풀어드릴 걸 그랬네요." 내 썰렁한 농담에 그는 애써 미소를 지었다.

무경간 초보자들은 쟁기질을 중단하고 화학물질로 잡초 방제를 시작한 후 일어나는 변화에 깜짝 놀란다. 망초를 비롯한 대다수의 일년생 잡초는 글리포세이트 같은 번다운 제초제에 쉽게 죽었다. 하지만 억센 다년생 잡초들이 자리를 잡기 시작하자 농부들은 무경간 농법에 무작정 사랑을 보내기가 애매해졌다. 농부들은 업계, 정부, 전문가들에게 도움을 청했다. 유일한 해결책은 제초제를 더 많이, 더 다양하게 쓰는 것이었다. 가장 높은 비율의 글리포세이트에 고농도의 아트라진, 알라클로르, 그리고 덤으로 몇 가지 다른 제초제까지 동원했다.

1990년대가 되자 무경간 농업으로 인한 환경문제가 드러나기 시작했다. 토양 구조가 개선되고 지렁이 이동 통로가 생기자 뿌리 성장과 수분 침투가 촉진되었다. 화학물질도 지하수로 더 쉽게 이동할 수 있게 되었다. 질소와 인이 지표면을 따라 흐르는 물에 휩쓸려 내려갔다. 질산염이 지하수로 흘러들었다. 아트라진과 알라클로르 같은 제초제도 마찬가지였다. 친환경 농법으로 장려되었

던 무경간이 이제 환경과 공중 보건을 위협했다.[10]

그다음 시드앤피드에 들렀을 때 만난 손님들은 잡초 외에도 걱정거리가 많았다. 작업복을 입고 종자 회사 모자를 쓴 남자 8~10명 정도가 이야기를 나누는 중이었다. 그들은 언론에서 뭐라고 떠들든 자신들은 토양을 보호하는 방식으로 농사를 지으면서 토지를 훌륭하게 관리한다는 자부심이 있었다. 대부분 쟁기질을 완전히 포기한 상태였다. 하지만 다년생 잡초들을 죽이려면 제초제를 더 많이 쓰는 것 말고는 방도가 없었다. 언론은 농부들을 비난했지만, 그들은 전문가, 정부 프로그램, 은행의 대출 상담 직원이 부추긴 대로 하고 있었을 뿐이었다.

농업법, 규정, 환경보호청에 대한 원망의 목소리가 터져 나왔다. 나는 뒤에서 조용히 지켜보았다. 쳇은 두툼한 손가락으로 허공에 삿대질해가며 손님들과 대화를 나누었다. 농민의 20퍼센트가 도산했던 1980년대의 농가 위기가 아직 생생할 때였다.[11] 이제 그들은 압류나 얼마 전 땅을 판 이웃의 이야기를 하지 않았다. 대신에 생산 비용, 지가, 농산물 가격, 이것도 저것도 하지 말라며 참견하는 환경 운동가들에 관해 투덜거렸다. 쳇과 주민들을 알고 지낸 지꽤 오래됐지만 그렇게까지 노골적으로 불만을 토로하는 모습은 본 적이 없었다. 정치는 자유무역, 곡물 판매, 양계장, 기계 비용, 작물 품종, 연료 가격, 최신 농약에 대한 불안뿐 아니라 새롭게 창궐한 곤충이나 잡초와도 얽혀 있었다.

대수롭지 않았던 것

설령 무경간 농법으로 인한 토양의 변화와 망초 사이에 연관성이 있더라도 그걸 아는 사람은 없었다. 망초는 연구 대상이 된 적이 없었다. 거기다 왜 신경을 쓴단 말인가? 내가 대학생 때 처음 들은 잡초 강의에서도 알아두어야 할 잡초 목록에 망초는 없었다. 교과서에는 목초지, 도로변, 황무지에 나타나는 잡초라고 나와 있었다.[12] 망초는 "뚜렷한 특징이 없다. 너무 흔해서 눈에 잘 띄지 않는다. 심각한 문제로 여겨졌던 적이 없고 농경지 가장자리, 목초지, 방치된 땅 주변에 산다"라고 알려져 있었다.[13] 1990년 설문에서 오하이오주 농부들은 망초의 중요도를 '없음'과 '약간' 사이로 평가했다.[14]

무경간 농부들이 밭 가장자리에서 망초를 처음 보았을 때만 해도 이 풀을 걱정할 이유가 전혀 없었다. 작고 보잘것없는 망초 유묘는 좀처럼 해를 입힐 것처럼 보이지 않았다. 한여름이면 줄기가 올라오고 뾰족한 잎이 생겼다. 여름이 끝나갈 무렵이면 가지 끝마다 씨앗에 붙은 솜털이 흔들렸다. 무경간이 더 흔해지면서 솜털이 더 많이 날렸다. 지표면에 남은 작물 잔류물은 망초 유묘를 보호해주었다. 봄과 가을에 뿌리는 비료는 망초가 한창 성장하는 시기에 양분이 되어주었다. 무경간 밭에서 가장 잘 살아남은 망초 유전형이 개체군 가운데 증가했다. 농경선택의 전형적인 사례였다. 그래도 심각한 문제가 되기 전에 글리포세이트 같은 제초제로 대부분 처치 가능했다. 약간의 경운과 돌려짓기처럼 몇 가지 기본적인 농경법을 따랐다면 자취를 감출 수도 있었던 잡초였다.

혁명의 문턱

대학원에 다니던 1980년대 초, 나는 식물생리학을 숭배하는 친구들과 함께 공부했다. 우리는 광합성과 호흡을 비롯해 식물에 관계된 여러 중요한 화학적 단계를 외우며 신앙을 고백했다. 우리는 대부분 생화학 전공이 아니었지만 단순한 분자가 더 복잡한 분자로 바뀌거나 그 역반응이 일어날 때의 화학 구조식을 암기했다. 시험에 통과하려면 화학 서열, 효소, 보조 인자, ATP 개수를 외워야 했다. 자동차 엔진의 부품이 어떻게 움직이는지 외우는 것과 비슷했지만 차를 몰기 위해 그걸 깊이 이해할 필요는 없어서 천만다행이었다.

얼마 후 세미나와 강의에서 낯선 용어가 들리기 시작했다. 강연자들은 특정 부위에서 DNA를 절단하는 핵산 중간 분해 효소 endonucleases에 대해 이야기했다. 독자적으로 증식할 수 있는 세포 내의 작은 고리형 DNA인 플라스미드plasmid에 관한 것이었다. 그들은 유전자의 작용을 통제하는 조절 서열을 탐구했다. DNA 가닥의 사본을 무수히 만들 수 있는 PCRpolymerase chain reaction(중합 효소 연쇄반응)을 비롯해 새로운 약어들이 등장했다. 우리가 열심히 공부한 수치와 통계 분석은 더 이상 데이터로 통하지 않았고, 방사선 사진의 흐릿한 얼룩이 훨씬 더 유의미한 것으로 받아들여졌다.

생명공학의 발견과 새로운 어휘들은 빠르게 퍼져 나갔다. 나는 공부를 마치고 그런 걸 몰라도 되는 곳에서 직장을 구하고 싶었다. 당혹스러워하는 다른 대학원생들과 함께 우리가 들은 내용을 이해해보려고 애썼다. 이게 다 무슨 소리지? 긴 DNA 가닥에서 아미노산 서열을 찾을 수 있는지 누가 신경 쓴다고? 그걸로 뭘 하겠다는 거야?

한 식물생리학과 학생이 설명에 나섰다. "항생제 저항성을 부호화한 유전자를 한 박테리아에서 다른 박테리아로 옮기는 데에 성공한 게 10년 전이었어요." 우리가 이걸 몰랐다면 이미 10년 뒤처진 셈이었다. 이제 학자들은 항생제 저항성 유전자를 담배에 삽입하려고 애쓰는 중이었다.[15] 그 잘난척쟁이는 이어서 말했다. "그 유전자를 담배에 집어넣을 수 있다면 원하는 식물에 어떤 유전자든 집어넣을 수 있어요. 가령 해충 저지 화학물질이 부호화된 유전자를 찾아서 그것을 작물에 집어넣을 수도 있겠죠. 농부들은 살충제를 쓸 필요가 없어질 거예요. 작물에 유전자를 삽입해 제초제에 저항성이 생기게 할 수도 있고요. 라운드업 같은 제초제에요. 그러면 밭 전체 작물에 약을 뿌려도 작물은 살고 망할 잡초들만 죽겠죠."

터져 나오려는 웃음을 꾹 눌러 참았다. 과연 그럴까? 언젠가 그렇게 될 수도 있겠지. 하지만 우리가 은퇴하기 전에는 아니었다. 언젠가 먼 미래에는 그런 기술이 가능하리라는 걸 우리도 알고 있었다. 우리는 시키미산 대사의 핵심 효소를 억제하여 사실상 모든 식물을 죽이는 글리포세이트(라운드업)의 원리를 이해했다. 그것까지는 암기하고 있었다. 만약 누군가가 그 프로세스의 핵심 단계를 바꾸는 유전자를 끼워 넣는다면 글리포세이트는 작물을 죽이지 않고 잡초만 죽일 것이다.

우리가 생물학 혁명의 문턱에 서 있는 걸까? 그건 가늠할 수 없었다. 우리는 다윈 이전부터 시작해서 멘델, 왓슨과 크릭, 매클린

톡에 이르기까지 과학자 수백 명의 노력 위에 서 있었다. 식물의 발달, 기능, 성장, 번식과 관련한 유전 명령의 신비를 풀고자 한 인류의 꿈이 이제 막 결실을 보고 있었다. 단백질 합성과 조절에 관한 복잡한 작용에 손댈 수 있다면 엄청난 가능성이 열릴 것이었다. 유전자를 매만져 광합성을 늘리면 기아에 허덕이는 사람들에게 먹일 곡물을 더 많이 만들어낼 수 있다. 옥수수와 벼에 질소 고정 능력을 주어서 필요한 비료를 스스로 만들어내게 할 수 있다. 곡식을 다년생으로 만들면 매년 새 씨앗을 심지 않아도 된다.

우리는 생명체의 근본적인 신비를 밝혀내고 싶은 인류의 갈망을 지켜보고 있었다. 원자를 들여다보고 우주를 탐험하고 유전정보를 파헤치는 일 말이다. 그 결과 밝혀진 사실을 어떻게 이용할 것인지에 관한 지혜는 그렇게 간절히 갈구하지 않았던 것 같다. 우리가 가장 받아들이기 힘들었던 부분은 이거였다. 인류가 마침내 지식의 나무에서 반짝이는 과실을 따게 된 지금, 그걸로 제일 먼저하겠다는 일이 고작 뭐라고? 잡초 죽이기?

변화의 서막

유전자변형GMO 작물과의 연관성 때문에 유명해진 제초제는 글리포세이트, 즉 라운드업이다.[16] 글리포세이트는 1970년에 몬산토가 온실 실험으로 처음 테스트했다. 그보다 20년 전 스위스의 작은 제약 회사가 발명해놓고 관심을 기울이지 않았던 약품이다. 몬산토는 새로운 경수 연화제를 개발하려고 화학물질을 찾고 있었는데, 그중 두어 가지가 식물에 약한 독성을 보이는 것을 발견했다. 약간의 화학적 변화를 주었더니 무색무취의 입자가 나왔다. 그것을 흡수한 식물은 일주일쯤 뒤에 죽었다. 그 무렵 잡초 연구자들 사이에서 소문이 돌았다. 몬산토가 월요일마다 온실에 약을 뿌리고 금요일마다 징후를 평가한다는 소문이었다. 멀쩡한 식물들은 폐기 대상이었다. 처음에 글리포세이트를 뿌린 식물들은 금요일에 아무런 증상을 보이지 않았다고 한다. 하지만 누군가가 너무 바빴는지 아니면 그냥 게을렀는지, 식물을 폐기하지 않고 주말 내내 내버려 두었다. 그다음 주에 죽은 식물들 덕분에 글리포세이트의 효능과 특유의 더딘 활동성이 드러났다. 누군가 게으름을 부린 덕에 얻은 성과였다.

글리포세이트는 중요한 화학작용에 쓰이는 효소를 차단함으로써 효과를 발휘한다. 효소를 차단하면 화학물질들이 결합하지 못하고 최종 산물을 만들어내는 프로세스가 중단된다. 글리포세이트가 차단하는 효소는 보통 EPSPS라고 표기한다.[17] 이것은 시키미산으로 시작해 필수 아미노산으로 끝나는 프로세스의 핵심 효소다. 아미노산은 단백질의 구성 요소로, 글리포세이트는 식물의 정상적인 성장에 필요한 단백질을 합성하는 과정에서 EPSPS를 차단하는 것이다. 그런 단백질이 없으면 식물은 죽는다. EPSPS는 식물계 전체에서 찾아볼 수 있으므로, 글리포세이트는 모든 녹색 식물을 죽일 수 있다.

글리포세이트가 '라운드업'이라는 이름으로 농부들에게 처음 판매되었을 때는 그다지 널리 사용되지 않았다. 농부들에게 친숙한 다른 제초제들과 달리, 글리포세이트는 비非선택적이었고(모든 식물을 죽인다는 뜻), 표적으로 삼은 잡초를 죽이는 데 오랜 시간이 걸렸으며, 토양에 활성 상태로 남지 않아서 싹을 죽일 수 없었다. 다른 제초제에 비해 글리포세이트는 독성이 낮고 지속성이 떨어지며 지하수로 스며들 가능성이 적은 것으로 알려졌다.[18] 작물을 심기 전 잡초를 섬멸하기 위한 번다운 제초제로 무경간 농경지에 뿌릴 수 있었다. 잎이 있는 모든 식물을 죽였기 때문에, 자라나는 작물 위에 뿌리면 그 작물까지 죽였다. 게다가 돈이 많이 들었다.

무경간 밭에서 다년생 잡초가 큰 문제가 되었을 때, 그걸 죽이는 유일한 제초제는 글리포세이트였다. 농부들은 봄에 작물을 심기 전 글리포세이트를 뿌려서 잡초를 몽땅 고사시키는 것 말고는 선택의 여지가 없었다. 작물을 수확한 후에 다시 한번 뿌려 늦게 싹튼 잡초를 죽였다. 결과적으로 농부들은 일 년에 두 번 글리포세이트를 사용하게 되었다. 이 방법은 망초처럼 겨울과 이른 봄에 올라오는 일년생 잡초에도 효과적이었다.[19]

모든 게 달라지리라

1994년 무렵, 몬산토의 기술 담당자가 전화를 걸어 우리 시험 재배장에 대두 네 줄을 심을 공간이 있는지 물었다. 며칠 뒤 그는 봉투 두 개를 가지고 들렀다. 'R'이라고 써놓은 봉투의 씨앗은 안쪽에 두 줄로 심고, 아무 표시도 없는 봉투의 씨앗은 바깥쪽에 두 줄로 심으라고 했다. 식물이 약 25센티미터 크기로 자라면 재배지 전체에 라운드업을 뿌려야 했다. 그는 확인차 다시 들르겠다고 했다. 답례로 그는 시험 재배장 관리인에게 제초제 두 병을 주고 돌아갔다.

몬산토를 비롯한 여러 회사는 식물 유전자변형을 다년간 연구해왔다. 그리고 새로운 유전공학 기술을 동원해 제초제를 견디어낼 수 있는 GMO 대두를 발명했다. 원래대로라면 그 제초제에 죽었어야 할 대두였다. 대두 잎의 EPSPS 효소를 살짝 건드려 글리포세이트가 EPSPS를 차단하는 '표적 부위'를 수정함으로써 가능해진 일이었다. 대두의 변형된 EPSPS 효소는 이제 글리포세이트에 차단되지 않았다. 대두는 정상적인 성장에 필요한 아미노산을 계속 만들어냈다. GMO 작물은 글리포세이트를 뿌려도 성장했고, 잡초는 모두 죽었다.

그것은 생명공학의 눈부신 성과였다. 글리포세이트를 견딜 수 있도록 대두의 EPSPS 효소를 변경하려면 대두의 유전정보, 즉 EPSPS를 만드는 DNA를 변경해야 했다. 이것은 2000만 명의 이름과 주소가 적힌 명단에서 한 사람의 주소를 찾아 번지수를 바꾸는 일과 같다. 학자들은 자연적으로 발생하는 박테리아인 아그로박테리움Agrobacterium을 활용했다. 아그로박테리움의 EPSPS 효소는 글리포세이트에 저항성이 있기 때문이다. 그들은 이 박테리아의 유전자(새로운 번지수)에서 EPSPS를 분리해 대두 DNA에 집어넣었다. 대두 모종을 속여서 글리포세이트에 저항성 있는 (박테리아의) EPSPS를 만들도록 한 것이다. 잘라서 붙이면 끝나는 간단한 작업이 아니었다. 박테리아 유전자를 일종의 셔틀버스와 비슷한 트랜지트 펩티드transit peptide라는 물질에 연결해야 했다. 그런 다음 유전자 프로모터gene promoter와 함께 몇 가지 다른 유전 서열을 추가했다. 그 결과로 얻은 글리포세이트 저항성 GMO 대두 씨앗에 대해 1990년 6월 처음으로 현장 실험이 진행되었다.[20] 그리고 4년 뒤 GMO 대두 모종은 내 시험 재배장에서 자라고 있었다.

나는 약물을 뿌리고 일주일후 시험 재배장에 나가보았다. 7월 중순의 늦은 오후였다. 바람 한 점 없는 공기였지만 더위가 한풀 꺾였음을 알 수 있었다. 밭이 어떤 모습일지 머릿속으로 그려보았다. 전에도 라운드업으로 수많은 식물을 죽여보았다. 딱히 눈에 띄는 점이 있으리라 기대하지 않았다.

나는 갈색으로 완전히 말라 잎을 축 늘어뜨린 식물들 앞에서 걸음을 멈추었다. 대두와 잡초의 시체였다. 그리고 두 줄의 글리포세이트 저항성 GMO 대두는 태양 아래 녹색 찬란한 자태를 빛내고 있었다. 한참을 멍하니 바라보다가 사진을 한 장 찍고 재배지 주변을 한 바퀴 돌았다. 죽은 식물들은 놀라울 정도로 완벽하게 고사한 상태였다. 살아 있는 싹이나 녹색 조직은 없었다. 그 잔해 위에서 가운데 두 줄은 활짝 웃고 있었다.

나는 차를 몰고 돌아 나오면서 생각에 잠겼다. 일부러 빙 둘러서 집에 가다가 하드웨어 앞을 지났다. 창문에는 "저장 용기 및 잡화류 할인 중. 들어오셔서 구경하세요"라고 적혀 있었다. 나는 느린 속도로 철길을 넘어서 시드앤피드 앞을 지났다. 가장 높은 곡물 창고 위로 깃발이 펄럭였다. 이곳은 아무 일 없는 듯 조용했다.

저녁 내내 머릿속에서 햇빛에 반짝이던 두 줄의 대두가 떠나지 않았다. 나는 GMO 성장 호르몬이 지역 축산 업계를 어떻게 바꾸어놓았는지 기억했다. 새로운 호르몬을 사용하는 이웃은 젖소에서 더 많은 우유를 얻고 더 많은 돈을 벌었다. 똑같이 하지 않으면 이웃에게 농장이 넘어갔다. 우유 가격이 내려가자 대기업이 끼어들었다. 축산업자들은 기업 소유 농장에서 노예처럼 일했다. GMO 대두로 인해 농부들에게도 똑같은 일이 벌어지는 게 아닌지 걱정됐다.

한 가지는 분명했다. 잡초 연구자의 삶은 예전과 같지 않을 거라는 사실이었다. 오랫동안 농경법은 발전해왔으나 잡초는 여전히 골칫거리였다. 잡초 방제는 작물 생산의 필수 요소이자 가장 돈이 많이 들어가는 부분 중 하나였다. 이제 농부들은 잡초 문제가 전부 해결되었다고 생각할 것이다. 나는 경력을 한창 키워나가고 있었는데, 잡초에 관한 내 지식이 이제는 아무짝에도 쓸모없어진 것처럼 보였다.

동료들과 마찬가지로 나는 그동안 제초제 현장 실험을 몇 차례 했었다. 그것은 비화학적인 방법으로 잡초를 관리하는 방법을 연구할 비용을 마련하는 데 도움이 되었다. 무경간 관행농법을 따르는 농부들과의 교류에도 도움이 되었다. 이제 나는 그런 연구가 잡초와 인간을 포함한 더 광범위한 농업 환경에서 무슨 의미가 있는지 고민해야만 했다. 몬산토 덕분에 제초제 실험을 쉽게 그만둘 수 있게 되었다. 그들은 자기네 제품 실험에 대해 비밀 유지 계약을 요구했다. 내 시험 재배지는 보고 싶은 사람 누구에게나 항상 열려 있었다. 그런 계약을 거부하는 것은 나 혼자만이 아니었다.

기술이 우리를 자유롭게 하리라

1996년, 미국의 심장지대 전역에서 '라운드업 레디' 대두에 대한 역사상 가장 큰 규모의 농업 현장 실험이 개시되었다. 그 실험은 아직도 진행 중이다. 몬산토 입장에서 이 실험의 목표는 글리포세이트에 저항할 수 있도록 유전자를 변형시킨 대두가 일반 대두만큼 생산성 있을지, 그리고 수익성 높은 GMO 작물 시장을 열 수 있을지 판단하는 것이었다.

농부들은 상상했던 것보다 빠르게 GMO 대두를 받아들였다. 끈질긴 마케팅과 영업에 넘어가는 건 금방이었다. 시드앤피드에 오는 손님 거의 모두가 '라운드업 레디' 모자를 썼다. 기술에 대한 낙관론이 피어오르던 때였다. 마침 미국산 곡물을 판매할 새로운 시장에 대한 기대감으로 농산물 가격이 상승세였다. 유럽과 아시아의 일부 국가는 GMO 작물의 수용을 거부했지만, 덕분에 일반적인 방법으로 키운 곡물의 가격이 높아졌다. 미 중서부 지역 농부들은 사람들이 생산성과 환경적 혜택을 이해하고 나면 GMO 작물에 대한 거부감을 극복하리라 확신했다. 유전공학이 농사의 문제점을 해결해주려는 찰나였다.[21]

경이로운 유전자변형 기술 덕분에 농부들은 작물을 심고 한 가지 제초제(라운드업)만 뿌리면 됐다. 잡초는 전부 죽고 작물은 살아남아 햇볕을 맘껏 쬐었다. 텔레비전 광고에서도 볼 수 있고 시험 재배지에서도 직접 확인할 수 있었다. 이제 더 넓은 땅에 무경간 농법을 시행할 수 있게 되었다. 라운드업을 번다운 제초제로 한 번 뿌린 후, 자라는 작물 위에다 다시 한번, 필요하다면 서너 번까지 뿌릴 수 있었다. 손쉬운 일이었다.

GMO의 기적은 그걸로 끝이 아니었다. 새로운 교잡종 옥수수 'Bt'는 살충제 독성을 만들어내는 유전자가 있었다. 살충제를 뿌려서 옥수수 줄기를 갉아 먹는 해충을 죽이는 대신, GMO-Bt 옥수수를 키우면 그만이었다. 게다가 Bt 옥수수는 글리포세이트에도 저항성이 있었다. 농부들은 이 새로운 기술이 생산성과 수익성을 높여주리라 확신했다. 생산 비용, 토양 침식, 제초제 사용을 줄여줄 거라고 믿었다. 농업 회사 영업사원, 농업 전문가, 라디오와 텔레비전 광고, 잡지도 전부 다 그렇게 이야기했다. 무엇보다도, 이것은 무경간 농법이 환경 피해를 일으킨다며 트집을 잡아왔던 환경보호론자들에게 날리는 시원한 한 방이었다.[22]

시드앤피드에 모인 농부들은 한층 들떠 있었다. 정부가 새로운 농업법 제정을 추진 중이라는 소문 때문이었다. 쳇의 부연 설명으로는 '자유농업법'이라는 규정이 만들어지고 있다고 했다. 동시 출하를 가로막던 제약이 축소되거나 철폐된다고 했다. 어서 환경보호청도 철폐되어서 사용 금지된 농약을 돌려받았으면 좋겠다는 농담도 오갔다. 쳇은 어이없다는 듯 웃으며 고개를 가로저었다. 자유농업이란 더 많이 생산하고 더 많은 수익을 낼 자유를 의미했다. 그는 GMO 곡물을 보관하기 위해 곡물 창고를 하나 더 지을 계획이었다.

농부들은 새로운 기술에 뛰어들었다. 경작 면적이 넓어지고 농사일 외의 부업까지 뛰어야 빚지지 않고 살 수 있는 형편이다 보니 사람들은 엄청난 시간적 압박에 시달렸다. 그들은 거액의 부채와

압류 사이에서 아슬아슬한 줄타기를 했다. 글리포세이트 저항성 작물은 잡초 방제를 훨씬 수월하게 만들어주었기 때문에 그들에게는 숨통을 틔워주는 일종의 감압 밸브 역할을 했다.

농부들은 선택의 여지가 없다고 했다. 이웃이 GMO 종자를 심고 잡초가 줄어 더 짧은 시간에 더 많은 곡식을 생산했다면, 똑같이 하지 않을 수 없었다. 그들은 또한 몬산토가 내거는 조건을 지켜야만 했다. 제초제 저항성 종자를 구매한 농부들은 구속적 협약에 서명하고 '기술료'를 부담해야 했다. 경쟁사들이 판매하는 더 저렴한 제품 대신 몬산토의 글리포세이트를 사야 했다. 구매한 종자를 심고 남은 것을 다른 농부에게 팔 수 없다는 데 동의해야 했다. 생산한 곡물 전량을 몬산토에 되판다는 데에도 동의했다. 절대 내년에 심을 용도로 보관할 수 없었다. 몬산토 변호인단은 소송을 걸어 회사를 속이려고 시도한 몇 사람을 강력하게 처벌했다.[23]

너도나도 글리포세이트 저항성 GMO 종자를 주문했다. 잡초를 연구하는 동료들은 지금이야말로 농부들에게 제초제 저항성에 관해 조언해줄 수 있는 좋은 시기라고 생각했다. 제초제 저항성이란 잡초에 유전 변이가 일어나 제초제를 뿌려도 죽지 않는 현상을 말한다. 수백만 에이커에 매년 글리포세이트를 뿌리기 전 '저항성 관리'를 실천하면 그런 재앙을 피할 수 있었다. 하지만 업계는 반발했다. 저항성이 생길 수 있다는 생각 자체가 고객을 놀라게 한다는 이유였다. 저항성을 피하는 방법은 선택압을 줄이는 것, 즉 글리포세이트를 계속해서 사용하지 않는 것이다. 하지만 신제품을 출시한 다음 농부들에게 그걸 사용하지 말라고 굳이 이야기할 회사는

없었다.[24]

게다가 글리포세이트는 20년 동안 번다운 제초제로 사용되었음에도 아직 어떠한 잡초도 저항성을 보이지 않았다. 1997년에 GMO 대두에 글리포세이트를 사용했으나 저항성 잡초가 발생하지 않았다는 논문이 발표되었다. 이 논문은 "글리포세이트 저항성의 발생 확률은 낮아 보인다"라는 결론을 내려, 저항성을 피하려고 기존의 관습을 바꿀 필요는 없다는 인상을 주었다. 다른 주장을 하는 사람은 복잡한 생태를 이해하지 못하는 것으로 취급받았다.[25] 다시 말해, 저항성은 공연한 걱정이었다.

겨우 시험 재배장에 잡초를 심고 연구하는 우리 같은 사람들에게 이 거대한 글리포세이트 저항성 작물 실험은 큰 횡재였다. 다른 어느 제품보다 널리 사용될 것이 뻔한 제초제에 저항성을 가진 희귀한 돌연변이를 찾아낼 기회였다. 거대한 잡초의 개체군 어딘가에 수백만 분의 일이라도 돌연변이가 있을 것은 분명했다. 그 돌연변이를 찾는 방법은 최대한 넓게 글리포세이트를 뿌리는 것뿐이었다. 그런데 농부들이 그 일을 대신해주었다.

수치상으로 따져보아도 승산이 있었다. 약 2600만 헥타르의 대두와 3200만 헥타르의 옥수수가 제초제 저항성 기술이 적용되기를 기다리고 있었다. 농부가 그 밭의 80퍼센트에만 GMO 종자를 심는다고 해도 글리포세이트는 매년 약 4700만 헥타르에 1회 이상 살포될 것이다. 그 땅 1헥타르마다 잡초의 씨앗은 5000만 개 이상일 것이다. 그러면 돌연변이가 1년에 적어도 60억 번 발생할 수 있었다. 그런 확률과 매년 살포하는 글리포세이트의 농경선택압으로 저항성 돌연변이는 분명히 얼굴을 드러내게 되어 있었다. 얼굴을 드러내고 살아남아서 돌연변이 자손을 남긴다면 저항성 유전형은 그야말로 잡초처럼 번질 것이 틀림없었다.

나는 다른 잡초 연구자들과 함께 어느 잡초가 제일 먼저 저항성을 발달시킬지 추측해보았다. 그것은 학회에서도 흥분을 자아내는 화제였다. 나와 동료들은 저항성 추측 게임을 하면서 어마어마한 양의 글리포세이트가 살포되는 중서부 지역을 예의 주시하고 있었다. 동부 연안의 작은 주에서 저항성 잡초가 나타나리라고는 아무도 예상하지 않았다. 게다가 미국 최초로 글리포세이트 저항성을 발달시킨 종이 망초가 되리라고는 누구도 예상하지 못했다.[26] 델라웨어대학교의 젊은 조교수 마크 반게셀Mark VanGessel에게 상금이 돌아가리라는 것 또한 아무도 예상하지 못했다. 대다수 잡초 연구자의 반응은 같았다. 델라웨어? 망초? 반 누구?

델라웨어주는 델라웨어만과 체서피크만 사이에 길게 뻗은 평평한 습지대에 있다. 반게셀은 그곳의 무경간 농법은 오랜 역사를 지니고 있다고 설명해주었다. 델라웨어 농부들은 사질 토양이 대서양으로 씻겨 내려가지 않도록 오랫동안 무경간 농법을 사용했다. 그들은 수질을 오염시키는 제초제 사용을 줄이려고 글리포세이트 저항성 대두를 재빨리 받아들였다. 망초는 언제나 없애기 어려웠지만 살아남은 소수의 개체는 중요하게 보이지 않았기 때문에 아무도 신경 쓰지 않았다. 반게셀이 몹쓸 망초 방제와 관련한 전화를 처음으로 받은 것은 GMO 기술이 나온 지 3년 뒤인 1999년이었다. 굉장히 건조한 봄이었고, 글리포세이트는 마른 땅에서 별로 효과가 없었다. 이듬해 봄 날씨는 이상적이었지만 방제 상태는 더 나빠졌다. 그제야 비로소 그는 사태를 자세히 들여다보기 시작했고 대여섯 개 밭에서 망초를 발견했다. 머지않아 거의 모든 밭이 망초로 뒤덮였다.[27]

망초를 관찰하고 세심한 후속 연구로 글리포세이트 저항성을 특정함으로써 반게셀은 잡초 연구자들 사이에서 스타가 되었다. 망초는 왜 제일 먼저 저항성을 발달시켰을까? 반게셀은 남들만큼 자신도 깜짝 놀랐다고 했다. 망초는 1980년 패러콧에 저항성을 보인바 있었다. 글리포세이트에 대해서도 똑같은 행동을 보일 무렵, 망초는 이미 다섯 가지 제초제에 저항성을 발달시킨 뒤였다.[28] 우리는 진작에 눈치챘어야 했다.

반게셀의 말대로, 어떤 잡초는 특별난 뭔가가 있어서 농부들의 주적이 되는 것이 아니다. 그저 엄청나게 많다 보니 그렇게 될 뿐이다. 글리포세이트는 다른 잡초를 죽였고, 덕분에 망초는 폭발적으로 성장할 공간과 자원을 얻었다. 망초의 제초제 저항성 유전자는 바람 속에 깃털처럼 날아오르는 씨앗을 통해 빠르게 퍼졌다. 농부들은 머지않아 수확 장비를 꽉 틀어막은, 끈적거리는 털북숭이 망초 줄기를 발견하게 되었다. 4년 안에 글리포세이트 저항성 망초는 전국에 퍼졌고, 대두밭뿐 아니라 GMO 옥수수, 목화, 카놀라밭도 잠식했다.[29] 2005년경 미 중서부 지역 농부들은 망초를 3대 문제성 잡초의 하나로 꼽았다.[30] 망초의 솜털 덮인 씨앗은 GMO 대두와 비非GMO 대두를 구분하는 특징이 되었다.

무경간, 글리포세이트, GMO 작물의 발명이 없었다면 망초는 잡초로서 성공하지 못했을 것이다. 2년 뒤 글리포세이트 저항성 망초는 캐나다, 브라질, 중국, 스페인, 체코를 시작으로 그리스, 폴란드, 이탈리아까지 전 세계 곳곳의 농장으로 퍼져 나갔다.[31] 하지만 망초의 놀라운 면모는 아직 다 드러나지 않은 상태였다.

스트레스 테스트

망초가 글리포세이트에 저항성을 발달시켰다는 소식이 전해지자, 대다수의 잡초 생물학자들은 단순 돌연변이를 원인으로 지목했다. 긴 DNA 서열에서 유전자 알파벳 중 한 글자만 바꾸어도 감수성 식물과 저항성 식물로 갈릴 수 있었다. 그것이 현재까지 인정되어온 표준적인 멘델 모형이다.

하지만 저항성 망초는 인간의 예상대로 행동하지 않았다. 망초에 사용한 글리포세이트의 유효 성분은 EPSPS 활동 영역까지 도달하지 못했다. 망초가 글리포세이트를 포착해 액포vacuole로 옮겼기 때문이었다. 액포는 세포의 금고와 같은 곳으로, 글리포세이트는 거기에 감금된 상태라 효소나 아미노산 합성을 억누를 수 없었다. 이런 묘기는 지금까지 한 번도 발견된 적이 없었다. 망초의 경우, EPSPS 효소 시스템과 전혀 다른 신진대사에 많은 유전자와 변화가 개입했다.[32]

놀랄 일은 더 있었다. 일부 망초 개체는 다른 망초 개체군에서 멀리 떨어져 고립된 상태에서도 다른 유전자 기전을 사용해 글리포세이트 저항성을 발달시켰다. 다시 말해, 독자적으로 다른 방식을 통해 저항성을 발달시킨 것이다. '진화 중복'의 드문 사례였다. 아무도 신경 쓰지 않았던 잡초가 갑자기 유전자 연구의 중심 주제가 되었다. 두 가지 혹은 그 이상의 생화학적 방법으로 저항성을 발달시키는 현상이 개별 식물 또는 식물 개체군에서 나타났다.[33]

이 현상을 이해하기 위해 지금까지 무시되어온 의문이 다시 제기되었다. 제초제 자체가 돌연변이를 유발해 제초제에 저항성 있는 식물을 만드는 것일까? 제초제의 일반적인 치명률을 고려할 때 대답은 '아니요'다. 죽은 식물은 돌연변이를 일으켰든 아니든 번식하지 못한다. 하지만 들판 가장자리에 있던 잡초 혹은 분무액이 흩날릴 때 비치명적인 저농도의 제초제에 노출된 잡초는 죽지 않고 스트레스만 받는다. 제초제가 돌연변이를 일으킬 수는 없지만 스트레스는 이상한 일들을 일으킬 수 있다.

스트레스는 식물에 후생적 변화를 일으킬 수 있다.[34] 후생적 변화가 유전자의 DNA 서열을 바꾸지는 않는다. 하지만 DNA를 둘러싼 화학반응을 바꾸고, 그로 인해 유전자가 작용하는 방식이 달라진다. 후생적 변화는 유전자가 조절되는 방식에 영향을 준다. 즉 유전자 발현을 켜기도 하고 끄기도 한다. 그 과정에 반드시 돌연변이가 있어야 하는 것은 아니다. 제초제 저항성으로 이어진 과정에 관여한 유전자도 그 대상이었을 수 있다.

돌연변이만이 아니라 후생적 변화도 세대를 거치며 대물림되면서 잡초 개체군에 퍼져 나간다. 진화는 멘델이 완두콩 실험으로 밝혀낸 것보다 복잡한 것으로 밝혀지고 있다. 특정한 후생적 변화가 망초의 제초제 저항성을 유발했다는 증거는 없다. 그러나 저농도의 제초제를 반복적으로 사용한 후 저항성이 생겨났다.[35] 서로 다른 망초 개체군이 어쩌다가 서로 다른 저항성 기전을 갖게 됐는지는 후생적 변화로 설명할 수 있다.[36]

자유의 참모습

망초 개체군에서 글리포세이트 저항성이 나타나면서, 무경간 관행농법을 따르는 농부들은 기술 중심적 농업에 또 한 번 뒤통수를 맞았다. 처음 망초가 밭에 제멋대로 나타났을 때는 당연히 당혹스러웠을 것이다. 약을 대충 쳤나? 비가 와서 제초제가 씻겨나갔나? 흙이 너무 메말라서, 너무 축축해서, 혹은 너무 추워서 그런가? 아마도 당황한 농부의 첫 반응은 더 많은 제초제를 더 높은 농도로 뿌리는 것이었을 것이다. 농부들은 농경선택이라는 선물을 선사하며 글리포세이트 저항성 망초 개체군의 진화를 촉진했다.

GMO 대두나 옥수수 밭에 저항성 망초가 가득해지자, 돌려짓기와 간헐적 경운처럼 저항성을 막는 데 도움이 되는 방법을 쓰기에는 너무 늦어버렸다. 농업 지도사들은 기술적인 해결책을 물색했고, 그것은 대개 또 다른 제초제였다. 아니나 다를까, 기적의 씨앗과 기적의 약품을 판매한 업체에서 제초제를 판매했다. 농부들은 예전에 사용하던 고농도, 고잔류, 고침출 제초제로 되돌아갔다. 글리포세이트 저항성 작물 덕분에 아예 자취를 감추게 될 거라던 제품들이었다.[37]

저항성 망초의 등장은 시기적으로 좋지 않았다. '자유농업법'이 시행되면서 GMO 작물을 채택한 농부들은 낮은 농산물 가격과 과잉 공급에 얽매인 신세가 되었다. 정부는 자유무역으로 새로운 시장이 열리고 가격이 안정될 거라고 약속했다. 하지만 브라질의 농부들도 GMO 콩 농사를 지었고, 인도도 그 뒤를 바짝 따랐다. 정부의 농업 프로그램은 대규모 생산자에게만 이로울 뿐이었고, 낮은 곡물 가격은 곡물 수매자에게만 이득이 되었다. 망초에 저항성이 생길 무렵, 몬산토와 다른 회사들은 작물 유전자에 대한 지배력 강화를 위해 종자 회사들을 사들였다. 농업계는 점점 합병되고 수직통합되었다. 농업의 가치 사슬 전체가 생산재 공급자와 곡물 수매자들의 손에 달려 있었다. 그들은 결국 한 몸이었다. 독립적이고 자유를 사랑하는 농부들은 대기업 생산재를 구매하고 대기업이 요구하는 가격으로 판매함으로써 결국 대기업의 이익을 위해 일하게 되었다.[38]

GMO 작물을 도입한 후 처음 몇 년간 농부들은 엇갈린 결과를 얻었다. 대부분은 무경간, 글리포세이트, GMO 종자를 값비싼 가격에 사들였다. 초반에 제초제 사용량은 확실히 줄었다. 하지만 투자 효과를 극대화하려면 고농도 비료, 살충제, 몇 종류의 비非글리포세이트 제초제, 분무 첨가물이 필요했다. 여기에 필요한 모든 것은 전부 같은 회사에서 취급했다. 떨어지는 땅값과 불안정한 농산물 가격으로 농부들은 조심스러워졌다. 소득을 올리는 유일한 방법은 덩치를 키워서 더 많은 작물을 심는 것뿐이었다. 중견 농가들은 1980년대 위기의 그늘 밑에서 농사를 지속하기가 어려워졌다.[39] 망초가 글리포세이트에 저항성을 보이자, 잡초 방제 비용이

다시 증가했다. 버려진 땅 위로 부는 바람에 망초의 흰 솜털이 날렸다.

최종 결과

한여름의 어느 날 오후, 시드앤피드의 쳇이 전화를 걸어왔다. 나는 저항성 망초가 맞는지 확인해주러 가게에 들렀다. 시드앤피드는 바쁘게 돌아가고 있었고 먼지가 풀풀 날렸으며 화학제품 냄새가 자욱했다. 그는 계산대 위에 망초 모종 하나를 내려놓았다. 그리고 구석에 놓인 양동이에서 축 늘어진 표본 두 종을 가져왔다. 명아주와 단풍잎돼지풀이었다. 이들 역시 글리포세이트에 저항성이 생긴 상태였다. 하지만 계산대 위의 망초 모종은 글리포세이트를 뿌리지 않은 밭에서 가져온 것이었다. 다른 제초제에 저항성이 생긴 것이 틀림없었다.

쳇은 난감한 상황이었다. 가게 직원이 손님 밭에 제초제를 뿌려주었는데 망초가 죽지 않자 보상을 요구한 것이다. 그는 계산대에 몸을 기대고 한숨을 쉬었다. 제초제와 종자 유전학은 어느 때보다 발전한 상태였다. 망초도 어느 때보다 죽이기가 힘들어졌다. 농부들은 작물 다각화와 돌려짓기로 저항성을 낮출 수가 없었다. 밀, 보리, 귀리 같은 작물은 돈이 되지 않기 때문이었다. 경운기도 오래전에 처분해버린 탓에 땅을 갈아서 잡초를 뽑아낼 수도 없었다. 이웃은 더 이상 이웃이 아니었다. 얼굴도 모르는 그들은 내 트랙터와 콤바인에 눈독 들이는 자들에 불과했다. 작물 재배는 더 이상 땅을 보살피는 농부의 일이 아니라 기술, 수익, 주주 만족을 의미했다.

쳇은 주차장으로 고개를 돌려 포장도로에 육중하게 올라서는 대형 트럭을 지켜보았다. 송장 패드에 연필을 톡톡 두드리는 모습에서 여러 생각으로 머릿속이 복잡하다는 것을 알 수 있었다. 그는 마침내 입을 열었다. "저희도 이 많은 제초제를 다 뿌리고 싶지 않아요. 세상을 먹여 살리려니 어쩔 수 없을 뿐이죠."

나는 깃발이 꽂힌 곡물 창고들을 뒤로하고 차를 몰아 그곳을 나왔다. 농사는 예나 지금이나 힘든 일이다. 이제는 그 힘든 일을 하는 데 필요한 인력이 줄었다. 혜택을 보는 사람도 줄었다. 땅을 지키고 보살피는 농부의 수도 줄었다. 어쩌면 기술의 발전은 늘 이런 식이었는지도 모른다. 오래전에 미국인 대부분은 농부였다. 지금은 약 1퍼센트만이 농부고 나머지는 교사, 기계공, 기술자들이다. 잘 풀리면 그렇다. 나머지 사람들은 농장을 떠나 월마트 직원이 되어서 식료품을 봉지에 담는 일을 한다.[40] 모든 농지가 몇몇 사람의 손에 들어가면 상황이 어디까지 치달을지, 쳇의 곡물 창고 꼭대기에 매단 깃발이 말하는 자유가 과연 지켜질지 아무도 장담할 수 없었다.

나는 시내 중앙로의 신호에 걸려 차를 세웠다. 하드웨어의 창문에는 플라스틱 양동이와 작업복 할인 안내가 붙어 있었다. 바로 옆 가게인 IGA 식료품점은 폐업한 상태였다. 나는 주유소로 향했다. 울컥울컥 기름이 들어가는 사이 차에 기댄 채 중심가부터 균일하게 펼쳐진 작물들을 바라보았다.

망초가 보여주는 미래

무경간 농부들의 빗나간 희망을 상징하는 망초는 전국으로 퍼졌고, 토양에 대한 철학적 관점에 상관없이 괄목할 만한 생태적 성공을 달성했다. 하지만 대안농법을 따르는 농부들은 잡초가 하나 더 생겼구나 하고 받아들였다. 가을 경운과 윤작을 통해 망초는 그들의 농업 시스템에 흡수되었다. 대안 농장이나 유기농 농장에서 사용하는 경운, 윤작, 덮개 작물 등의 농법에 망초나 다른 잡초가 저항성을 발달시켰다는 사례는 없었다. 반면, 관행농법을 따르는 이웃 농부의 밭에서는 망초가 여섯 가지 제초제에 저항성을 발달시켰고 복합 저항성을 나타낸 사례도 있었다.

망초의 입장에서 보면 아무도 거들떠보지 않던 찬밥 신세였다가 미국 전역으로 진출했으니 오래 이어질 유산을 남긴 셈이다. GMO 작물을 만들고 망초가 유명해지도록 길을 닦은 정교한 생화학 기술은 GMO 반대 운동도 촉발했다. 기술에 대한 반발로 일어난, 역사상 최대 규모의 전 세계적인 소비자 운동이었다. 과학보다는 감정과 마케팅을 원동력으로 한 GMO 반대 운동은 망초의 든든한 조력에 힘입어 사과부터 베이킹소다, 샴푸까지 모든 물건에 비유전자변형non-GMO 라벨을 붙였다. 불가능하다는 전문가들의 말과 달리 망초가 글리포세이트에 저항성을 발달시키면서(다른 종들도 그 뒤를 따랐다) GMO 반대 운동은 추진력을 얻었다. 업계는 농부들이 GMO 작물과 글리포세이트로 전환하면 제초제를 덜 쓰게 되리라 예측했다. 하지만 망초가 글리포세이트에 저항성을 발달시키자, 농부들은 예전의 고농도 제초제를 다시 쓸 수밖에 없었다. 한편,

망초 방제를 더 수월하게 해주리라 여겨졌던 GMO 작물을 재배하기 시작하자 농가 압류와 산업 통합이 가속화되었다. 이미 쇠퇴 일로였던 수천 개의 농촌 공동체는 지역 상점과 가족 점포들이 폐업하면서 골동품 가게와 주유소만 남은 빈껍데기가 되었다.

얼마 전 스미스빌의 중심가를 걸었다. 예전의 하드웨어 매장은 컴컴하게 불이 꺼져 있었고 유리창은 깨졌으며 문에 노란색 안내문이 붙어 있었다. IGA 식료품점은 중고 의류 판매점으로 바뀌어 있었다. 쳇이 운영하는 시드앤피드는 건재했다. 액상 과당과 에탄올 시장이 옥수수 판매에 도움이 되고 있었다. 값싼 곡물은 훌륭한 사료가 되어주었으므로, 가축 사육장에서도 많이 찾았다. 새로 지은 곡물 창고가 활발히 성업 중이었다. 깃발이 어느 때보다도 높이 휘날렸다. 그는 비유전자변형 작물을 받던 낡은 곡물 통을 옆으로 치워놓았다. 그에게 망초는 어떻게 되었냐고 물어보았다. 그는 옛날이 그립다는 투로 말했다. "둘러보세요. 아직도 여전하답니다. 그보다 더 끈질긴 녀석들이 나와서 퍼지고 있어요. 표본을 구하면 전화드릴게요."

긴이삭비름

학명 아마란투스 팔메리 *Amaranthus palmeri*

원산지 북아메리카 남부

잡초가 된 시기 2010년대

생존 전략 "우리는 답을 찾을 것이다. 인간이 무엇을 하든."

발생 장소 미시시피강 범람원의 대규모 공장형 농지

특징 기업형 농업에 카운터를 날린 식물

이 식물을 특별히 싫어하는 사람 제초제에 의지해 농사를 짓는 농부들

인간의 대응 수단 트리아진, ALS 억제제, 글리포세이트, 디캄바

생김새 키는 1~2미터 정도에 가지가 많고 달걀 모양의 잎이 빽빽하게 나 장대한 인상을 준다.

비름

　현지인들이 삼각주Delta라고 부르는 미시시피강의 원시 범람원 위에 감도는 공기는 예사롭지 않았다. 원주민과 나중에 들어온 유럽 방랑자는 떡갈나무, 고무나무, 미루나무, 히코리, 사이프러스로 이루어진 이 빽빽하고 습한 숲을 피해 다녔다. 강을 향해 조금씩 흐르는 얕은 하천을 따라 거대한 습지 식물들이 덤불처럼 늘어서 있었다. 동물과 나무 덕분에 거름은 풍부했다. 유기물질의 변질과 부패로 뜨거운 늪지 가스저수지 바닥에서 자연적으로 발생하는 메탄°옮긴이가 부글거렸다.[1]

　이름이 주는 인상과 달리, 삼각주는 멕시코만 근처의 미시시피강 남쪽 일대가 아니라 지금의 아칸소주와 미시시피주에 인접하고 미주리주 남부와 테네시주 서부에 걸쳐 있는 평탄하고 완만한 평원 지대를 가리킨다. 수천 년 동안 물줄기는 간헐적인 홍수 주기에 따라 이리저리 흔들리면서 결이 고운 퇴적층을 옮기고 걸러내고 침적시켰다. 비옥하고 기름진 사양토점토가 20퍼센트 미만이고 미사가 50퍼센트 미만이며 모래가 43~52퍼센트인 토양。옮긴이가 풍족한 곳이다. 끈적거리는 점토성 찰흙은 걷다가 장화가 훌렁 벗겨질 정도였다.

오늘날 삼각주는 세계에서 가장 집약적인 농업이 이루어지는 지역 중 하나다. 기계화된 대규모 저노동, 고자본 기업들이 160만 헥타르가 넘는 평야에서 목화, 대두, 벼, 옥수수, 채소를 재배한다. 지난 10년 동안 삼각주는 미국에서 가장 말썽 많고 유전학적으로 당혹스러운 잡초들이 함께 분포하는 지역이 되었다. 비름과 Amaranthaceae 식물인 비름의 고대, 현대, 야생, 돌연변이 개체가 뒤섞여 나타난다는 뜻이다.

내가 삼각주를 처음 방문한 것은 1980년대 중반이었다. 남부 사람들과 농업, 잡초에 친숙해지기 위해서였다. 테네시에서 40번 국도를 타고 미시시피강을 건너 아칸소로 들어갔다. '빅 M' 즉, 두 개의 아치 모양이 특징인 에르난도 데 소토Hernando de Soto 미시시피강을 탐험한 16세기 스페인 탐험가。옮긴이 다리를 통과했다. 관광 안내소 앞에 차를 세우고 내리니 아열대의 습기가 훅 들어왔고 숨 막히는 열기에 적응하기가 힘들었다. 이른 아침이었고, 안개가 자욱했으며, 구름 한 점이 희미한 꼬리를 길게 끌고 있었다.

이 땅에는 부인할 수 없는 웅대함이 있었다. 녹색의 지평선, 규칙성, 끝없이 줄 맞춰 늘어선 밭작물까지 모든 것이 그랬다. 떠오르는 태양이 짙은 사양토를 비칠 즈음, 이 특별한 장소의 본질을 만나러 밭으로 들어섰다. 초기 방랑자들의 눈에 이곳은 어떻게 비쳤을지, 그리고 그들이 이 바람 속에서 무엇을 느꼈을지 궁금했다. 물론 그들은 이곳이 거대한 농경지가 되리라고는 상상도 하지 못했을 것이다. 이곳에는 아름다우면서 불안한 뭔가가 있었다. 고대의 수로, 잃어버린 문명의 잔재, 노예제의 흔적, 역경과 만행의 비화 위에 만들어진 땅에서 오는 불안정한 느낌이었다.[2]

비름을 찾는 데는 오래 걸리지 않았다. 도로변과 밭 가장자리를 따라 무성히 자라고 있었다. 많은 씨앗을 맺는 난잡한 교잡종들이 마구 뒤섞여 유전적 구분이 어려웠다. 어떤 녀석들은 줄기가 곧고 거친 데다 씨앗 머리에 털이 많았다. 길고 호리호리한 이삭꽃차례·한 개의 긴 꽃대 둘레에 여러 개의 꽃이 이삭 모양을 이룬 모양·옮긴이를 자랑하며 가벼운 바람에 졸린 듯 흔들리는 녀석들도 있었다. 몇 개는 수로, 배수구, 관개시설 주변의 비좁은 틈새에서 바닥을 향해 고개를 수그리고 있어서 겸손해 보였다.

공장화된 삼각주의 경관은 다른 어떤 농업 시스템과도 닮은 점이 없다. 규모, 효율성, 운영의 노련함은 지평선에 뻗어 있는 정확하고 균일하고 질서 정연한 밭에서 나온다. 싱싱하고 깨끗한 작물들에 시선이 가지 않을 수 없었다. 이곳에서 사용하는 제초제는 놀라울 정도로 효과적이었고, 모든 잡초가 통제되고 있었다. 하지만 몇 개는 예외였다. 그 잡초들은 (작물 말고는) 경쟁자가 없어서 밭을 마음껏 장악했다.

2012년 무렵부터 삼각주는 돌발적인 생명공학 이벤트의 중심지가 되었다. 통제 불능의 비름이 삼각주부터 북아메리카의 다른 대두, 목화, 옥수수 생산 지역으로 퍼지기 시작했다. 식물의 시간으로는 눈 깜짝할 사이, 비름은 북아메리카와 남아메리카, 중동, 오스트레일리아의 옥수수밭에서 "가장 광범위하고 골치 아프며 경제적으로 큰 피해를 주는" 잡초가 되었다.[3] 공진화 파트너인 인간의 결정적인 도움 없이는 어떠한 식물도 야생 떠돌이 신세에서 전 세계를 위협하는 존재로 거듭날 수 없다. 게다가 비름은 유전자의 혼합, 집적, 재포장과 화학적 제초제에 대응하는 능력이 유난히 뛰어난 것으로 드러났다. 이것은 삼각주와 그 너머의 농업과 사회 체제를 뒤흔들었다.

오래된 것과 새로운 것

'비름'은 비름과 비름속의 몇 가지 종을 일컫는 광범위한 명칭이다.[4] 숟가락 모양의 잎이 달린 이 호온성 식물비교적 고온을 좋아하는 식물◦옮긴이은 씨앗 머리의 거친 털이 특징이다. 꽃과 씨앗을 맺는 이 이삭꽃차례는 나머지 부분이 노화된 후에도 오래도록 유지된다. 그래서 '죽지 않는다', '영원히 계속된다'라는 뜻의 아마란투스 *Amaranthus*라는 학명이 붙은 것이다. 영어 이름 'pigweed'는 학명만큼 매혹적이진 않다. 질소를 좋아하는 이 잡초는 이름처럼 돼지 축사 근처에서 잘 자란다.

비름은 원래 협곡, 강둑, 감조 습지조석의 오르내림에 따라 물에 잠겼다 드러났다 하는 습지◦옮긴이에서 자라는 식물이었다. 비름처럼 가뭄, 홍수, 강한 열기를 견디어낸 종은 드물었다. 자연선택은 작고 거무스름한 씨앗을 많이 만들어내는 유전형을 편애했다. 그래야만 물, 토양, 새나 다른 동물의 소화기관을 따라 쉽게 퍼질 수 있기 때문이었다. 비름은 인간이 작물을 재배하려고 흙을 긁어놓은 곳에서 번성했다.[5]

나는 두 유형의 비름을 구분해서 이야기하려고 한다. 농부와 정원사들에게 친숙한 '구형' 비름은 인간과 오랫동안 가까운 관계를 맺어왔다. 이에 반해, '신형' 비름은 최근에 와서야 주목을 받았다. 북아메리카에서 유럽식 농업이 시작된 이후 처음 몇백 년 동안까지도 신형 비름은 협곡과 개울 바닥에 머물러 있었다. 농부들이 산업용 작물이 자라는 밭으로 끌고 들어와 첨단 화학 농법으로 못살게 굴기 전까지는 그랬다.

구형 비름은 1700년대 중반에 북아메리카에서 나와 구세계로 옮겨갔다. 가장 잘 알려진 종은 털비름*Amaranthus retroflexus*, 긴털비름*Amaranthus hybridus*, 미국비름*Amaranthus albus*, 포복성비름*Amaranthus blitoides* 등이다. 식물학자 페르 칼름은 펜실베이니아에서 비름 씨앗을 채집해(벤저민 프랭클린과 존 바트럼의 도움을 받았을 가능성이 있다) 린네에게 보냈다. 린네는 그것을 재배했고 털비름으로 분류한 후 유럽 곳곳의 식물원에 씨앗을 보냈다. 그렇게 비름은 박물학자들의 손을 거쳐 구대륙 전체에서 최악의 유해 잡초로 거듭날 준비를 마쳤다. 1783년경 비름은 파리에 입성했고 1800년경에는 유럽 전역의 농부들이 농장과 정원에서 비름을 괭이로 파내고 뽑았다. 100년 안에 비름은 노르웨이, 지중해 주변, 북아프리카와 중동까지 퍼졌다.[6]

구형 비름은 대부분 자가수분한다. 같은 개체에 별도의 수꽃과 암꽃이 배열되어 있다. 식물학자들은 이것을 '암수한그루'라고 부른다. 보통은 같은 개체의 수꽃에서 암꽃으로 꽃가루가 떨어져 씨앗을 만든다. 바람과 곤충이 꽃가루를 옮겨서 서로 다른 종의 구형 비름끼리 잡종을 만들기도 한다(타가수분).

약 20년 전까지만 해도 털비름, 긴털비름을 비롯한 구형 비름이 전 세계에서 아마란투스의 잡초화를 주도했다. 그들은 약간의 생태적 성공을 달성했고, 수백 년 동안 농부와 정원사들에게 성가신 존재로 여겨졌다.

신형 비름도 북아메리카에서 나왔다. 긴이삭비름Amaranthus palmeri은 텍사스부터 남캘리포니아와 멕시코에 이르는 협곡의 하천 바닥에서 진화했다. '순례자학명 Amaranthus palmeri의 palmer가 순례자라는 뜻이라서 나온 비유∘옮긴이'는 수백 년 동안 그곳에 머물렀다.[7] 또 하나의 신형 비름인 큰키물대마Amaranthus tuberculatus는 네브래스카부터 인디애나와 오하이오에 이르는 강가를 따라 진화했다. 농부들은 1800년 이전부터 큰키물대마를 알고 있었지만 단순한 호기심의 대상에 지나지 않았다.[8]

신형 비름인 긴이삭비름과 큰키물대마는 사촌지간인 구형 비름들과 달리 한 개체에 수꽃 또는 암꽃만 피기 때문에 반드시 타가수분해야 한다. 식물학자들은 이것을 '암수딴그루'라고 부른다. 자가수분은 불가능하다. 이렇게 무조건 이종교배해야 하는 경우, 높은 수준의 유전자 혼합이 보장된다. 꽃가루는 공기를 타고 수백 킬로미터를 이동하다가 처음 보는 암꽃과 유전자를 공유한다.[9] 긴이삭비름과 큰키물대마는 꽃가루를 서로 교환하여 부모와 유전자 조합이 다른 잡종 식물을 만들 수 있다. 신기하게도 긴이삭비름과 큰키물대마는 구형 비름과도 꽃가루를 공유하고 잡종을 만들 수 있다. 이러한 아종교배cross-subspecies는 상당히 이례적인 묘기로, 비름 표본을 확정하기 어려운 원인이기도 하다. 긴이삭비름, 큰키물대마, 그리고 그 다양한 교잡종의 길쭉하고 헐렁한 이삭꽃차례는 눈에 띄지 않을 정도로 작은 녹색 꽃 수천 개와 씨앗 수백만 개를 만들어낸다.

21세기가 10년 지나자 신형 비름은 개울 바닥과 협곡에서 슬그머니 기어 나오기 시작했다. 농업이 확장되면서 경작된 땅이 늘어나자, 서로 다른 종의 비름이 근거리에 모이게 되어 예전이라면 일어나지 않았을 유전자 혼합이 일어났다. 비름은 이종교배를 통해 새로운 유전형을 획득했고, 농경지에 가장 잘 적응하는 개체가 유리해지는 농경선택이 일어났다. 비름은 구형과 신형 유전자가 복잡하게 뒤얽혀 매우 다양성 높은 세계 보편종 잡초가 되었다.[10] 신형 비름의 이종교배 시스템 때문에 비름 유전자의 혼합은 장기적으로 불가피한 일이었을지도 모른다. 하지만 그것은 시작에 불과했다. 비름 이야기의 주인공은 신형 긴이삭비름, 큰키물대마, 그리고 인간이다.

비름 vs. 인간: 1라운드

비름은 초창기 화학적 제초제의 표적이었다. 1800년대의 화학자들은 구리염, 황산철, 질산구리를 섞어서 비름을 죽일 용액을 만들었다. 1900년대 초에는 티오시안산, 디니트로페놀, 비소 화합물 등을 사용했다.[11] 이런 독성 용액들은 다루기가 어려웠고 잡초뿐 아니라 작물과 사람에게도 해를 입혔다.

1940년대 후반 2,4-D가 등장해, 전쟁이 끝난 후 돌아온 군인들이 쉽게 농사를 지을 수 있게 해주겠다고 약속했다. 농업 잡지에 실린 기사와 농촌 지도소 담당자들은 옥수수밭에 2,4-D를 뿌리면 옥수수를 죽이지 않고 비름과 다른 광엽 잡초를 죽일 수 있다고 교육했다. 2,4-D의 상업적 성공으로 제초제 산업이 형성되었다. 매년 다양한 잡초를 죽일 수 있는 신제품이 시장에 나왔다.

다양한 잡초에 널리 사용할 수 있는 트리아진triazine이라는 제초제는 1950년대 후반 보급되었다. 농부들은 이웃의 입소문을 통해서 혹은 지역 농촌 지도소에서 그런 제품들을 접했다. 그렇게 다양한 잡초를 죽이는 제품은 지금껏 없었기에 마케팅도 필요 없었다. 트리아진은 농업혁명이 시작된 이래 계속된 인류의 꿈을 실현해주는 듯했다. 머지않아 잡초는 사라질 것 같았다. 제초제를 사용하게 된 농부들은 경운기를 치워버렸다. 잡초의 생명 주기를 깨뜨리기 위해 수익성이 떨어지는 작물을 돌려짓기할 필요도 없어졌다. 잡초 씨앗을 묻어버리기 위해 매년 흙을 갈아엎지 않아도 됐다. 뙤약볕 아래서 오랜 시간 김매기를 할 필요도 없었다. 농부들이 할 일은 약을 뿌리고, 또 뿌리는 것뿐이었다.

하지만 트리아진을 20년 정도 뿌리다 보니 제초제를 뿌려도 죽지 않는 비름이 나타나기 시작했다. 처음에 농부들은 무슨 일이 벌어지는지 몰랐다. 날씨가 좋지 않거나 분무기에 문제가 있어서 일어난 예외적인 일이라고 여겼다. 하지만 콘 벨트 전역에 트리아진을 반복적으로 뿌린 결과 비름에 극심한 선택압이 가해지고 있었다. 1970년대 내내 점점 더 많은 돌연변이 비름이 살아남았고 밭을 장악하기 시작했다. 돌연변이 비름은 일반 비름보다 활발하게 자라났고 더 많은 꽃가루를 만들어냈으며 더 넓은 지역에 유전자를 전파했다. 불과 몇 대에 걸쳐 제초제에 쉽게 죽던 일반적인 비름은 하나도 남지 않았다. 비름은 주요 잡초 중 처음으로 제초제 저항성을 발달시켰다. 제초제를 뿌려도 죽지 않는 유전자가 살아남아 번식하고 대물림되었다.[12]

농부들은 수확철이 될 때까지 비름의 변신을 알아채지 못했다. 그들은 작물을 심고 제초제를 뿌렸다. 옥수수는 자라고 잡초는 죽어야 했다. 저항성 있는 개체가 눈에 띌 무렵이 되자 옥수수가 너무 자라서 장비를 동원해 잡초를 손볼 수도 없었다. 비름은 물과 비료와 토양 속 양분을 빨아들여 키를 키웠고, 옥수수는 비름에 가려 열매를 맺는 데 필요한 햇빛을 충분히 받지 못했다. 쑥쑥 자란 제초제 저항성 비름의 털투성이 이삭꽃차례에는 수천 개의 씨앗이 맺혔고, 비름은 다음 해 다시 밭을 장악했다.

하지만 인간에게도 해결책이 있었다. 1980년대에 ALS 억제제라는 새로운 계열의 제초제가 시장에 나왔다. 반복적인 트리아진 살포로 트리아진 저항성 잡초가 생겨났다면, 대응 방법은 당연하게도 트리아진 대신 ALS를 뿌리는 것이었다. 제초제 업계는 ALS를 공격적으로 마케팅했다. 제초제 업계에서 후원하는 모임에 가보면 농촌 지도소 담당자들이 '파워포인트'라는 신기술을 동원해 수

많은 수치와 기호로 도배된 자료를 발표했다. 광고판이 고속도로를 따라 우후죽순 세워졌고, 라디오에서는 광고가 흘러나왔으며, 농업 잡지에는 전문적인 기사가 실렸다.

ALS 제초제는 제품의 효과와 더불어 환경친화적임을 강조했다. 제초제가 지하수와 식수를 오염시킨다는 부정적인 여론에 대응하기 위해서였다. ALS 제초제는 자연에 해를 끼치지 않는다는 걸 강조하면서 '조화Harmony', '일치Accord' 같은 제품명을 달고 나왔다. 광고에서는 소들이 조용히 풀을 뜯는 가운데 가벼운 드레스 차림의 젊은 여성들이 우물에서 (아마도 제초제 성분이 없는) 물을 길어 올렸다.[13]

ALS 제초제는 놀라울 정도로 효과적이었다. 예전 제초제의 1000분의 1 정도만 사용해도 비름을 말려 죽일 수 있었다. 농부들은 빠르게 ALS를 받아들이고 옥수수, 대두, 목화, 밀 밭에 뿌렸다. 이로써 트리아진 저항성 비름은 곧 일망타진될 예정이었다.

비름 vs. 인간: 2라운드

하지만 ALS 제초제로 억눌렀던 비름은 5년 뒤 다시 나타났다. 이번에 살아남은 개체들은 뭔가 달랐다. 키가 크고 튼튼했으며 이삭도 길었다. 신형 긴이삭비름과 큰키물대마 개체군은 두 가지 유형의 ALS 제초제에 저항성을 발달시켰다. 1993년 캔자스주에서 시작되었다. 2년 뒤 아칸소주의 긴이삭비름 개체군에서 다섯 가지 유형의 ALS 제초제에 대한 저항성이 발견되었다. 미주리주 경계에서는 큰키물대마가 10개 브랜드의 ALS 제초제에 저항성을 나타냈다. 제초제를 정상 용량의 1000배로 뿌려도 살아남는 개체가 있었다.[14]

순식간에 비름이 모든 밭을 정복했다. 농부들에게 거의 알려지지 않았던 긴이삭비름과 큰키물대마가 옥수수, 대두, 목화의 주요 생산지에서 느닷없이 잡초 방제의 중심 목표가 되었다. 농부들은 ALS 제초제를 한 번도 뿌린 적 없는 밭에서도 ALS 저항성 큰키물대마가 자란다는 사실에 경악했다. 그것은 불가능한 일 같았다. ALS 제초제를 뿌리지 않았는데 ALS 저항성이 발달할 수는 없었다. ALS 저항성 생물형이 어떻게 거기까지 갔을까?

꽃가루는 바이러스처럼 공기를 통해 퍼질 수 있고, 먼 거리를 이동한다. 저항성이 생긴 수그루가 만든 꽃가루에는 변형된 ALS 효소의 돌연변이가 실려 있었다. 꽃가루가 닿는 범위 내에 있던 큰키물대마 암그루에 ALS 저항성 유전자를 지닌 꽃가루가 수정되었다. 이 암그루는 ALS 제초제 저항성 돌연변이가 있는 씨앗을 수천 개 만들어냈다.

하지만 이번에도 인간은 해결책을 찾아냈다. 이번에는 글리포세이트 제초제에 내성이 있는 새로운 유전자변형 농작물 씨앗('라운드업 레디' 등)이 잡초 문제를 종식할 예정이었다. 반복적인 ALS 제초제 사용으로 ALS 저항성 잡초가 생겨났다면, 대응 방법은 당연하게도 ALS 대신 글리포세이트를 뿌리는 것이었다.

관련 업체들은 근사한 새 마케팅 캠페인으로 생산량이 더 많고 재배하기 수월하며 환경에 피해를 주지 않는 GMO 작물의 시대를 약속했다. 라디오와 텔레비전에서는 GMO 작물 회사 기술자들이 출연한 광고와 인포머셜(정보성 광고)이 나왔다. 업계가 후원하는 판촉 행사도 열렸고, 농부들에게 간식과 알록달록한 로고가 박힌 모자를 뿌렸다. 라운드업 레디 대두를 재배하는 밭에는 잡초가 하나도 없었다. 누군들 동참하고 싶지 않겠는가?

아메리카와 오스트레일리아 농부들은 앞다투어 유전자변형 작물 씨앗을 심고, 수백만 헥타르의 대두, 옥수수, 목화, 카놀라 밭에 글리포세이트를 살포했다. 글리포세이트는 친숙하고 사용하기 쉬웠다. 방식은 달랐으나 농부들이 20년 동안 사용해온 제품이 바로 글리포세이트였다. 불과 몇 년 안에 GMO 작물이 농지를 장악했다. 잡초가 하나도 없는 GMO 작물밭은 멀리서도 금세 알아볼 수 있었다. 글리포세이트의 전 세계적인 성공과 함께 잡초 없이 깔끔한 밭의 면적이 증가했다.

비름 씨앗은 적절한 때를 안다

생명체가 대부분 그렇듯이 잡초도 타이밍이 매우 중요하다. 부적절한 때에 싹을 틔우면(예를 들면 겨울 또는 땅속 너무 깊은 위치에 자리해 있을 때) 살아남지 못한다. 부적절한 때에 꽃을 피워도(너무 일찍 혹은 너무 늦게) 씨앗을 거의 혹은 전혀 맺을 수 없다. 어느 쪽이든 다음 세대로 유전자를 전달할 기회가 사라진다. 봄만 되면 흙을 뚫고 나타나는 잡초의 끈질긴 생명력은 세상의 모든 정원사에게 좌절감을 준다. 이러한 적시성은 수천 년 동안 의도하지 않은 농경선택의 결과다. 잡초가 정기적인 농사의 주기에 적응하게 된 것이다. 농사의 주기뿐 아니라, 씨앗이 쟁기질에 파묻히고 경운에 따라 다른 곳으로 이동하고 수확물과 함께 퍼져 나가는 등 농사의 모든 과정에 잘 적응한 유전형이 유리해졌다.

비름 씨앗은 늦여름이나 초가을에 땅에 떨어진다. 처음에는 휴면 상태로 겨울을 난다. 봄이 되어 흙이 다시 따뜻해지더라도 싹을 틔울 정도로 지표면에 가깝지 않으면 발아하지 않는다. 어떤 씨앗은 성장에 유리한 장소와 때를 만날 때까지 몇 년을 기다리기도 한다. 씨앗은 발아하기 적절한 때를 어떻게 알까?

비름은 조건이 맞으면 발아를 진행할 수 있도록 환경을 감지하는 기전을 발달시켰다. 가시광선 말단의 파장을 감지하고 반응하는 것이다. 비름의 빛 감지 기술은 피토크롬phytochrome이라는 단백질에 의해 조절된다. 피토크롬 효소는 마치 스위치처럼 발아나 개화 같은 프로세스를 활성화한다. 적색광은 스위치를 켜고 발아를 촉진하는 반면, 원적색광far-red light 가시광선보다 파장이 긴 적외선˚옮긴이은 스위치를 끄고 발아를 억제한다. 씨앗이 오랫동안 흙 속 깊이 묻혀 있으면 피토크롬 스위치는 꺼져버린다. 이런 방법으로 비름 씨앗은 땅속 깊은 곳에서는 실수로라도 발아를 시작하지 않는다. 씨앗은 신호를 받을 때까지 기다린다. 즉, 적색광을 통해 지표면 가까이에 있고 발아해도 안전한 때와 장소임을 눈치채는 것이다.

농부와 정원사들이 식물을 심을 준비를 하거나 흙을 갈면 비름 씨앗이 지표면으로 올라온다. 씨앗이 흙 위에 떨어지거나 흙 속에 파묻히기 전에 잠깐이라도 빛을 받으면 피토크롬 스위치가 켜져서 발아가 진행되고 유묘가 자라기 시작한다. 잡초 유묘를 죽이기 위해 다시 흙을 갈면 또 다른 씨앗들이 빛에 노출되고 발아가 시작된다. 흙 속에는 비름 씨앗이 수천 개 있기에, 이 프로세스는 생장 기간 내내 되풀이될 수 있다.

1990년대, 우리 팀은 광光 노출이 비름 씨앗의 발아를 유발한다면, 빛 없는 밤에 흙을 갈면 비름 씨앗의 발아를 막을 수 있을 거라는 가설을 세우고 한밤중에 전조등을 끈 경운기를 타고 밭을 가는 실험을 했다. 우리는 가을에 갓 수확한 비름 씨앗을 땅에 묻고, 다음 해 5월과 6월(비름의 발아 시기)의 컴컴한 밤중에 묻어두었던 표본들을 회수했다.

우리는 밤에 흙에서 꺼낸 씨앗 주머니를 검은 단지에 넣고 검은 테이프로 밀봉한 다음 컴컴하고 창문 없는 연구실로 가져갔다. 어두운 곳에서 주머니를 열어 씨앗을 씻어내고 분류한 후 일부는 어둠상자 안에 집어넣고 발아에 적합한 온도와 습도를 맞춰주었다. 다른 씨앗은 촉촉한 종이 위에 펼쳐놓고 어둠 속에서 발아를 준비시킨 씨앗들과 비교하기 위해 빛에 1초간 노출했다.

곰팡내 나는 내 지하 연구실은 이 실험에 최적의 장소였지만, 컴컴한 어둠 속에서 몇 시간 동안이나 으스스한 분위기를 견뎌야 했다. 배관은 이유 없이 쿵쿵거렸고 밸브는 씩씩댔으며 벽에서는 긁히는 소리가 났다. 우리는 어둠 속에서 배양액이 든 유리그릇이나 플라스크를 넘어뜨리지 않으려고 신경을 곤두세웠다. 매일 서둘러 작업을 마치고 재빨리 연구실을 빠져나왔다.

결과는 명확했다. 한밤중에 흙을 갈아엎은 밭에서는 비름이 싹을 잘 틔우지 않았다. 실내 실험 결과, 피토크롬은 흙이 따뜻하고 수분이 충분한 봄철의 약한 섬광에 가장 반응성이 높은 것을 확인할 수 있었다. 우리는 환경 조건이 제각기 다르고 광수용체도 저마다 다른 시기에 활성화되므로 더 복잡한 결과가 나오리라 예상했었다. 그런데도 밤에 흙을 갈면 온도와 습도가 알맞더라도 씨앗의 절반 정도는 발아하지 않는다는 결론이 나온 것이다.[15]

비름을 무력화시키는 야간 비밀 임무 외에도, 우리는 제초제 없이 잡초를 관리할 수 있는 방법을 찾으려고 다양한 연구를 수행했다. 잡초 성장을 억누르는 덮개 작물, 잡초 씨앗 발아 억제 물질을 분비하는 식물 잔류물, 잡초 씨앗을 파괴해줄 익충과 균류를 시험해보았다. 미국 중북부 전역의 동료들과 머리를 맞대고 마이크로파, 모래 분사, 열선, 증기, 태양열 토양소독, 혐기성 토양소독, 비등 액체, 식물 추출물, 곤충 독, 진동 막대, 분뇨, 종자 침출액, 가묘°상작물 재배 전에 잡초의 발아를 유도해 방제하는 기술°옮긴이, 곰팡이 독소, 잡초 종자 포착 장치, 다양한 종류의 로봇 등에 관한 실험을 진행했다.

대규모 농장을 운영하는 관행농 농부들은 이러한 접근법에 시큰둥했다. 이윤은 빡빡하고, 농산물 가격은 불확실한 데다, 농장 규모는 점점 더 커지는 상황에서, 사업을 지속해나가려면 확실하게 잡초를 통제할 수단이 필요했다. 농부들은 낯설고 안정적이지 않으며 대규모로 적용하기 어려운 방법을 쓰려 하지 않았다. 농업 시스템 자체를 바꾸지 않는 한 잡초 관리법을 바꾸기는 쉽지 않았다.

대다수 농부가 보기에 글리포세이트 같은 제초제는 그럭저럭 쓸

만했다. 실은 너무 잘 들었다. 2000년대 초까지 1억 3600만 킬로그램, 그러니까 미국 인구 1인당 약 450그램에 해당하는 제초제가 GMO 옥수수, 대두, 목화 밭에 사용되었다. 살포기 하나로 수백 헥타르에 최신 제초제를 뿌릴 수 있었다. 작업은 간편하고 신뢰할 만했으며 (제대로 살포하면) 대규모 경작지에 효과적이었다. 특정한 식물 효소를 공격하는 제품이 표적 잡초의 99.9퍼센트를 안정적으로 죽일 수 있다는 화학적 논리는 설득력 있었다. 대안적인 접근법이 필요하다는 논리는 농촌 사회의 긴장 관계와 잡초의 나머지 0.1퍼센트, 즉 제초제로도 죽지 않는 돌연변이에 관한 불확실성 앞에서 설 자리를 잃어버렸다.

한계에 선 농부들

글리포세이트로 9년 정도 억눌러놓았던 비름은 GMO 작물 속에 다시 나타났다. 글리포세이트 저항성 긴이삭비름이 2004년 조지아의 목화밭에 발생했고, 곧이어 아칸소와 남부 전역은 물론 오하이오와 미시간까지 퍼졌다. 글리포세이트 저항성 큰키물대도 있었다. 미주리에서 처음 나왔고 금세 루이지애나부터 노스다코타까지 20개 주에 나타났으며 캐나다 온타리오까지 번졌다. 어떤 개체군은 대여섯 가지 종류의 제초제에 저항성이 있었다.

처음에 농부들은 무슨 일이 벌어지고 있는지 잘 몰랐다. 글리포세이트를 썼는데 이런 일이 생겨서는 안 되는 것이었다.[16] 잡초가 하나도 보이지 않다가 그다음 주에 다시 가보면 30~40센티미터 높이로 자라 있었다. 비름이 일단 약 10센티미터 높이까지 자라면 성장에 속도가 붙어서 막을 도리가 없었다. 그 단계에서는 바짝 잘라도 새로운 싹이 올라왔다. 회피한 개체 하나에서 6만~10만 개의 씨앗이 만들어져 2년이면 1헥타르, 3년이면 18헥타르를 가득 채울 수 있었다.

저항성 긴이삭비름의 개체군은 유난히 촘촘하게 자라고 경합력이 강했다. 한때 비유전자변형 대두를 헥타르당 3400~4000킬로그램 생산했던 농부들은 저항성 비름이 자라자 670~1000킬로그램밖에 수확하지 못했다. 2011년까지 큰키물대마는 120만 헥타르 이상의 농경지에 침투했고 작물 수확량을 절반으로 떨어뜨렸다.

어떤 농부들은 '초퍼chopper'라고 부르는 일꾼들을 고용했다. 초퍼는 목화밭 안으로 들어가 괭이나 칼로 비름을 베어냈다. 그것은 큰 비용이 드는 마지막 안간힘이었다. 비름이 개화 중이라면 초퍼는 씨앗이 밭에 떨어지지 않도록 경작지 밖으로 끌어내야 했다. 완전히 자란 비름의 키는 작물을 껑충 뛰어넘었다. 추수 때는 빽빽하게 자란 두꺼운 비름 줄기가 기계에 달라붙는 바람에 콤바인이 멈춰 서곤 했다.

농부들은 대안이 없었다. 그들이 아는 건 제초제뿐이었다. 컴퓨터로 조절되는 46미터짜리 분사기로 하루 1125헥타르에 약을 쳤다. 어떤 사람들은 예전에 쓰던 제품들로 돌아가 용량을 늘렸다. 글리포세이트 저항성 비름의 등장과 함께, GMO 작물로 화학물질 사용량을 줄이고 미시시피강으로 흘러드는 제초제도 막을 수 있을 거라는 희망이 꺾였다. 농부들은 느리고 거추장스러운 경운기 사용

경험이 거의 없었다. 우악스럽게 자라는 비름에 진동 막대를 사용하거나 커피 찌꺼기를 뿌릴 리 만무했다. 야간 경운은? 턱도 없었다.

봄이 되면 대형 농장들은 수만 달러의 운영 자금을 대출받았다. 그들은 잡초를 방제하고 높은 수확량을 보장하기 위해 GMO 작물과 글리포세이트에 의존해왔다. 하지만 이제 글리포세이트 저항성 비름이 사방에 있었다. 작물 생산량이 줄었고, 수확이 지연되었으며, 작물에 비름이 섞여 들어 말릴 때도 연료를 더 써야 했다. GMO 종자에 들인 추가 비용도 날려버렸다. 잡지에는 잡초 때문에 농사를 포기한 농부들의 기사가 실렸다. 농부들은 거액의 운영 자금 대출도 상환할 수 없었다. 홍수나 가뭄이라도 들면 농작물 재해 보험으로 겨우 고비를 넘겼고, 일부는 파산했다.

긴이삭비름과 큰키물대마의 전략

글리포세이트 저항성이 비름 전체로 퍼지는 상황에서, 긴이삭비름과 큰키물대마를 멈출 방법은 없어 보였다. 2014년 무렵 비름은 생태적 성공의 정점에 도달했다. 삼각주를 중심으로 가장 광범위하게 퍼진 잡초였고, 농촌 대부분을 잠식했다. 비름은 이제 할머니의 텃밭에 나타나던 털비름이나 긴털비름을 가리키는 말이 아니었다. 이제 '비름'이란 곧 신형, 이종교배, 교잡종, 암수딴그루의 유해 잡초로 농업의 주적이었다.

우리는 비름이 꽃가루를 통해 유전자를 퍼뜨린다는 것을 알고 있었다. 망초 등 다른 잡초의 사례에서 제초제가 효소 활성 부위로 이동하지 못하게 막는 기전에 의해 글리포세이트 저항성이 유발될 수 있다는 사실도 알고 있었다. 하지만 신형 비름은 유전자 증폭gene amplification이라는 색다른 묘기를 사용했다. 글리포세이트는 EPSPS라는 식물 효소를 비활성화함으로써 잡초를 죽인다. 그런데 저항성 비름은 EPSPS를 만드는 유전자를 증폭시켰다. 다시 말해, 수백 개의 복제품을 만들었다. 이 식물은 글리포세이트가 전부 다 비활성화할 수 없을 정도로 많은 EPSPS 효소를 만들어냈다. 글리포세이트가 식물 안으로 침투해 EPSPS 효소를 모두 억누르기란 불가능했으므로, 유전자 증폭 비름은 살아남았다.

큰키물대마는 또 다른 묘기를 선보였다. 글리포세이트 저항성 큰키물대마는 완전히 새로운 염색체를 만들어 증폭된 EPSPS 유전자를 담았다. 더욱 놀랍게도, 이 더해진 염색체는 교배를 통해 전파되었다.[17] 진화 행동을 연구하는 잡초 생물학자들에겐 가슴 뛰는 사건이었다. 하찮은 잡초 따위가 본래의 염색체 바깥에 대물림 가능한 DNA 구조물을 완전히 새롭게 만들어내다니. 우리가 학교에서 배운 느리디느린 다윈의 진화와 멘델의 유전법칙을 모두 거스르다니. DNA 고리 위의 복제 유전자는 캔자스주의 비름에서 최초로 발견되었다.

각오하는 게 좋을걸

2016년 어느 여름날, 시드앤피드의 쳇에게 전화가 걸려왔다. 쳇은 인근 카운티에 난 잡초가 무슨 종인지 알려달라고 했다. 나는 그날 오후 현장에 나가 일할 예정이었지만 별난 표본을 하나 더 보는 일쯤은 기꺼이 할 수 있었다. 쳇이 나에게 보낸 식물은 의심의 여지 없이 긴이삭비름이었다. 특유의 긴 잎자루와 거무스름한 잎에 점무늬가 있었다. 하지만 이 식물을 이 지역에서 본 것은 처음이었다. 꽃차례에 가시 모양의 포꽃이나 꽃차례 아래에 달리는 잎이나 꽃받침처럼 생긴 부분。옮긴이가 있는 것으로 보아 암그루였다. 천만다행히도 너무 어려서 내 시험 재배장에 씨앗을 떨어뜨리지는 않았다. 쳇이 보낸 작물 상담사는 이 식물을 발견한 농부에게 아마도 긴이삭비름인 것 같다고 말해둔 터였지만 확인이 필요했다. "그분은 이게 망초였으면 하시더라고요. 하기야 이놈들보다는 차라리 망초가 낫죠."

다음 몇 주에 걸쳐서 나는 그 지역에 긴이삭비름이 더 있는지 살피러 다녔다. 지역 농촌 지도소의 도움으로 세 곳의 GMO 대두밭에서 긴이삭비름을 발견했다. 이듬해에도 그 밭에는 GMO 대두가 심겼다. 긴이삭비름은 키가 더 커지고 더 두꺼워지고 더 험악해졌다. 나는 주변 농부들과 이야기를 나누었다. 이 잡초가 지역 전체에 퍼지지 않도록 막을 기회는 아직 남아 있는 것 같았다. 나는 철저한 감시를 당부하며 화학적, 비화학적 방제 수단을 섞어서 사용하라고 조언했다. 이 전략을 수행하려면 이웃한 농부들이 모두 합심해야 했다. 그들은 서로 얼굴을 바라보면서 고개를 끄덕였다. 그러고는 나를 보며 빙긋이 웃더니 이렇게 말했다. "저기요, 박사님. 이 녀석이 결국 저희 밭에도 퍼질 거라는 말씀이잖아요. 각오하는 편이 좋겠네요."

나는 쳇에게 이 소식을 전했다. 이 지역 농장들의 종자 공급상이자 제초제 살포업자인 그는 새로운 제초제 저항성 잡초를 감시할 최적의 인물이었다. 나는 유난히 골치 아픈 잡초가 퍼지지 않게 이 카운티를 지켜내려면 어떻게 해야 하는지 설명했다. 쳇은 연필 끝을 계산대 위에다 톡톡 두드리면서 세상 물정 모르는 대학교수라는 눈빛으로 나를 바라보았다. 농부들은 그런 수고를 한다고 비름을 몰아낼 수 있으리라고 생각지 않는다는 설명이었다. 게다가 농지의 약 40퍼센트는 임대였다. 남의 땅에서 농사를 짓는 재배자들은 돈이 되는 작물이면 뭐든 상관없었다. 다음 해에 다시 농사짓게 될지 어떨지 모르는 밭에서 잡초 관리를 어떻게 하든 별 관심이 없다. 그리고 일부 땅 주인들은 기를 수 있는 작물을 제한하기 때문에, 농부들은 돌려짓기를 하고 싶어도 마음대로 할 수가 없다.

그리고 이런 끈질긴 잡초는 언제나 다른 사람 탓이었다. 쳇의 설명에 따르면 대다수 농부는 제초제 저항성 잡초가 자기 밭에 나타난 것은 이웃의 관리 부실 때문이라고 생각했다. 저항성 문제를 일으키고 잡초 씨앗이나 꽃가루가 울타리를 넘도록 내버려둔 것은 내가 아니라 이웃이었다. 농부들은 글리포세이트 저항성 망초 때도 비슷한 일을 겪었다. 그들이 할 수 있는 일이라고는 제초제를 계속 사서 쓰는 것뿐이었다.

산술적 계산

모두 제초제 회사가 문제를 곧 해결해줄 거라고 기대했다. 한 가지 제초제(글리포세이트)를 견디어내도록 유전자를 변형한 작물은 많은 수익을 내주었다. 두 가지 이상의 제초제를 동시에 견디어내도록 유전자를 변형한다면 더 많은 수익을 내줄 것이 분명했다. 생명공학자들은 유전자를 차곡차곡 '쌓아서' 다른 형질을 얻는, 새로운 농작물 변형법을 개발해낸 상태였다. (이제는 종자 회사이기도 한) 화학 회사들은 글리포세이트 내성 유전자를 다른 제초제 내성 유전자 위에 동시에 집적할 수 있었다.

그들이 선택한 제초제는 디캄바dicamba였다. 농부들은 옥수수밭의 잡초를 죽이기 위해 오랫동안 디캄바를 사용해왔지만 대두밭이나 목화밭에 사용한 적은 없었다. 이제 디캄바 저항성 유전자를 글리포세이트 저항성 유전자 위에 쌓았으니 두 제초제를 모두 사용할 수 있었다. 그들은 유전자변형 씨앗에 '익스텐드Xtend'와 '엔리스트Enlist'라는 근사한 이름을 붙이고 멋진 로고가 붙은 새 모자도 만들었다. 반복적인 글리포세이트 살포가 선택압으로 작용해 글리포세이트 저항성 잡초가 생겨났다. 대응 방법은 글리포세이트와 디캄바를 함께 살포하는 것이었다. 농부들은 비싼 값을 치르고 유전자변형 종자를 사는 데에 익숙해져 있었고 오랫동안 디캄바를 사용해 효과를 보아온 터였다. '그걸 조금 더, 아니면 훨씬 더 많이 쓴다고 해서 무슨 문제 있겠어?'라고 생각했다.

디캄바는 몇 년 전부터 대대적으로 광고되고 있었다. 웹사이트와 소셜미디어는 유전자 집적 기술을 홍보했다. 종자와 제초제 판매상들은 판촉 행사에 농부들을 초대했고 식사를 대접했으며 로고가 찍힌 모자와 재킷도 선물했다. 온라인 세미나에서는 전문가들이 현장 실험 결과를 보여주었다. 엔리스트와 익스텐드 씨앗을 사용하면 대두와 목화 밭에 디캄바(즉 2,4-D)를 뿌려서 글리포세이트 저항성 비름을 끝장낼 수 있었다.

디캄바와 관련한 우려는 딱 하나, 유효 성분의 휘발성이었다. 디캄바 성분은 공기 중으로 쉽게 증발했다. 액상의 제초제는 증기가 되었고, 기체 상태의 제초제는 바람이 부는 대로 어디로든 이동했다. 디캄바가 바람에 실려 이웃의 토마토, 오이, 장미, 포도에 닿으면 작물이 손상되거나 죽었다. 디캄바 피해 징후는 둥글게 말린 잎과 뒤틀린 줄기로 아주 쉽게 식별할 수 있었다.

다행히도 농부들은 디캄바 사용법을 잘 알고 있었고, 휘발성에 대해서도 알고 있었다. 피해를 최소화하는 요령도 물론 알았다. 이른 봄에만 디캄바를 뿌리는 것이었다. 낮은 온도 때문에 휘발성이 떨어지고 민감한 작물의 잎이 아직 돋아나지 않는 시기였다. 농부들은 약 40년 동안 이런 식으로 디캄바를 사용해왔다. 4월 15일 이후 디캄바를 사용하는 것은 대다수 주에서 불법이었다. 이를 위반하고 벌금 1000달러를 낼 농부는 없었다.

하지만 비름은 더운 계절을 좋아하는 종이다. 비름을 죽이려면 5월이나 6월에 디캄바를 뿌려야 했다. 하지만 그 무렵이면 온도가 높아지고 휘발된 디캄바 성분이 다른 작물이나 나무, 텃밭에 돌이키지 못할 피해를 입힐 수 있다. 농부들은 그런 위험을 감수할 의사가 없었다.

휘발성 디캄바에 대한 해결책도 머지않아 제초제 회사가 내줄 것이 뻔했다. 아니나 다를까, 새로운 디캄바 독성 완화 씨앗과 함께 사용할 수 있는 '저휘발성' 디캄바가 발명되었다. 나는 몇 가지 현장 실험의 결과를 확인했다. 실험에서는 저휘발성 디캄바 제제를 네 줄의 GMO 유전자 집적 대두에 뿌렸다. 불과 76센티미터 떨어진 곳에는 일반적인 비유전자변형 대두 네 줄이 있었다. 디캄바의 피해를 막을 유전자가 없는 대두였다. 그런데도 비유전자변형 대두에는 피해 흔적이 전혀 없었다. 실험 결과는 놀라웠다. 업체들은 농부들에게 이러한 결과를 보여주면서 새로운 디캄바 제제는 안전하다고 설득할 참이었다.[18]

새로운 디캄바 독성 완화 목화 씨앗은 2015년 시장에 나왔다(대두 씨앗은 2016년). 농부들은 잽싸게 그것을 주문해 심었다. 하지만 저휘발성 디캄바 사용을 허가하는 법안은 아직 계류 중이었다.

2015년 5월쯤, 유전자를 집적한 새로운 씨앗은 이미 파종이 끝난 상태였다. 농작물이 땅에서 돋아났고 비름도 등장했다. 새로운 저휘발성 디캄바는 아직 사용할 수 없었다. 하지만 이전의 휘발성 높은 디캄바는 여전히 구할 수 있었다. 게다가 새 디캄바보다 가격도 저렴했다. 농부들은 농사에 필요한 씨앗, 비료, 농약, 연료 등을 사들이느라 거액의 빚을 낸 참이었다. 작물 가격은 낮았고 이윤은 적었다. 대두나 목화를 수천 에이커 재배하는 경우, 더 저렴한 예전 디캄바를 뿌리는 것으로도 수만 달러를 아낄 수 있었다. 불법 살포 시 벌금은 1000달러였다. 계산은 어렵지 않았다.

살인을 불러온 제초제

제초제의 휘발 작용은 제품 분사 후 일어난다. 토양이나 잎 표면에 내려앉은 제초제 분자가 공기 중으로 떠오르는 것이다. 대기 조건이 맞으면(높은 온도, 낮은 습도, 잠잠한 바람) 휘발된 분자는 공기 중에 머무른다. 결국, 수백 에이커의 대두나 목화밭 위에 제초제 분자 구름이 만들어진다. 휘발성 제초제 구름은 예상보다 멀리 이동한다. 강을 넘고 계곡으로 들어가고 이웃의 채소밭, 비유전자변형 대두밭, 값나가는 프랑스산 포도밭에 침투한다.

2015년 6월경부터 이와 관련한 항의가 들려오기 시작했다. 대부분은 디캄바 때문에 뒤틀린 식물과 기형 과실에 관해 문의하는 과일과 채소 재배자들이었다. 뒤틀린 개체에서 나온 과실을 팔거나 가공하는 것은 합법인가? 먹어도 안전한가? 아니면 수천 달러어치 작물을 모두 폐기해야 하는가? 과일과 채소는 디캄바 같은 제초제에 유난히 취약했다. 농부들은 제초제 규정을 지켰는지 따지기 위해 농무부에 표본을 보냈다. 사용 기준과 다른 방식으로 제초제를 사용하는 것은 불법이다. 오하이오처럼 옥수수와 대두를 주로 재배하는 주에서 그동안 제초제 관련 민원은 거의 없었다. 규제 당국은 고부가가치 과일과 채소 재배자들의 빗발치는 민원을 처리할 준비가 되어 있지 않았다. 오하이오주에서 대규모로 토마토를 재배하는 농부 한 명은 자신의 밭에서 세 종류의 제초제가 감지되었다고 했다. 행정기관에서 나온 사람은 할 말이 없었는지 다른 작물을 심어보라고 권고했다고 한다.

마침내 2015년 7월, 저휘발성 디캄바가 출시되었다. 놀라울 정도로 효과가 좋았다. 휘발성도 훨씬 낮았다. 디캄바와 글리포세이트에 저항성이 있는 유전자 집적 대두와 목화 밭에서 광엽 잡초를 말끔히 잡아냈다. 때는 7월, 비름이 이미 빽빽하고 크게 자란 뒤였다. 흉측하고 억센 비름이 디캄바를 맞고 뒤틀려 죽어가는 가운데, 대두와 목화는 아무런 동요 없이 쑥쑥 자랐다. 농부들에게 이만큼 만족스러운 일도 흔치 않을 것이다.

그사이, 삼각주와 남부 일대에서 비름은 목화 키를 훌쩍 뛰어넘었다. 비름을 없애는 간단한 방법이 하나 있었다. 농부들에게는 연초에 사둔 휘발성 디캄바가 여전히 남아 있었다. 맹수처럼 빠르고 튼튼하게 자라는 비름을 죽이고 농사일을 다시금 수월하게 만들어줄 마법의 해결책이 손안에 있음을 아는 순간 사람들은 판단력이 흐려졌다. '잡초'에 담긴 관념은 '제초제가 다 거기서 거기지'라고 생각하게 했다. 다량의 휘발성 제초제가 땅과 공기 중으로 뿜어져 나왔다.

휘발성 디캄바의 오용은 삼각주 지역에 만연했다. 디캄바 피해로 잎이 타고 줄기가 뒤틀리고 꽃이 열매를 맺지 못했다. 삼각주의 드넓은 밭에 자라던 비독성 완화 대두와 목화가 죽어갔다. 복숭아와 관상식물과 활엽수가 훼손되었다. 기온역전일반적인 상황과 달리 상층 기온보다 지면 가까운 곳의 대기 온도가 더 낮게 나타나는 현상 • 옮긴이으로 제초제 증기가 지표면 가까이에 갇혀서 독성 구름이 넓은 지역에 퍼지는 곳에서는 피해가 더욱 심각했다.

제초제 구름이 공기를 타고 평평한 삼각주를 따라 기어가다가 어디에 내려앉을지는 아무도 알 수 없었다. 디캄바 독성 완화 씨앗이 아닌 작물들은 오그라들고 뒤틀리기 시작했다. 제초제로 인한 작물 피해는 낯선 일이 아니었다. 합법적으로 사용해도 종종 일어나는 일이다. 과거에는 대화로 풀고 피해를 보상해서 문제를 해결했다. 어쨌거나 그들은 이웃이었다. 함께 사냥을 나갔고 아이들은 어울려 축구를 하고 놀았다. 서로서로 봐주어야 했다.

삼각주는 의식하지 않은 아름다움과 무언의 갈등이 공존하는 곳이다. 굳센 자립의 긴 역사가 있는 곳이다. 얻을 수 있는 모든 땅에서 최대한 많은 수확을 뽑아내기 위해서 밭을 철저하게 관리하고 통제하고 설계하고 구획하는 곳이다. 그런데도 농부와 일꾼들은 근근이 먹고살았다. 넓은 땅, 획일화된 운영, 과도한 맞춤 장비, 거액의 대출 상환을 위해 모든 것이 규모화된다. 그에 반해 이윤은 거의 남지 않는다. 작물 품종이나 제초제를 잘못 고르는 것과 같은 실수 한 번은 엄청난 비용 손실로 이어진다.

이듬해 저휘발성 디캄바 판매가 급증했다. 하지만 저휘발성 디캄바에도 문제는 있었다. '저휘발성'이 '무휘발성'을 의미하지는 않기 때문이다. 저휘발성 디캄바도 농작물과 채소밭에 피해를 줄 수 있었다. 이웃의 밭과 수 킬로미터 떨어져 있어도 마찬가지였다. 온도가 낮아 휘발성이 낮은 이른 아침에 최대한 조심스럽게 제초제를 뿌리는 사람도 수백 에이커의 환경을 통제할 수 없었다. 온도가 상승하고 바람이 잠잠하면 저휘발성 디캄바도 농경지 위 대기에 충분히 쌓일 수 있었다. 때로는 글리포세이트 성분이 섞이기도 했다.

비유전자변형 대두나 목화의 잎이 오그라들기 시작하고 줄기가 뒤틀리기 시작하면 누가 뿌린 제초제 때문이었는지 파악하기 어려웠다. 주변에 수소문해 알아내는 방법밖에 없었다. 이웃들은 대부분 장부를 펼쳐 살포 기록을 보여주었다. 하지만 일부 사람들은 이를 거부하기 시작했다. 누가 규칙을 따르고 따르지 않는지 모두가 알고 있었다. 혹은 안다고 생각했다. 교회에 앉아 카인과 아벨, 형제애에 관한 설교를 들으면서 저기 앉은 저 녀석이 범인인지 의심하지 않을 수 없었다. 고소가 잇따랐다. 논의는 논쟁으로 변질되었다. 의심, 불신, 분노, 적의가 드러났다. 고성이 오가고 몸싸움이 벌어졌다는 이야기가 심심치 않게 들려왔다.[19]

2016년 10월 초, 테네시주 팁턴빌의 한 농부가 디캄바 살포와 관련한 논쟁 끝에 이웃을 총으로 쏘아 죽였다.[20] 그달 말에 아칸소와 미주리의 주 경계 근처 시골길에서 아칸소 출신의 농부 마이크 월리스가 인근 농장 노동자에게 살해되었다. 월리스는 《월스트리트 저널》과의 인터뷰에서 자신의 대두밭 40퍼센트가 디캄바로 인해 피해를 보았다고 밝힌 바 있었다. 재판 보도에 따르면 두 남자는 서로 아는 사이가 아니었다. 월리스는 목화밭의 디캄바 피해 원인을 논의하려고 전화를 걸었다. 농장 노동자 앨런 커티스 존스는 만나서 이야기하자고 했다. 존스는 사촌과 함께 총 한 자루를 들고 나타났다.[21]

괴물 같은 비름, 불법 농약, 망가진 작물, 주먹질, 살인… 모든 것이 너무 극단적이었다. 2017년이 되면 상황이 잠잠해지리라 기대했다. 새로운 저휘발성 디캄바가 널리 보급되었고, 불법 농약 살포에 대한 벌금이 올라갔으며, 비름이 마침내 한풀 꺾인 것처럼 보였기 때문이다. 미주리대학교의 케빈 브래들리Kevin Bradley 교수는 전국적으로 디캄바 피해 현황을 집계했다. 2017년까지 약 2700건이 조사 중이었고 약 900만 헥타르(금액으로는 수억 달러)의 대두가 디캄바 피해를 보았다. 2018년 6월에는 목화와 대두 밭뿐 아니라 채소, 과일, 관상식물, 활엽수 피해 보고도 들어왔다.[22] 디캄바에 손상된 대두에서 나온 씨앗은 피해 증상을 보이는 유묘로 성장했다.[23] 주 행정기관은 별다른 해명 없이 사례 보고를 중단했다. 브래들리 교수를 비롯해 우려를 표현하거나 안전 조치를 제안했던 사람들은 화학 업계의 비난 또는 냉대를 받았다.[24]

어떤 농부들은 저휘발성이라도 디캄바 사용을 거부했다. 필요가 없었고 그럴 여력도 없었으며 이웃의 작물에 피해를 주는 위험을 감수하고 싶지 않기 때문이었다. 그들은 다른 방법들을 찾아 비름에 대처했다. 그런데도 디캄바 독성 완화 씨앗의 판매는 증가했다. 일반 씨앗보다 비쌌지만 디캄바를 사용하지 않는 농부들도 작물을 보호하기 위해 독성 완화 씨앗을 샀기 때문이다.[25] 월리스의 사망 후 그 가족조차 디캄바 사용은 거부하면서도 작물을 보호하기 위해 독성 완화 씨앗은 구입했다.[26] 업계는 판매량 증가를 농부들이 제품에 만족한다는 증거로 내세웠다. 생명공학 종자 회사는 주주들을 언짢게 해서는 안 됐다.

디캄바 피해는 머지않아 비름이 가득한 작물밭을 넘어섰다. 박태기나무, 켄터키커피나무, 떡갈나무 같은 자생종을 포함해 다른 식물로 피해가 번졌다. 가로수, 조경수, 관상식물도 특유의 둥글게 말린 잎, 쪼글쪼글한 줄기, 일그러진 초관을 보였다.[27]

디캄바 제초제로 억눌렀던 비름은 3년 뒤 다시 나타났다. 디캄바와 2,4-D를 사용해 연작했던 밭에서 표준적인 처치로 죽지 않는 비름이 보이기 시작했다. 처음 농부들은 무슨 일이 벌어지고 있는지 잘 몰랐다. 캔자스주립대학교 연구진은 긴이삭비름 개체군이 디캄바와 2,4-D에 대한 저항성을 발달시켰음을 확인했다.[28]

캔자스, 삼각주 일대, 중서부 전체는 반복적인 글리포세이트와 디캄바 살포로 인한 선택압이 여전히 높다.[29] 교잡과 꽃가루 분산에 의한 저항성 유전자의 전력이 있는 한, 디캄바와 2,4-D 저항성 비름이 대륙 전체로 퍼지는 것을 막을 방법은 없다. 이들 제초제는 트리아진, ALS, 글리포세이트와 마찬가지로 곧 비름 앞에서 무력해질 것이다.

경고의 말

농촌 한가운데서 벌어지고 있는 혼란을 지켜보면서 대체 세상이 어떻게 되려고 이러나 의아한 마음이 들었다. 생명공학에 대한 비름의 반응은 1940년대 말 2,4-D와 함께 시작된 화학적 잡초 방제의 시대가 끝났음을 의미하는 건지도 몰랐다.[30] 신형 비름은 잡초 문제를 생명공학으로 해결하려는 시도에 찬물을 끼얹었다. 결과적으로 더 억세고 널리 퍼지는 잡초가 나왔고, 제초제는 갈수록 무용지물이 되었다. 독성 있는 제초제라도 안전하게 사용할 방법이 있다는 것은 지나친 자기 과신이었다. 디캄바의 휘발성과 관리 부실로 인해 농부들은 유전자변형 종자를 사지 않을 수 없었다. 이로써 지적재산권, 기업의 권력과 독점 행위에 대한 윤리적 우려가 더

커졌다.[31]

농부들이 고가의 씨앗과 화학물질에 이미 수십만 달러를 투자한 뒤인 2020년 6월 3일, 제9 항소법원은 디캄바의 등록을 취소했다. "환경보호청은 (상식을 벗어난) 디캄바 사용으로 농촌 공동체의 사회 체제가 와해할 위험을 전혀 인지하지 못했다. 따라서 우리는 환경보호청이 2018년 10월 31일 내린 등록 결정과 그 결정을 전제로 한 세 가지 규정을 취소한다"라는 내용이었다. 비름이 트리아진, ALS, 글리포세이트는 물론 이제는 자취를 감추게 된 디캄바에도 저항성을 보이며 맹위를 떨치고 있다면, 한때 터무니없어 보였던 제초제 외의 옵션 중 몇 가지를 고려해볼 때일지도 몰랐다. 조지아와 아칸소에서 진행된 연구에서는 덮개 작물을 비롯한 표준적인 농경법이 비름의 영향력을 줄이는 것으로 나타났다. 유기농 농부들은 이미 그렇게 하고 있었다.[32] 곱게 간 커피 찌꺼기, 가묘상, 야간 경운으로 언젠가 큰 효과를 볼 수도 있는 일이다.

하지만 그렇다고 비름의 진화가 끝나지는 않을 것이다. 유전자 편집 기술을 사용해 잡초를 죽이려는 최근의 노력으로 비름의 생태 적합도는 더욱 높아질 가능성이 크다. 크리스퍼CRISPR 유전자 가위라는 DNA 처리 방법을 통해 이제 과학자들은 유기체의 유전자 서열을 정밀하게 변경할 수 있다.[33] 크리스퍼 기술을 이용하면 유전정보를 손쉽게 삭제, 수정, 교체할 수 있다. 이 기법을 의학에 적용해 유전자 결함을 수정하고 인류의 고통을 덜어줄 수 있다면 굉장할 것이다.

하지만 우선은 잡초를 죽이는 데에 사용될 듯하다. 유전자 드라이브$_{\text{gene drive}}$라는 기술을 통해서다. 크리스퍼 유전자 가위를 사용해 잡초의 DNA에서 특정 부분을 바꾼 다음, 변형된 유전자를 몇 세대 만에 개체군 전체에 퍼뜨리는 방법이다. 이 시스템은 일반적인 유전 패턴을 수정해 변형된 유전자가 더 빈번하게 나타나도록 한다. 유전자 드라이브를 이용하면 비름이 글리포세이트에 저항성을 띠게 하는 유전자를 무력화시킬 수도 있다. 그러면 비름에 글리포세이트를 쓸 수 있게 될 것이다. 암수딴그루인 신형 비름의 경우, 유전자 드라이브로 생식에 관계된 유전자를 공략해 수그루나 암그루의 기능을 떨어뜨린다면 종 전체가 무너질 수도 있다.

전 세계의 생명공학 연구소가 잡초를 죽이기 위해 크리스퍼 유전자 편집 기술을 시험 중이다. 일차 표적은 비름이다. 유전자 드라이브로 긴이삭비름을 궤멸할 수 있다는 흥미로운 보고서들도 나왔다.[34] 생명공학 기업들은 생태학자나 생명윤리학자의 의견을 기다리지도 않고 이러한 아이디어를 추진 중이다.[35] 농업 분야에 처음 적용되면 누군가가 큰돈을 벌게 될 것이다. 그리고 비름은 더욱 유명해질 것이다. 좋은 쪽으로든 나쁜 쪽으로든.

지금으로선 유전자 편집된 아마란투스 종들이 어떤 결과를 불러올지는 예측하기 어렵다. 특정 식물 과科 전체에 신속한 유전자 변형이 이루어진 좋은 사례가 없기 때문이다. 편집된 유전자는 전 세계적으로 900개 정도에 이르는 이종교배 아마란투스 종으로 퍼질 수 있다. 그중에는 작물이면서 다채로운 생태계 서비스생태계가 인간에게 제공하는 혜택 또는 편익·옮긴이를 제공하는 종도 있다. 제초제 저항 기전을 발달시킬 만큼 특별한 능력을 지닌 종에서 유전자 드라이브가 어떻게 작용할지는 아무도 모른다.[36] 게다가 긴이삭비름은 무수정생식을 통해 수정 없이 유전적으로 동일한 씨앗을 만들어낼 수 있다는 문제도 있다.[37] 그 자손은 염색체 수의 균형이 맞지 않을 수 있고, "씨앗이나 다른 부위가 비대해지는 묘한 성향"을 나타낼 수도 있다.[38]

이 모든 퍼즐 조각은 아직 맞추어지지 않은 상태다. 하지만 암수딴그루인 이종교배 신형 비름을 박멸하기 위해 유전자 드라이브를 사용할 경우 돌연변이 자기복제 비름의 잡초 개체군이 어마어마하게 커질 가능성이 있다. 지금도 억세고 끈질긴 비름이 비할 수 없는 규모와 경합력을 지닌 비름으로 대체될 것이다. 게다가 대부분의 제초제에 이미 저항성을 갖춘 상태일 것이다.

이 정도면 견줄 데 없는 최고의 생태학적 성공 시나리오다.

하지만 그보다 심각한 상황도 펼쳐질 수 있다.

크리스퍼 유전자 가위로 편집된 요정 지니가 호리병 안으로 다시 들어가지 않을 경우를 생각해보라. 닥터 수스미국의 동화 작가이자 만화가, 본명은 시어도어 수스 가이젤Theoder Seuss Geisel이지만 '닥터 수스'라는 필명으로 유명하며 60권 이상의 아동 도서를 썼다◦옮긴이와 같은 천재성이 없더라도 그런 시나리오를 상상하기는 어렵지 않다. 편집된 유전자가 비름 게놈으로 일단 방출되고 나면 이를 멈추어 세우거나 되돌릴 길이 없다. 변형된 유전자가 유익한 종으로 퍼지거나 중요한 생태적 연결 고리를 무너뜨리거나 게놈의 다른 부분에 변화를 일으킬 때 제동을 걸 방법이 없다. 그것은 우리가 모르는 방식으로 생태계를 바꾸고, 유전자 드라이브로 만들어진 거대 비름은 더욱 득

세하게 될 것이다.

계속될 비름의 영광

비름의 진화를 보면 잡초화에 의문이 든다. 북아메리카에 사는 75종 정도의 아마란투스 중 약 12종이 이런저런 상황에서 잡초가 되었다. 많은 숫자는 아니지만 대다수 식물보다 높은 비율이다. 비름은 다른 식물보다 제초제에 더 다양하게 저항했다.[39] 이처럼 잡초가 되는 능력은 식물계 내에 고르게 분포되어 있지 않다. 특히 긴이삭비름과 큰키물대마는 농업의 역사가 시작된 후 1만 2000년 동안은 전혀 우려의 대상이 아니었다. 현대의 대규모 농업, 화학적 농법, 정교한 생명공학이 이들을 이례적인 잡초로 만들었다. 달리 말해, 저항성을 발달시키는 능력은 식물의 종이나 과마다 차이가 있다.

진화 능력은 일부 종에서 상대적으로 다르게 발달해왔다. 비름은 인간이 어떤 기술을 사용하든 계속 진화할 가능성이 크다. 잡초, 특히 비름은 농경선택압에 대응해 진화를 계속한다. 우리는 수익을 늘려준다는 기술에 매료되어 이 진실을 외면해왔다. 인간은 수천 년 동안 식물과 상호작용하며 잡초의 탄생과 진화에 동반자 역할을 해왔으면서도 이 본질을 받아들이지 못했다. 인간은 그토록 영리한 존재이면서도, 새로운 관점을 취하고 목표를 바꾸고 연관 관계를 파악하고 자연의 유지 능력을 이해하고, 그러한 인식 아래 다른 방식으로 (잡초와 더불어) 살아갈 방법을 찾을 생각을 전혀 하지 않는다. 앞으로도 크리스퍼나 유전자 드라이브 같은 새로운 기술이 계속 등장할 것이다. 그리고 그에 맞춰 비름은 잡초로서 성공할 또 다른 유전자 묘기를 보일 것이다. 인간의 조작에 대응해 여러 가지 새로운 방법을 찾는 능력 덕분에 비름은 불멸의 잡초가 될 듯하다.

단풍잎돼지풀

학명 암브로시아 트리피다 *Ambrosia trifida*	
원산지 북아메리카	잡초가 된 시기 19세기 말~현재
생존 전략 '누구보다 빠르게'	발생 장소 전 세계(한국 포함)

특징 전쟁과 환경 파괴를 파고든 침입종. 인류세의 '국민 잡초'

이 식물을 특별히 싫어하는 사람 깔끔한 공기와 풍경을 원하는 사람

인간의 대응 수단 사실상 없음

생김새 단풍잎돼지풀은 돼지풀과 유사하나 잎이 단풍잎 모양으로 더 넓다.
키가 매우 크게 자라고 다량의 꽃가루를 발생시킨다.

돼지풀

나는 단풍잎돼지풀*Ambrosia trifida*과 엮일 일이 없기를 바랐다. 그 자매인 일반돼지풀*Ambrosia artimisiifolia* 참고로 정식 국명은 '돼지풀'°옮긴이 도 딱히 좋아하는 건 아니었지만 그래도 단풍잎돼지풀만큼은 정 말 피하고 싶었다.

1980년대 후반 오하이오에서 잡초를 연구하기 시작한 내 주 임 무는 저低경간 농부들이 겪는 잡초 문제를 해결하는 것이었다. 다 행히도 씨앗이 크고 억센 돼지풀은 아직 중요해 보이지 않았고, 다 른 잡초에 관심이 더 갔다. 오하이오와 미국 중서부 일대의 학식 깊은 동료들이 이미 단풍잎돼지풀에 관한 연구를 훌륭하게 진행 중이라는 직업적인 이유도 있었다. 이 종은 예전부터 많은 학자가 연구하고 있었고, 생리도 이미 잘 알려져 있었다. 내가 덧붙일 내 용이 많지 않았다.

털투성이에 끈적이는 단풍잎돼지풀이 그리 유쾌하지 않다는 현실적인 이유도 있었다. 이 식물은 거칠고 억센 데다 고약한 냄새까지 났다. 그리고 단풍잎돼지풀은 건초열꽃가루 알레르기 또는 화분병이라고도 함·옮긴이을 일으키는 주범이었다.[1] 이미 학생 두 명이 다른 잡초에 알레르기 반응을 일으켜서 그만둔 상태였다. 대학원생들은 항히스타민제를 한 갑씩 들고 다녔다. 테네시주에서는 시험 재배장의 단풍잎돼지풀을 베어냈더니, 몇 트럭씩 나왔다는 소문도 있었다.[2] 누가 그런 식물을 연구하고 싶겠는가?

무표정한 시험 재배장 관리인이 내건 유일한 원칙도 '단풍잎돼지풀은 안 된다'는 것이었다. 일단 단풍잎돼지풀이 들어오면 사방으로 퍼져서 다른 연구까지 망칠 수 있었다. 나는 기꺼이 이 원칙을 받아들였다. 나는 다양한 잡초를 심고 길렀지만, 단풍잎돼지풀은 예외였다. 그것은 나머지 잡초들을 억누르고, 나와 동료들의 연구를 망치고, 농장을 오염시킬 수 있었다.

누더기 잡초의 이명

누더기rag라는 단어는 잡초weed와 묶여 여러 식물을 깎아내리는 이름으로 사용되었다돼지풀의 영어 이름이 ragweed, 즉 '누더기풀'이다·옮긴이. 하지만 여기서 '돼지풀'은 잡초화의 재앙이라 말할 수 있는 두 종, 즉 일반돼지풀과 그보다 더 끔찍한 단풍잎돼지풀만을 가리킨다.

두 돼지풀은 구분하기 쉽다. 단풍잎돼지풀은 5미터 넘게 자란다. 가장 덩치 큰 한해살이 잡초로 키가 밀과 대두의 두 배를 거뜬히

넘으며 옥수수보다 높이 줄기를 뻗는다.³ 전반적인 생김새는 텁수룩하며, 셋 혹은 다섯 개의 갈고리발톱 모양 잎이 달렸다. 일반돼지풀은 이름이 함축하듯이 농경지와 정원을 비롯해 더 넓은 지역에 퍼져 있다. 대개 무릎 높이 정도로 자라지만 2미터까지 자랄 수 있으며 쑥과 비슷한 모양의 잎이 달린다. 돼지풀은 종종 다른 식물과 혼동되기도 한다. 특히 미역취*Solidago spp*와 헷갈리곤 하는데, 생김새가 비슷해서가 아니라 같은 시기에 개화하기 때문이다. 회녹색 돼지풀이 재채기를 일으키는 꽃가루를 날리면 화려한 노란 꽃을 피우는 미역취가 대신 욕을 먹는다.

미 중서부 농부들은 그 크기와 강인함 때문에 단풍잎돼지풀을 '말풀horseweed'이라고 부르기도 한다. 줄기를 자르면 나오는 붉은 수액 때문에 '피누더기풀blood-ragweed' 또는 씨앗의 모양 때문에 '왕관풀crown-weed'이라고도 불린다. 북아메리카에서 일반돼지풀이라고 부르는 식물은 다른 곳에서는 '작은 누더기풀'과 '로마쓴쑥'이라는 엉뚱한 이름으로 불린다. 두 종의 '누더기'는 뚜렷한 어원이 알려지지 않았다. 어쩌면 너덜너덜한 잎 가장자리 때문일 수도 있고, 알레르기 철에 사람들이 들고 다니는 손수건 때문일 수도 있다.

속명은 희한하게도 암브로시아*Ambrosia*, 즉 '신들의 음식'이다. 그 옛날 린네가 이 건초열 유발 식물에 이렇게 사랑스러운 이름을 붙였다. 이유는 아무도 모른다. 그가 살던 시대에는 돼지풀과 건초열 사이의 연관성을 몰랐을 수도 있고, 어쩌면 그의 유머 감각이었을지도 모른다. 혹은 그 지독한 냄새는 신들만이 사랑할 수 있다고 생각했는지도 모른다. 아니면 그냥 마시멜로, 과일 통조림, 휘핑크림을 뒤섞은 유명한 디저트미국 남부의 크리스마스 전통 음식인 암브로시아 과일 샐러드를 가리킴◦옮긴이가 먹고 싶었을 수도 있다.

실용주의 잡초

돼지풀은 국화과에 속한다. 많은 국화과 식물과 달리, 돼지풀의 진화는 아름다움보다 효율성, 장식보다 기능을 선호하는 쪽으로 진화했다. 국화과 특유의 데이지형 꽃잎은 수분 매개자들을 유인하기에 이상적이지만 수분 매개자를 유인할 필요가 없다면 괜한 에너지 낭비다. 돼지풀은 곤충 대신 바람이 꽃가루를 퍼뜨려 수정이 이루어지는 풍매화다. 한 개체에서 수꽃과 암꽃이 별도의 구조로 발달한다. 수꽃은 꽃가루를 만드는 일에 집중하고 암꽃은 단 한 개의 씨앗을 만든다. 열매에는 낙하산도 털도 갈고리도 없지만 그래도 어떻게든 이동할 방법을 찾는다.

돼지풀은 생태학자들이 '교란'이라고 부르는 사건들로 생태계에 혼란이 생긴 틈을 타 전파, 즉 '확산'된다. 숲에서 나무가 쓰러지거나 여우가 굴을 파면 흙이 노출되고 옮겨진다. 이럴 때 돼지풀이 등장한다. 돼지풀은 개척종 또는 이주종천이 과정의 초기에 나지에 처음으로 침입해서 토착하는 종◦옮긴이으로, 교란된 현장의 자원을 가장 먼저 장악하는 식물이다.[4] 개척종은 뿌리를 내려서 바람이나 물에 의한 토양 침식을 막고, 흙 속에 묻힌 양분을 지표면 가까이 끌어 올려 다른 유기체들이 이용할 수 있도록 해준다. 돼지풀의 잎은 빗물에 토양이 쓸려가지 않게 보호하고 햇빛을 막아주며 광합성을 한다. 잎은 흙 표면에 그늘을 드리우고 열을 식혀서 다른 식물, 동물, 미생물이 상호작용을 할 수 있는 환경을 마련한다.

이 모든 활약은 훌륭하게 들린다. 돼지풀이 인정 많은 식물처럼 느껴질 지경이다. 생태계는 이런 개척 식물의 도움으로 교란된 현장을 복구하고 보호한다. 하지만 돼지풀은 재빨리 땅을 점령하고 엄청나게 번식해 다른 종이 발붙이지 못하게 한다. 천천히 성장하는 허브나 관목 등이 범접하지 못하게 함으로써 핵심종개체 수가 비교적 적으면서도 생태계에 큰 영향을 미치는 생물종ᐧ옮긴이으로 행세한다.[5] 타감 물질을 방출하여 주변 식물들의 생장을 억누른다.[6] 어느 순간이 되면 돼지풀은 스스로 자기 혐오적 성공의 희생양이 되어 다른 종에게 자리를 내어준다. 하지만 그곳이 다시 교란되면 이 지저분한 개척종은 누구보다도 먼저 나타난다.

수천 년 동안 돼지풀은 여기저기 자잘한 교란 현장을 사방치기 하듯 뛰어다녔다. 돼지풀 씨앗은 코르크처럼 가벼운 과피果皮 조직으로 둘러싸여 강물에 떠내려갈 수 있고,[7] 새들과 몇몇 다른 동물들도 씨앗이 퍼지는 데 도움을 주었다.[8] 두 종의 돼지풀은 서로 다른 경로를 거쳤다. 일반돼지풀은 고지대의 평원으로 가서 열과 가뭄을 더 잘 견디는 방향으로 진화했다. 단풍잎돼지풀은 그 정도로 빨리 혹은 멀리 퍼지지 못했다. 만들어내는 씨앗 수(100~300개)가 일반돼지풀(3000~6만 개)보다 적은 탓이었을 것이다. 게다가 단풍잎돼지풀 씨앗은 더 크고 8배 정도 무겁다. 단풍잎돼지풀은 좀 더 서늘하고 축축한 지역을 선호해 강 유역과 범람 지대를 따라 정착했다.

숲속의 엉뚱한 아이

어렸을 때 살던 집 마당에는 지력이 다한 흙으로 만든 놀이터가 있었고, 그 주변에 일반돼지풀이 자랐다. 모래 상자 가장자리와 정원 안, 그네 옆에 일반돼지풀이 있었다. 나는 손가락으로 꽃대 위쪽을 잡고 쓸어내리며 구슬처럼 생긴 꽃망울을 터뜨릴 때의 간질거리는 느낌이 좋았다. 그걸 공중에 던지거나 벽에 대고 때려서 자갈처럼 튀어 오르는 소리를 듣거나 동생에게 던지며 놀기도 했다. 나는 손에 괭이를 쥘 수 있을 나이가 되자마자 단풍잎돼지풀 구분법을 배웠다. 어머니가 단풍잎돼지풀 찾는 방법을 가르쳐주셨다. 도시에서 살던 어머니는 잡초 이름을 많이는 몰랐지만 단풍잎돼지풀만큼은 아셨다. 누나는 알레르기가 있었기 때문에, 우리는 보이는 족족 단풍잎돼지풀을 캐냈다.

단풍잎돼지풀을 처음 만난 것은 산길을 걷고 물웅덩이에서 물수제비뜨기를 하던 가파른 골짜기 언저리에서였다. 어린 시절 나에게 숲은 또 하나의 놀이터였고, 나무 그늘에서 자라나는 것들을 탐색하던 곳이었다. 나는 고사리와 야생화에 둘러싸인 개울과 그 위를 스쳐 나는 잠자리, 우아한 나무들을 보고 자연을 배우기 시작했다. 커다란 물푸레나무의 잎을 잡아당겨 얼굴에 갖다 대기도 했다. 식물은 내가 마시는 산소를 만들고, 나는 숨을 내쉬어 식물이 먹을 것을 주었다.

어쩌다 부모님이 원예 잡지에서 본 기사에 관해 나누는 이야기를 듣게 됐다. 순백색 백일초나 암흑색 장미처럼 특이한 꽃을 찾는다고 했다. 그런 꽃을 만들어내는 사람은 큰 상금을 받을 수 있었다. 좋은 아이디어가 떠올랐다. 누나는 단풍잎돼지풀 알레르기가 있지 않은가? 알레르기 철이 되면 사람들은 알레르기 주사를 맞았고, 사용하고 버린 주사기와 바늘을 쉽게 구할 수 있었다. 나는 그 것을 낡은 엽궐련 상자에 보관하고 있었다. 잉크와 페인트에 휘발유나 가구용 광택제를 조금 타서 식물에 주사하고 꽃의 색깔이 바뀌는지 지켜볼 요량이었다. 나는 숲을 거닐면서 실험이 성공하는 공상에 잠겼다.

돼지풀의 은밀한 사생활

돼지풀 알레르기는 수꽃에서 시작된다. 수꽃은 가지 상단에 모여 있는데, 거꾸로 뒤집어놓은 듯 아래쪽을 바라보는 두상꽃차례가 긴 꽃대를 따라 줄줄이 매달려 있다. 지름이 연필보다 작은 해바라기꽃들이 거꾸로 매달려 있는 모습을 상상하면 된다. 두상꽃차례마다 10~50개씩 들어 있는 각각의 통상화가 서로 다른 시기에 열리면서 꽃가루를 배출한다. 꽃잎처럼 보이는 것은 다섯 개의 녹색 포엽잎이 변한 조직으로 꽃이나 꽃받침을 둘러싸고 있는 작은 잎・옮긴이이다. 안에는 작은 자루(수술)가 있고 그 끝에는 꽃가루를 만들어내는 원추형의 꽃밥이 붙어 있다. 각 꽃밥에는 가느다랗고 탄력 있는 발톱이 하나씩 부착되어 있다.

더 자세히 살펴보자. 꽃밥과 발톱이 둥그렇게 모인 안쪽에는 돼지풀 특유의 부속 기관인 피스틸로디움pistillodium이 있다. 때가 되어 꽃이 열리면 발톱이 쭉 펴진다. 그러면 꽃밥이 터져 꽃가루가 노출된다. 그사이 길어진 피스틸로디움이 꽃밥과 발톱을 밀어제치고 꽃가루 뭉치를 공기 중으로 뿜어낸다. 자루가 오그라들어 꽃 안으로 다시 들어갈 때 곧게 펴진 피스틸로디움 끝을 둘러싼 털이 남아 있는 꽃가루를 털어낸다.[9] 돼지풀 한 그루는 하루 동안 1000만 개의 화분립(꽃가루 입자)을 배출할 수 있다고 하니 참 부지런한 식물이다.[10]

암꽃은 눈에 잘 띄지 않는다. 위쪽 잎과 가지의 겨드랑이에 위치하는 암꽃은 사슴뿔처럼 생긴 암술머리가 두 개 달렸으며, 거기에 붙은 짧고 구부러진 털로 공기 중에 떠다니는 화분립을 포착한다.

돼지풀의 성공과 알레르기의 비결은 꽃가루에 있다. 수꽃이 공기 중으로 뿜어낸 꽃가루는 당연히 아래에 있는 암꽃 위에 떨어질 것 같다. 하지만 암꽃은 좀처럼 자화수분을 허용하지 않는다. 같은 그루의 수꽃이 내놓는 꽃가루를 감지하면 암꽃은 화분관 침투를 차단해 자화수정을 막는다. 비효율적으로 보일 수도 있지만 타가수분을 통해 유전자가 섞이게 하려는 목적이다.

거센 바람이 불면 돼지풀 꽃가루는 1000킬로미터 이상 이동할 수 있다.[11] 그래서 멀리 있는 새로운 개체들과 짝짓기한다. 이런 방법으로 내건성과 제초제 저항성 같은 여러 적응 형질이 전 세계의 돼지풀로 퍼져 나간다.[12]

화분립 표면에는 암꽃의 암술머리에 잘 달라붙을 수 있도록 뾰족한 돌기 수십 개가 나 있다. 이 돌기는 인간의 호흡 기관에도 달라붙는다. 암꽃은 꽃가루벽의 단백질을 인지해서 이를 거부하기도 하고 받아들여서 씨앗을 만들기도 한다. 인간의 점막 세포도 똑같은 단백질을 인지해서 이를 무시하기도 하고 재채기를 일으키기도 한다. 꽃가루벽 안의 (생식세포가 아닌) 단백질이 건초열의 원인이다. 그래서 화분립은 생식세포가 죽은 후에도 계속 알레르기를 일으킨다. 면역 시스템이 꽃가루를 이물질로 식별하면 우리 몸은 히스타민을 분비하며 대응한다. 그러면 눈물, 콧물, 재채기, 가려움, 피로가 나타난다.[13] 사람에 따라서는 천식 발작을 일으키기도 한다.

미국의 국민 잡초가 되기까지

돼지풀과 인간은 오랫동안 뒤얽혀 진화를 이룩해왔다. 적어도 5000년 전, 미시시피강 동쪽 유역 사람들은 동굴에서 나와 강과 범람원 근처에 정착하기 시작했다. 그들이 식량을 재배하기 시작했을 때 돼지풀은 이미 그곳에 있었다. 야생 해바라기를 비롯한 다른 식물들은 영양가 높은 씨앗을 제공해주었다. 사람들은 제일 좋은 씨앗을 골라서 해바라기를 작물로 길들였다. 돼지풀도 함께 자랐지만 그걸 길들이려고 시도한 사람이 있었는지는 확실하지 않다.

오하이오주립대학교 인류학과의 크리스틴 그레밀리언Kristen Gremillion 교수는 독특한 방법으로 그러한 궁금증을 파고들었다. 그레밀리언 교수는 (그분의 전문 지식과 업적에 대해 최고의 존경을 담아 말하는데) 고대 인류의 배설물을 꼼꼼히 조사하면서 특별한 연구 성과를 쌓았다. 나는 운 좋게도 그레밀리언 교수와 학술적 대화를 나눌 기회가 있었다. 그는 북아메리카 동부에서 농업이 어떻게 시작되었고 특히 초기 거주자들이 실제로 무엇을 먹었는지에 관한 권위자다.

그레밀리언 교수와 동료들이 켄터키주의 동굴 주거지에서 모아온 데이터에 따르면 대략 3000년 전 인간은 사냥과 채집을 보완하기 위해 주거지 가까운 곳의 식물을 이용한 것으로 드러났다. 돼지풀이 음식으로 이용되었을 수 있다는 증거로 그레밀리언 교수가 제시한 것은 한 동굴 표본의 원시배설물paleofeces(실제로 이런 표현을 쓴다)에 들어 있던 자잘한 종피 부스러기였다. 일부러 먹은 것일까? 해바라기 씨앗을 모으다 우연히 딸려 들어온 것일까? 진실은 아무도 모른다. 광범위한 지역에서 돼지풀 식사를 즐겼다는 추가적인 증거가 없으므로, 북아메리카의 초창기 농업 시대에 돼지풀은 큰 고열량 씨앗에도 불구하고 그냥 잡초였을 가능성이 크다.[14]

초기 농부들은 구식丘植 구덩이를 파지 않고 지표면에 흙을 모아 심는 방법·옮긴이과 불로 잡초를 관리했다. 돼지풀 씨앗은 예식이나 의료, 혹은 다른 실용적인 용도로 수집했을 것이다.[15] 시간이 흐르면서 원주민 농부들은 고지대를 개간해 옥수수, 콩, 호박을 심었다. 새롭게 교란된 땅은 식물 군체 형성에 이상적이었다. 작물 씨앗에 섞이거나 동물에 실려 온 일반돼지풀이 거주지와 마을 안으로 들어왔다. 이주자들이 대거 유입되어 경관이 크게 달라졌을 무렵, 일반돼지풀은 대륙 전체의 정원과 농경지로 세력을 뻗었다. 단풍잎돼지풀은 서서히 동쪽과 북쪽으로 이동했고 여전히 물길, 도로변, 밭 가장자리를 따라 맴돌았다.

기회를 좇는 개척자들과 희망에 부푼 이주민들은 원주민을 밀어내고 돼지풀의 운명을 명백히 결정지었다⋅19세기 중반 영토확장주의 정책을 정당화하기 위해 미국이 북아메리카 전역을 지배할 명백한 운명manifest destiny이라고 내세웠던 주장을 빗댄 표현⋅옮긴이. 광활한 숲이 베이고 불에 타 돼지풀의 발 빠른 확장을 위한 무대가 만들어졌다. 개간된 땅에 마을이 생기고 작물이 자랐으며 개척종인 돼지풀이 들어왔다. 벤저민 프랭클린과 식물학자 존 바트럼을 포함한 몇 사람은 나무가 사라지면서 생긴 변화를 기록으로 남겼다. 식민지 시대 뉴잉글랜드의 첫 역사가 에드워드 존슨Edward Johnson 선장은 흙에 온도계를 꽂아서 숲이 사라진 곳의 온도가 더 높음을 알렸다.[16] 사업가들은 정착민들이 황무지를 정원으로 바꾸고 문명을 보급하면서 자연을 더 좋은 쪽으로 개선한다고 생각했다.[17]

농경제가 활성화되기 시작하면서 돼지풀은 명성을 얻었다. 1840년대에 윌리엄 달링턴은 미국의 잡초에 관해 쓴 첫 번째 책에서 일반돼지풀을 "대부분의 경작된 땅에서 발생하고⋯ 언제든 모습을 드러낼 준비가 된 쓸모없는 잡초"라고 서술했다. 단풍잎돼지풀은 "거칠고 추악한 잡초로⋯ 넘치도록 흔하며 모든 농부에게 쓸모없는 존재"였다.[18] 아무런 쓸모가 없었지만 중요하지도 않아서 두 종 모두 달링턴이 작성한 '유해하고 골치 아픈 잡초' 목록에 오르지 못했다.

정착지와 농경지를 얻기 위해 동부의 삼림을 개간하는 일은 그리 오래 걸리지 않았다. 하지만 중서부 전체를 개척하려면 광활한 습지를 개간해야 했다. 습지는 물을 좋아하는 동식물 수백 종의 서식지로, 단풍잎돼지풀은 늪 가장자리와 수림 지대에서 왕성하게 자랐다. 개척 시대의 농부들은 도랑을 파고 하천을 메워 농지를 만들었다. 1860년경 대롱 모양의 토관이 개발되었고, 10년 뒤 8000킬로미터에 달하는 배수관 덕분에 돼지풀이 들끓던 오하이오의 블랙 스웜프Black Swamp 19세기 전반까지 오하이오주 북서쪽에 있었던 습지•옮긴이는 일대에서 가장 평탄하고 생산성 높은 농지로 변신했다. 방대하고 습한 대평원을 개척한 사람들은 일리노이, 아이오와, 미네소타에서 농업을 시작했다. 배수 사업이 끝날 무렵, 오하이오 서부에서 아이오와까지 전체 땅의 4분의 1 정도가 농지로 변했다. 들짐승과 날짐승이 살던 늪지가 옥수수, 대두, 감자를 키우는 농지로 변모하면서 이 지역 습지의 절반, 중서부 토착 식물의 5퍼센트, 느릅나무와 물푸레나무 늪지림 대부분이 파괴되었다. 이로써 단풍잎돼지풀이 전국에서 가장 비옥한 농토를 장악할 잠재성이 폭발적으로 높아졌다.[19]

1800년대 말이 되자 북아메리카 전역에서 돼지풀을 찾아볼 수 있게 되었다. 돼지풀은 인류 발전의 발자취를 따르며 도심지, 도로변, 쓰레기 더미, 강둑, 철길을 개척지로 삼았다. 흰머리독수리처럼 돼지풀은 미국이라고 하면 떠오르는 상징, 말하자면 '국민 잡초'가 되었다.

유난스러운 건초열 환자들

돼지풀이 영역을 확장하면서 꽃가루 구름도 늘어났다. 꽃가루 데이터는 기후에 따른 식물의 진화 패턴을 추적하는 데에 도움을 준다. 지질학자와 화분학자(꽃가루 전문가) 들은 북아메리카의 대기 중 식물 꽃가루 총량이 지난 6000년 동안 거의 변동이 없었다고 밝혔다. 하지만 1700년대 말부터 돼지풀 꽃가루가 큰 폭으로 증가하기 시작했다.[20] 이것은 농업과 도시 개발을 위한 대규모의 삼림 개간, 초원 전환, 습지 배수 시기와 일치한다. 또한 대기 중 이산화탄소 농도가 약 250ppm에서 400ppm으로 증가한 시기와도 일치한다.

과학자, 역사가, 알레르기 전문의의 압도적인 다수는 대기 중 돼지풀 꽃가루가 이렇게 빠르게 증가한 것은 인간 활동의 증가와 관련이 있다고 주장한다. 건초열을 질병으로 처음 보고한 사람은 1819년 영국의 의사 존 보스톡John Bostock이었다. 그는 자신의 건초열 증세를 기술했지만 원인을 특정하지 않았다. 미국의 의사이자 건초열 질환자였던 모릴 와이먼Morrill Wyman 박사는 이 질환이 돼지풀 때문이라고 했으나 원인으로 꽃가루를 떠올리지는 못했다. 그는 돼지풀을 주머니에 담아서 일명 '건초열 질환자'들이 신선한 공기를 마시려고 찾는 뉴햄프셔의 화이트마운틴으로 가져갔다. 그리고 건초열 질환자들 앞에서 그 주머니를 열고 재채기, 가려움, 콧물 발생 사례를 기록했다. 1800년대에는 제대로 된 사전 동의 없이도 그런 실험을 할 수 있었다. 하지만 와이먼 박사는 건초열의 원인으로 식물의 향을 지목했을 뿐 꽃가루를 언급하지는 않았다.

영국의 동종요법 의사 찰스 블래클리Charles Blackley 역시 건초열에 시달렸다. 블래클리는 다양한 먼지를 자신의 혀, 입술, 피부, 콧구멍에 발라보고, 꽃가루가 건초열 증상을 유발한다는 사실을 찾아냈다. 이 고전적인 방식의 피부 테스트에서 블래클리는 35가지 유형의 꽃가루를 평가했는데, 대부분 벼와 식물과 영국에서 흔한 잡초들이었다. 그는 질병의 원인으로 꽃가루를 지목했지만, 당시 영국에는 돼지풀이 흔하지 않아서 그가 테스트한 표본 가운데 돼지풀은 없었다.[21]

미국의 의사 조지 M. 비어드George M. Beard는 다른 접근법을 선택했다. 비어드는 산과 해변의 휴양지에서 여름을 보내는 건초열 질환자들을 대상으로 설문을 진행했다. 비어드는 이 질병이 교육받은 부유층에게만 나타난다고 추론했다. 이 질환의 근본적인 요인은 "증기 동력, 정기간행물, 전보, 과학, 여성의 정신 활동이라는 다섯 가지 특징으로… 현대 문명에서 아주 빠른 속도로 늘어난 신경 과민"이라고 지적했다.[22]

엘리아스 J. 마시Elias J. Marsh 박사는 남북전쟁이 끝났을 때 율리시스 심프슨 그랜트 장군의 정전 명령을 아직 전투 중인 부대에 전달하는 임무를 맡았던 인물이다. 이후에 마시 박사는 많은 환자에게서 건초열 증상을 보았고 블래클리의 피부 검사 실험 중 몇 가지를 따라 해보았다. 그리고 대기 중 꽃가루가 계층을 불문하고 사람들의 호흡기를 자극함으로써 건초열을 유발한다는 결론을 내렸다. 미 육군사관학교 웨스트포인트의 의료 책임자라는 지위와 '전쟁을 멈춘 사람'이라는 명성에도 불구하고 마시 박사의 결론은 무시당했다. 영국 의사로 호엔촐레른 왕실기사단장 작위를 받은 모렐 매켄지Morell Mackenzie도 블래클리의 실험을 되풀이했다. 그는 꽃가루가 건초열의 주요 요인이기는 하지만 인종적 우월성 때문에

이 질병이 영국과 미국의 상류층에서만 나타난다고 했다.[23]

1800년대 후반 건초열은 사회적 계층을 구별하는 기준이 되었다. 8월이 되면 수천 명이 화이트산맥, 애디론댁산맥, 콜로라도의 고원으로 피서를 떠났다. 뉴햄프셔의 따분한 마을 베들레헴은 천식에 시달리는 동부 상류층의 요구에 부응해 환골탈태했다. 워싱턴산 주변에 호텔들이 들어섰고, 어떤 호텔은 뉴욕보다 비쌌다. 미국과 캐나다의 건초열 협회들은 폐쇄적인 사교 클럽을 설립했다. 기지 넘치는 연예인과 재담가들이 퉁퉁 부은 눈으로 익살맞은 유머를 펼쳤다. 이곳을 찾는 유명 인사로는 대니얼 웹스터, 랠프 월도 에머슨, 너새니얼 호손, 헨리 데이비드 소로 등이 있었다. 그들은 꽃가루 구름을 피해 여기에 와서 멋진 아이디어를 나누고 새들을 관찰하고 맛있는 음식을 즐기고 아름다운 음악을 들었다. 풍요로운 주변 환경과 야생 그대로의 숲은 자연 본래의 장엄함을 선사했고, 그 푸르름은 오염된 도시 생활과 대조를 이루면서, 문명이 만든 병을 달래주었다.[24]

건초열 협회는 주변 마을 주민들에게 자극을 유발할 수 있는 잡초를 베어내도록 독려하는 등 환경을 정화했다. 농업 활동에 따른 오염 물질이 주변 환경을 더럽히지 못하도록 휴양지 근처에서는 옥수수와 채소(그리고 그에 따른 잡초)를 재배하지 못하게 했다.

마을 사람들은 호텔 주인들이 일부러 병을 만들어서 코나 훌쩍이고 다니는 거만한 특권 계급의 속물들에게 퍼뜨렸다고 의심했다. 건초열 질환자들이 사교 모임을 만들고 자신이 그 질환을 앓고 있음을 공개적으로 떠벌리는 바람에, 질병이라는 핑계로 과시적 소비와 연줄을 드러내 보인다는 신념이 강화되었다. 화이트산맥 지역 주민들은 천식과 대기 중 꽃가루의 양, 혹은 인간의 개입으로 일어난 환경 교란 사이의 연관성을 받아들이지 않았다. 건초열이란 나약하고 자기도취적이고 특권 의식에 젖어서 특별 대우를 기대하는 까다로운 사람들이 앓는 질병으로 여겨졌다.[25]

그러다가 1878년 피할 수 없는 일이 일어났다. 베들레헴 북쪽 마을인 리틀턴 근처의 철길에서 돼지풀이 발견된 것이다.[26] 그동안 돼지풀 관리는 농부들의 몫이라고 생각해 나머지 사람들은 마을 한가운데로 들어온 위협을 무시했다. 마침내 돼지풀 퇴치를 위한 싸움이 시작되었다. 문제는 돼지풀을 다른 식물과 구분할 수 있는 사람이 거의 없다는 것이었다. 치렁치렁하고 잎이 크게 갈라진 식물은 모두 용의자가 되었다. 도랑과 둑, 쓰레기 더미, 버려진 공터, 길가 전체에서 잡초를 베고 파고 뽑는 노력이 이어졌다.

잡초를 멸절하려는 체계화된 노력만큼 잡초의 성공을 부추기는 행동도 없다. 사람들이 금불초, 서양톱풀, 금잔화를 비롯해 대여섯 가지 다른 종을 제거할 때마다 돼지풀이 자리 잡을 공간이 넓어졌다. 이 꽃가루 살포 식물은 사람들의 무분별한 추진력에 힘입어 자연의 순리에 어긋나는 빠른 속도로 퍼졌다. 돼지풀은 흔히 볼 수 있는 잡초가 아니라, 환경 재앙이자 공중 보건의 위협 요인이 되었다.

미 대륙 전역의 건초열 협회들은 적이 누구인지 잘 알았다. 대부분은 돼지풀과 화초도 구분하지 못했지만 그건 상관없었다. 꽃가루 알레르기는 전체 인구의 약 10퍼센트와 건초열 협회 회원 약 100퍼센트에 영향을 끼쳤다. 치료법이 없었고 많은 사람이 불편을 겪었다. 협회 회원들은 사회적·정치적 인맥을 동원해 모든 잡초를 금지하는 법을 통과시키고자 했고, 특히 돼지풀을 없애고 싶어 했다. 공중 보건 당국은 도로변, 황무지, 철로, 도심의 공사 현장을 중심으로 돼지풀 근절 캠페인을 펼쳤다.

시민 단체들도 잡초를 베고 깎고 솎아내는 일에 동참했다. 돼지풀을 죽이려고 염분과 석유제품을 흙에다 들이부었다. 1930년대에 이르자 경이로운 유기화학이 사람들의 노력에 화답했다. 《사이언스》는 2,4-D라는 새로운 화학물질에 관해 설명했다. 이걸로 돼지풀을 저지할 수 있다는 연구 내용도 소개했다. 두 종의 돼지풀 모두 이 화학물질에 상당히 민감했다. 2,4-D를 뿌리면 돼지풀은 뒤틀려 죽었다. 꽃이 쪼그라들어 열리지 않았고 꽃가루를 배출하지 못했다. 보건 위기를 해결하는 방법은 트럭 뒤에 2,4-D를 싣고 도로를 따라 살포하는 것이었다. 그다음에는 석유를 2,4-D와 섞어서 뿜는 안개식 분무기가 등장했다. 분무 탱크로 수천 리터의 제초제를 뿌리면 돼지풀을 박멸하고 꽃가루 없는 맑은 공기를 마실 수 있었다.[27]

코네티컷주 하트퍼드에서는 돼지풀 교육 시범 사업이 전개되었다. 보건부는 건강 박람회와 전시회에 붙일 포스터를 만들었다. 전염병 포스터가 4장, 매독 포스터가 5장, 치아 관리 포스터가 2장, 암 포스터가 80장, 돼지풀 박멸 포스터가 210장이었다.[28] 시카고, 뉴욕을 비롯한 동부의 다른 도시에서도 비슷한 프로그램이 시작되었다. 뉴욕의 일명 '돼지풀 작전'은 1946년에 시작되어 9년 동안 이어졌다. 덕분에 뉴욕의 돼지풀은 절반으로 줄었다. 하지만 1헥타르의 돼지풀은 수백 킬로미터를 떠다니는 꽃가루 66킬로그램을 배출할 수 있다.[29] 따라서 이 작전은 "뉴욕이나 다른 어떤 도시의 꽃가루가 감소했다는 뚜렷한 경향성"을 만들어내지 못했다.[30] 그래도 건초열에 대한 인식은 높아졌고, 우리 어머니를 포함한 많은 이가 돼지풀을 식별하는 법을 배웠다.

전쟁의 잡초, 스탈린 잡초

돼지풀을 제거하려는 전국적인 노력 덕분에 돼지풀은 미국 전역에서 확실한 성공을 보장받았다. 하지만 다른 땅까지 잠식하려면, 다른 기회가 필요했다. 돼지풀 씨앗은 물에 뜨지만 크고 투박해서 이동하기가 쉽지 않다. 왕관을 닮은 상부의 돌출부 때문에 털이나 피부, 기계에 달라붙기가 만만치 않다. 씨앗에는 솜털, 돌기, 점액 등 확산을 위한 부속 장치도 없다. 돼지풀은 씨앗, 줄기, 잎을 통틀어 아무런 상업성이 없고 산업에 이용되지도 않는다. 돼지풀이 세상을 장악하려면 초국가적인 공진화 파트너의 개입이 있어야 했다.

돼지풀이 전 세계로 퍼진 것은 국가 간 충돌과 교역에 얽혀든 결과였다. 시작은 1700년대의 해상 무역이었다. 당시의 목선은 깊이가 얕고 불안정했기 때문에 무거운 바닥짐을 실어야 했다. 선원들은 항구에서 모래와 흙을 화물칸에 퍼 넣은 후 다른 항구에 내려놓았다. 바닥짐과 함께 온갖 종류의 식물, 미생물, 곤충을 비롯한 유기체가 실려 왔다. 유럽에서 처음으로 돼지풀이 보고된 곳은 배가 항구에 접근하면서 바닥짐을 버리던 수로 근처였다.[31] 독일(1860년)과 프랑스(1863년)에 돼지풀이 유입된 경로도 마찬가지였을 것이다.[32] 아시아에서 가장 오래된 기록도 1800년대 말 일본의 한 부두 근처에서 목격된 것이었다.[33]

제1차 세계대전 중 미국이 고립주의 정책을 끝내자, 돼지풀은 세상을 향해 더욱 뻗어나가게 되었다. 미군은 일단 말 사료로 대서양 일대에 돼지풀을 퍼뜨렸다. 1914년까지도 군대는 수천 마리의 말에 의존해 병력을 이동시키고 전투를 벌였다. 프랑스는 미국에 도움을 요청했다. 당시 대통령이자 건초열 질환자였던 우드로 윌슨은 그 요청에 적극적으로 부응했다. 미국산 말 수백 마리를 선발해 보낸 것이다. 말 한 마리당 매일 약 20킬로그램에 달하는 미국산 건초도 함께였다. 건초 안에는 돼지풀과 그 씨앗도 들어 있었다. 1917년에는 미국 병사들도 프랑스로 건너갔다. 그들 역시 옷과 장비에 돼지풀 씨앗을 가지고 갔다. 선창을 비롯해 어디든 부대가 주둔하는 곳이면 누더기 같은 모습의 낯선 식물이 소규모로 자리를 잡았다.[34]

환경 황폐화를 유발하고 대규모 돼지풀 서식지를 형성하는 데 전쟁만큼 좋은 방법이 없다. 전쟁이 일어나면 부대는 이동해야 한다. 나무, 농장, 집이 트럭, 대포, 로켓포, 탱크의 진로를 방해해서는 안 된다. 참호도 파야 한다. 연료, 기름, 군수품, 독극물을 비축하려면 들판을 깨끗이 치워야 한다. 땅을 불태우고 폭격하고 밀어내야 한다. 이런 교란 속에 식물 개척자가 나타났다. 군인들과 기계에 실려 온 씨앗 때문이었다. 그 식물은 엎질러진 연료, 사용하지 않은 군수품, 화학 쓰레기, 농약, 유해 폐기물, 파편의 아수라장 속에서 무럭무럭 자랐다. 유독한 환경을 견디어낸 돼지풀 유전형이 공기를 꽃가루로 가득 채웠고 유전자를 물려주었다. 뒤틀리고 일그러진 버전의 농경선택이 일어났다.

돼지풀은 무력 충돌을 통해 전파되는 전쟁 지역 식물의 원형이 되었다.[35] 미군 부대를 따라 유럽 전역에 퍼지면서, 돼지풀이 커다란 개체군으로 늘어났다. 미군 점령기 일본에서 일반돼지풀은 도심지에 정착했고 단풍잎돼지풀은 일본열도 전역의 변두리 지역을 점령했다. 이 개척 식물의 씨앗은 1950년대 초에 미군의 군화에 붙어 한국으로 이동했다. 오늘날까지 돼지풀은 248킬로미터에 달하는 비무장지대에서 철통같이 보호받으며 지내고 있다. 전쟁이 인류의 비극과 잡초의 성공에 이바지했음을 말해주는 증거다.[36]

꽃가루가 대기를 가득 채우면서 생겨난 알레르기 문제는 전쟁이 남긴 후유증의 작은 부분에 불과했다. 유럽인과 아시아인은 돼지풀 꽃가루나 그에 따른 건초열을 접해본 적이 없었다. 천식의 다른 원인은 잘 알려져 있었지만, 돼지풀 화분 과민증은 새로운 증상이었고 새로운 원인을 알아내는 데에 몇 년이 걸렸다.[37]

돼지풀은 소련이 펼친 농업 정책 때문에도 번성했다. 이오시프 스탈린은 대규모 밀 생산으로 공산주의의 우월성을 입증하고자 했다. 우선 그는 소작농을 '청산'해 강제로 집단농장에 집어넣었다. 수천 명의 농부가 가축을 도살하고 농기구를 파손하며 이에 항의했다. 150만 명 이상의 우크라이나인이 강제적 농업 집산화를 거부했다. 얼마 후 군대는 소작농 집산화에 성공했으나 그 과정에서 수백만 명이 목숨을 잃거나 수용소에 보내졌다. 제구실하는 농기계도 말이나 소도 없는 상황에서 식량 생산량은 급격히 줄어들었다. 시골에서는 또다시 수백만 명이 굶어 죽었다.[38] 인간의 고통과 망가진 땅은 돼지풀에게 기회였다. 돼지풀은 교란된 밭을 잠식했고 북캅카스와 러시아 남부에서 왕성하게 성장했다. 1940년대에 이르자 우크라이나부터 오스트리아, 헝가리 일대의 방치된 땅에서 돼지풀이 꽃가루를 뿜어냈다. 이들 지역에서 돼지풀은 '스탈린 잡초'라고 불렸다.[39]

냉전 시대 이후 돼지풀은 유럽과 러시아 서부 깊숙이 파고들었다. 구소련의 사회주의 집단 체제가 마침내 와해하자, 농지는 농업 지식이 없는 사람들의 손에 맡겨졌다. 버려지거나 방치되거나 제대로 경작되지 않은 밭을 돼지풀이 점령했다.[40]

1990년대 유고슬라비아에 일어난 전쟁으로 다시 지옥이 펼쳐지면서 군인과 군용 장비가 다시 돼지풀의 확산을 도왔다. 폭격의 여파 속에 황무지로 돌변한 시골과 도심 전역에서 돼지풀 씨앗은 인간의 불행을 기회로 이용했다. 농부들이 난민 또는 군인이 되거나 전투 중에 사망할 때, 돼지풀은 버려진 밭의 혼돈을 먹고 자랐다.[41] 사람들이 떠난 땅, 지뢰밭으로 변한 땅을 돼지풀이 잠식했다. 20년이 지난 후 지뢰밭은 그 자리에 그대로였다. 돼지풀도 마찬가지다.[42]

세상으로 퍼져 나가다

20세기 초 미국은 전 세계에 곡물을 공급하는 주요 곡물 수출국이 되었다. 이때까지만 해도 곡물에서 불순물을 분리하는 기술이 미비했다. 미국 항구에서 선적하는 농산물 자루에는 전국에서 온 잡초 씨앗이 마구잡이로 뒤섞여 있었다. 곡물 품질을 표준화하기 위해 1930년대를 시작으로 불순물, 즉 이물질을 제한하는 수출법이 시행되었다. 이물질 한도는 무게당 1퍼센트로 정해졌고, 하급품의 경우는 5퍼센트였다. 1940년에만 미국은 밀 3000만 톤을 유럽에 수출했다. 밀 수출량 0.1퍼센트에 잡초가 1퍼센트만 끼어 있어도 약 50억 개의 단풍잎돼지풀 씨앗이 딸려 갈 수 있다는 뜻이다. 유럽과 아시아의 농부들은 잘 고른 비옥한 밭에 그 씨를 뿌렸다. 목초지와 들판을 돌아다니던 닭, 돼지, 소 등 가축이 씨앗을 먹고 퍼뜨리고 거름을 주었다.

1950년대 전 세계적으로 경제가 팽창할 무렵 돼지풀은 이미 각지에서 토박이 식물로 자리 잡았다. 단풍잎돼지풀과 일반돼지풀 모두 새로운 공사장, 도로, 철길, 운하를 잠식했다. 하천을 따라 도심과 고립된 삼림지대까지 횡행했다.[43] 돼지풀의 등장에 수반되는 동식물군의 변화는 느리고 지각할 수 없을 만큼 미세했지만 전 세계 생태계는 차츰 균일화되었다. 상하이의 KFC, 파리 샹젤리제 거리의 맥도날드처럼 조만간 어디서든 미국산 돼지풀이 흔해질 상황이었다.

엔터테인먼트 산업도 이 조용한 말썽꾸러기를 도왔다. 이탈리아 포 계곡부터 아피아 가도로마 공화정 시대에 지어진 고대 도로 • 옮긴이까지 돼지풀은 곡예사, 마술사, 어릿광대, 춤추는 곰 등 서커스단과 함께 전국을 순회했다. 서커스단은 동물들을 데리고 먹이와 꼴을 챙

겨서 이 마을 저 마을을 찾아다녔다. 마을 외곽에 서커스 천막이 세워지면 거기서 서커스단의 동물들은 풀을 뜯고 흙을 파헤치고 분뇨와 함께 돼지풀 씨앗을 배설했다. 이런 식으로 돼지풀은 일 년에 약 6~10킬로미터씩 시골 전역으로 뻗어나갔다.[44]

땅속의 거인

두 종의 돼지풀은 무작위로 들어왔으므로, 교란된 땅을 잠식할 기회도 양쪽이 똑같았다. 그러나 미국에서 화학 농업이 시작된 후 처음 몇십 년 동안에도 단풍잎돼지풀은 여전히 하천 둑과 황무지에만 머물러 있었던 반면 일반돼지풀은 넓은 지역으로 퍼져 나갔다. 내가 어릴 적 오하이오에서 단풍잎돼지풀은 배수로 근처에서 아주 드물게 볼 수 있는 식물이었다. 하지만 농부들이 울타리 주변 땅을 허물고 간헐하천이나 물길 위로도 파종기를 끌어 씨앗을 뿌리면서 머지않아 단풍잎돼지풀은 대두와 옥수수 서식지에서 자라게 되었다. 단풍잎돼지풀 씨앗은 농기계에 끼어서 고지대로 올라갔다. 콤바인은 수확기에 잡초 씨앗을 거두어들였다가 작물 잔류물과 함께 들판 전체에 흩뿌렸다. 1980년대 초반까지 단풍잎돼지풀은 강가와 들판 변두리에서 농지 한가운데로 진출을 마쳤다. 농지에 적응한 유전형은 하천 지역의 유전형과 뚜렷이 구분되었다.[45]

농부들은 제초제를 사용하면서 흙을 덜 갈고도 농작물을 심을 수 있게 되었다. 단풍잎돼지풀 씨앗은 너무 커서 경운으로 파묻어주지 않는 한 스스로 단단한 토양 표면 아래로 들어갈 수 없었다. 지표면 위에 노출된 씨앗은 살아남기 힘들 테니, 농부들은 경운을 줄이면 단풍잎돼지풀이 감소할 수도 있겠다며 기뻐했다.

하지만 단풍잎돼지풀은 흙을 갈든 안 갈든 농경지에서 버틸 방법을 찾았다. 유럽 정착민들이 북아메리카에 끌고 들어온 지렁이 *Lumbricus terrestris*와 특이한 관계를 발전시킨 것이다. 지렁이는 지표면의 단풍잎돼지풀 씨앗을 모아서 수직형 굴로 끌고 들어간다. 왜 이런 행동을 하는지는 불분명하다. 지렁이 굴에 들어온 씨앗은 천적의 공격을 피하는 동시에 발아하기에 최적의 깊이로 묻히게 된다. 지렁이 굴의 양분과 수분도 돼지풀의 순조로운 발아를 돕는다. 다수의 돼지풀 씨앗이 지렁이 굴에 쌓이기 때문에, 자라나는 유묘 사이에 경쟁이 치열하다. 결국, 가장 튼튼한 유전형만이 살아남는다.[46]

집중적으로 관리되는 농경지에는 수확량을 늘리려고 거름을 뿌린다. 단풍잎돼지풀은 성장에 필요한 양보다 많은 질소를 축적하도록 적응했다. 한껏 몸집을 키운 돼지풀은 왕성하게 뿌리를 발달시켜 인이나 칼륨 같은 다른 영양분을 더 많이 빨아들였다. 결국, 지렁이의 비호와 농부들이 준 거름 덕분에 돼지풀의 크기와 성장 잠재력은 어마어마해졌다. 식물학자들은 이런 식의 자기 탐닉을 '사치 흡수식물이 필요한 양보다 많은 양분을 흡수하여 체내에 저축하는 성질。옮긴이'라고 부른다.

평생 가는 잡초

1990년대 중반의 어느 봄날 아침, 잠깐 들러서 돼지 축사 근처에 생긴 잡초를 확인해줄 수 있느냐는 드웨인의 메시지를 받았다. 드웨인은 진중한 성격의 농부로, 마을 북쪽에서 농사를 지으며 돼지를 기르고 있었다. 오랫동안 그는 '거대한 누더기단풍잎돼지풀의 영명 giant ragweed에서 따온 별명◦옮긴이' 없는 밭을 유지해왔다. 드웨인은 자신의 밭은 물론 이웃들의 밭까지 어느 부분에 잡초가 발생하는지 세심히 관찰하고 숙지했다. 이웃들이 방제를 위해 어떻게 노력하는지도 지켜보았다. 이웃집 작물은 옥수수보다 큰 돼지풀에 질식할 지경일 때도 있었다. 수확 때가 되면 농부들은 돼지풀이 생긴 땅 위로 콤바인을 몰고 다녔다. 거대한 누더기를 막기 위해 드웨인은 이웃집 밭에서 수확한 건초를 사지도, 장비를 빌리지도, 자신의 트랙터를 이웃 농지 사이의 샛길로 몰고 가지도 않았다. 여름날에는 어두워질 때까지 괭이를 들고 밭을 걸으면서 단풍잎돼지풀과 조금이라도 비슷하게 생긴 식물이 보이면 무엇이든 베어내 버렸다.

나는 밭 가장자리에 차를 세우고 냄새가 코를 찌르고 소란스러운 돼지 축사 쪽으로 갔다. 몇 걸음 앞쪽, 새로 심은 옥수수 사이에 밝은 녹색 유묘들이 크고 통통한 떡잎과 발톱 모양의 잎사귀를 늘어뜨린 채 서 있었다. 단풍잎돼지풀이 마치 거친 붓으로 쭉 그어놓은 듯 밭을 가로지르고 있음을 알면 드웨인이 기뻐할 리 없었다. 돼지들의 꿀꿀거리는 소리를 배경으로 사진을 찍고 있는데 드웨인이 파란색 픽업트럭을 타고 나타났다.

그는 침울해 보였다. 밭을 지키려고 모든 일은 다 했기 때문이다.

그는 이게 대체 어찌 된 일인지 나름의 가설을 중얼거리며 서성거렸다. 몇 주 전에 내린 집중호우 때문인가. 아니면 누더기 씨앗이 이웃의 밭에서 물과 미사모래보다 작고 점토보다 큰 토양입자˚옮긴이에 실려 흘러들어온 건가. 물이 축사에 그 정도로 근접해 흐르지는 않았지만 씨앗은 농지로 떠내려올 수 있었다. 이제 그는 어떻게 대처할지 궁리해야 했다. 올해 완벽하게 퇴치하지 못하면 평생 돼지풀과 싸워야 할 수 있다. 게다가 이웃들이 여러 해 연속으로 같은 제초제를 사용해서 돼지풀에 저항성이 생겼을 가능성이 컸다.

사무실에 돌아왔더니 수의과대학 사람에게 전화가 한 통 걸려왔다. 자동차에 치여 죽은 동물을 연구하고 있다고 했다. 나는 아이들에게 아빠가 하는 일을 설명하기가 곤란하다고 생각했는데 그쪽은 더할 듯했다. 용건은 몇몇 동물의 위장 속 내용물을 살펴보고 무엇을 먹었는지 파악하는 것을 도와줄 수 있느냐는 거였다. 고대인의 배설물은 아니었지만 거절할 수 없었다. 다음날 첩첩이 쌓인 플라스틱 배양 접시가 실험실로 전달되었다. 의외로 깨끗했고 전혀 역한 냄새가 없었다. 돌멩이, 줄기 조각, 몇몇 자생초의 씨앗처럼 보이는 물질이 있었다. 캐나다기러기, 야생 칠면조, 마멋의 표본에서 단풍잎돼지풀 씨앗이 나왔다. 그중에서도 캐나다기러기는 19가지 작물의 씨앗을 먹었다. 나는 탐구심이 샘솟아 그 씨앗들의 발아 여부를 시험해보고 싶었지만 수의학과 사람들은 씨앗을 내게 넘겨주지 않았다.

다음번 드웨인의 돼지 축사를 방문했을 때 그 이야기를 들려주었다. 그는 아직도 거대한 누더기가 어떻게 자신의 삶에 끼어들었는지 알아내려 애쓰고 있었다. 캐나다기러기 얘기가 나오자마자 그의 눈빛이 초롱초롱해졌다. 밭을 간 후에 기러기 떼가 내려앉는 걸 본 기억이 있다고 했다. 기러기들은 단풍잎돼지풀이 자란 이웃 농장의 하천 둑을 따라 둥지를 틀었다. 기러기가 원인이 틀림없었다. 슬그머니 다가오는 캐나다기러기는 그도 어쩔 도리가 없었을 것이다.

하지만 다음 순간 드웨인은 확신을 잃었다. 기러기가 들판 한쪽으로만 다닌다는 것이 말이 되지 않는다는 이유였다. 어쨌거나 그는 두어 번 더 경운기를 돌려 돼지풀을 밀어냈다. 경운기를 피한 개체는 이미 무릎 절반 높이로 자라 있었다. 드웨인은 필요하다면 약이라도 칠 생각이었다.

나는 그가 조만간 약을 치게 되리라고 확신했다. 하지만 무슨 약을 쳐야 한단 말인가? 농부들은 돼지풀에 관한 한 선택의 여지가 별로 없었다. 돼지풀 싹은 이른 봄에 난다. 일찍 밭을 갈거나 제초제를 뿌려도 다 죽일 수 없었다. 또 다른 싹이 작물과 함께, 혹은 생장기 후반에 다시 올라왔다. 농부들이 사용하는 제초제는 그럭저럭 효과가 있었지만 충분하지는 않았다. 대부분의 농부는 약을 더 많이 쳤고, 결과적으로 심각한 선택압을 행사해 내성 또는 저항성 돼지풀이 발생했다.

며칠 뒤 식품점에서 드웨인을 마주쳤다. 그는 대두밭에 식재를 마쳤고 새끼 돼지들이 태어난 상태였다. 나는 돼지들을 보러 들르기로 했다. 우리는 강수량과 낮은 옥수수 가격에 관해 이야기를 나누었다. 갑자기 그는 주변을 살피더니 목소리를 낮추었다. 돼지풀에 대해 생각해보았다고 했다. 작년 가을 곡물 창고가 비어갈 무렵 사료 가격이 높았다. 그때 옥수수를 싸게 파는 사람이 있었다. 그는 옥수수 수확 전까지 그걸 돼지 사료로 쓸 수 있겠다고 생각했다. 낟알이 조금 거칠어 보였고 줄기와 속대 조각이 끼어 있었지만, 돼지를 먹여야 했다. 이미 잘게 부순 옥수수를 세척기에 넣고 돌리는 것은 말이 안 되는 일이었다. 그건 종자용 옥수수가 아니라 돼지 사료였으니까. 어차피 돼지는 뭐든 잘 먹는다. 나머지는 충분히 상상할 수 있는 일이었다. 그는 축사 근처에 돼지 분뇨를 뿌렸다. 돼지풀이 돼지 분뇨만큼 좋아하는 것도 없다. 그는 주위를 둘러보더니 나지막하게 말했다. "빌어먹을 돼지풀이 카운티 전체에서 제일 크고 제일 빨리 자라게 생겼어요."

우리는 시리얼 진열대 앞에서 걸음을 멈추었다. 잠시 후 그는 아직 할 말이 남았다는 듯 입을 열었다. 이웃이 거대한 누더기에 글리포세이트를 뿌렸는데, 희한한 일이 일어났다고 했다. 약을 친 식물은 잎이 갈색으로 변하며 빠르게 죽었지만 줄기 아래쪽 눈에서 잎이 새로 자라나기 시작했다는 것이었다.[47] "그게 아주 사람을 갖고 논다니까요."

이번에는 내가 주변을 살피고 목소리를 낮출 차례였다. 드웨인의 도움으로 시험 재배장에 잡초를 심고 만 2년이 지났을 무렵, 단풍잎돼지풀 유묘 두 개를 발견했다. 그걸 잡아 뽑아서 실험을 망치고 싶지는 않았다. 하지만 그냥 놔둬서 시험 재배장을 망치고 싶지도 않았다. 결국, 유묘는 그대로 두고 더 퍼지지 않도록 씨앗만 수습하기로 했다. 하지만 소용없었다. 이듬해 밭 전체에 단풍잎돼지풀이 들끓게 된 것이다. 거대한 누더기 때문에 시험 재배장 전체가 오염되었다. 관리인은 몹시 화를 냈다. 최악인 것은 이제 꼼짝없이 돼지풀을 연구하게 됐다는 점이었다.

드웨인이 씩 웃은 것은 그때가 유일했다. "선생님이나 저나 같은 처지인 것 같네요. 제대로 된 돼지풀이 필요하면 돼지 축사에 들르세요."

돼지풀 붕괴

2013년에 국제잡초학회 회의 참석차 중국 저장성의 아름다운 도시 항저우에 가게 되었다. 한숨 자서 시차와 피로를 좀 털어낸 후, 호텔 객실 창밖으로 공사장을 내려다보았다. 그 순간, 당혹감에 옥수수밭을 뚫어지듯 바라보던 드웨인이 떠올랐다. 이게 정말 단풍잎돼지풀인가? 내가 왜 놀라고 있지?

돼지풀은 다른 풀들 사이에 끼어 있다가 중국이 경제 규모를 키워 가는 시기에 발맞추어 활짝 피어났다. 돼지풀이 중국에 처음 들어온 1930년대부터 1980년대까지는 중국에서 돼지풀에 관한 정보를 거의 찾을 수 없었다. 그 사이의 50년 동안 개척 식물 암브로시아(돼지풀)는 확산력과 속도를 내세워 대약진을 이루었다. 경제 발전은 경이로운 규모의 생태계 교란을 만들어내었다. 토양과 물이 오염되고 고유의 생물 다양성이 감소하는 상황은 돼지풀에 기회가 되었다.[48]

중국의 개방정책으로 수백만 톤의 미국산 곡물이 수입되었고 곡물의 품질 문제가 다시금 도마 위에 올랐다. 중국은 주로 하급품을 수입한다. 관계자들은 미국산 대두에 너무 많은 잡초 씨앗(특히 돼지풀)과 제초제 저항성 유전자가 실려 왔다며 불만을 토로했다.[49] 씨앗은 산업폐기물과 고철 같은 '재활용 자원'에 섞여서 유입되기도 했다.[50]

그러니까 항저우 시내는 물론 광저우로 가는 철길을 따라 단풍잎돼지풀이 보여도 그렇게 놀랄 일은 아니었다. 미국산 돼지풀은 중국의 환경오염 속에서 무성하게 자랐다. 돼지풀은 온갖 종류의 독성 화학물질과 카드뮴, 비소, 납 같은 중금속으로 오염된 토양을 장악했다. 중국 경작지의 약 20퍼센트는 금속 성분이 과도하게 함유되어 있다. 특히 아이폰과 나이키 공장 등이 있는 해안 지역의 오염이 심각하다.[51] 돼지풀은 중금속 고축적종hyperaccumulator이기 때문에 오염된 환경에서도 번성한다. 건설사들은 오염된 토양의 정화를 위해 돼지풀을 심도록 장려해왔다.[52] 더욱 흥미로운 것은 단풍잎돼지풀을 수확해 숯과 유사한 바이오차biochar 바이오매스를 탄화시켜 만드는 고체형 물질로, 토양에 첨가하여 토양의 기능을 높이는 토양개량제로 사용할 수 있음·옮긴이를 만든다는 사실이다. 바이오차는 지하수의 발암성 폭발 물질(TNT와 RDX)을 제거하는 데 사용된다.[53]

돼지풀이 아시아 전역으로 이동하자, 유럽에서 그랬던 것처럼 진화 적응 사례가 증가했다. 고향인 북아메리카에서 돼지풀은 주로 농경지와 교란된 도심에서 찾아볼 수 있는 잡초였다. 하지만 세계의 다른 지역에서는 숲과 공원처럼 상대적으로 관리가 느슨한 장소에서 침입종으로 행동한다. 아시아에서 돼지풀은 관리된 환경을 파고드는 '잡초'와 인간의 간섭과 상관없이 나타나는 '침입 식물' 사이의 경계에 있다. 돼지풀의 높은 유전적 변이성과 가소성이 한몫한 결과다. 이러한 성질 덕분에 돼지풀은 넓은 생태적 지위폭_{생태종에 의해 이용되는 자원의 범위·옮긴이}을 확보했다. 쉬운 말로, 광범위한 자원을 활용할 수 있다는 뜻이다.

돼지풀은 유럽과 아시아의 환경에 적응한 결과 후생적 변화가 나타났다. 돼지풀은 자생지를 벗어남으로써 천적과 병원균을 회피했고, 더는 포식자에게서 자신을 방어할 필요가 없어졌다. 자생지에서 자기방어를 위해 필요했던 자원은 새로운 서식지에서 성장, 경쟁, 번식에 투입되었다.[54] 그리하여 진화향상경쟁력_{EICA}을 발휘했다. 씨앗의 수가 많아지고 커지며 더 다양한 조건에서 더 빠르게 발아하게 된 것이다. 유묘도 서리를 더 잘 견딘다.[55]

환경을 잠식하고 자원을 독점한 후, 진화를 통해 경쟁력을 한껏 높인 돼지풀은 다른 침입종들에 의한 피해를 키우기 때문에 문제다. 돼지풀은 수분 매개자에 의존하는 토착종을 억눌러 침략적 붕괴의 축이 된다. 그리고 한 장소에서 오래 버티다가 다음 식물에 자리를 내어준다. 이 교란의 연쇄반응은 돼지풀에 유리하게 작용한다.[56] 이런 식으로 돼지풀은 전 세계적으로 똑같은 침입종이 서식지를 잠식하는, 생태계의 균질화에 이바지했다. 한때는 지역마다 고유한 생태계가 자연스럽다고 여겨졌으나 이제 생태계 변별성은 희미해졌다.

숨 가쁜 인류세

지구와 지구 거주민들은 현재 본격적인 '인류세'를 살고 있다. 인류세란 인간의 영향력이 지구 전체에 작용하는 지질학적 시대를 말한다. 지구의 모든 생물, 지질, 화학적 상호작용조차도 인위적 활동(인간 개입)으로 형성된다.[57] 어떤 사람들은 지구의 핵심 프로세스를 인간이 좌우하는 작금의 상황을 별로 걱정하지 않는 듯하다. 하지만 돼지풀과 인간이 주도해온 방식을 살펴보면, 앞으로 지구의 상황이 어떤 식으로 흘러갈지 약간의 실마리를 얻을 수 있을 것이다.

돼지풀은 기후변화로 이익을 보는 식물에 속한다. 이산화탄소를 흡수해 광합성하는 돼지풀 잎 내부를 들여다보자. 광합성의 주요 효소 루비스코Rubisco는 이산화탄소(CO_2) 또는 산소(O_2)를 포착한다. 포착된 이산화탄소는 식물 생장에 필요한 당분을 만드는 데 이용된다. 하지만 포착된 산소는 광호흡이라는 프로세스에서 이산화탄소를 빼앗아 써버린다. 광합성으로 처음 만들어지는 안정된 산물이 탄소 3개짜리라서 'C3' 식물이라고 부른다. 돼지풀과 같은 C3 식물은 이산화탄소 농도가 높을 때 더 효율적으로 작용한다. 대기 중의 이산화탄소 농도가 올라가면 돼지풀은 더 많은 돼지풀 바이오매스를 만들어낸다. 줄기를 더 높이 뻗고, 잎이 커지며, 씨앗이 많아지고, 꽃가루도 늘어난다.[58]

이뿐 아니라, 기후변화는 돼지풀 꽃가루와 그 알레르기 항원성을 높인다. 내가 대학원생이었던 1980년도만 해도 광합성 장비의 눈금을 약 312ppm에 맞추었다. 오늘 아침 그 눈금은 무려 33퍼센트나 높아진 414ppm이었고, 이 정도면 일일 평균 꽃가루 양은 족히 230퍼센트 이상 늘어날 수 있다.[59] 전 세계 기온이 상승한 환경에서 돼지풀은 더 빨리 싹을 틔우고 더 오래 꽃을 피우며 더 늦은 가을까지 성장한다.[60] 15년 동안 전 세계 기온이 약 0.15도 상승한 사이 돼지풀이 꽃가루를 뿜는 기간도 13일에서 27일로 늘어났다.[61] 도시에서는 높은 온도와 이산화탄소가 디젤 배기가스 및 오존과 상호작용해 돼지풀 꽃가루 알레르기 항원성을 더더욱 높인다.[62] 이러한 조건은 꽃가루벽의 단백질을 변형시켜 돼지풀의 알레르기 항원 함유량을 늘린다.[63]

기후변화는 돼지풀을 새로운 장소로 퍼뜨리는 중이다. 높아진 온도 때문에 북프랑스에서 발트 3국, 러시아까지 돼지풀의 영역이 넓어졌다.[64] 일반돼지풀은 현재 북아메리카 외 80개국에서, 단풍잎돼지풀은 40개국에서 주된 알레르기 항원이다.[65] 생태계 변화로 인해 머지않아 온대 지방에서는 돼지풀 모종이나 꽃가루를 피하기가 불가능해질 것이다. 폭풍, 홍수, 가뭄, 그리고 기후 위기로 빚어진 다른 교란과 더불어, 돼지풀은 꽃을 피우고 진화하고 적응하고 있다. 돼지풀은 환경 교란을 바탕으로 번성하는 동시에 스스로 환경 교란 요인이 되어, 인간에게 파악하기 불가능한 규모의 불편을 안겨주었다.

지질연대로는 눈 깜짝할 사이, 전 세계 자본주의 문명의 근간인 탄소와 배기가스는 지구의 기후를 바꿔놓았다. 홍수, 폭풍, 전염병 대유행의 발생 주기가 더 빨라지면서 추가적인 기아와 내전을 예고한다. 돼지풀이 더 강해지고 더 광범위하게 적응하고 건초열을 일으키는 꽃가루를 더 노련하게 배출하는 동안 다른 종들은 자취를 감췄다. 비프스테이크, 자동차, 에어컨, 그리고 80억 인간을 위한 끝없는 소비재 생산만큼 돼지풀에 이로운 일도 없다. 쓸모없고 볼품없으며 확산이 어려운 돼지풀이 전 세계 곳곳에서 괄목할 만한 생태학적 성공을 거두게 된 데에는 인류의 발전이 분명히 큰 몫을 했다. 돼지풀은 지배, 착취, 식물에 대한 오만함이 불러온 승리이자 인류세, 아니 '암브로세Ambrocene(돼지풀세)'의 잡초라 할 만하다.

나는 지금 중국에서 만들어진 컴퓨터 앞에 앉아 있다. 내가 절대 가볼 일 없는 장소에서 캐낸 희토류로, 절대 만날 일 없는 사람들이 만든 제품이다. 내가 아무리 친환경 에너지를 사용한다 하더라도 내가 컴퓨터를 사용하는 데 필요한 동력 일부는 석탄에서 나온다. 나는 안락한 생활로 돼지풀과 그 꽃가루의 전 세계적인 확산에 일조한 셈이다. 당신 눈앞에 이 글을 보여주기까지 필요한 과정 역시 돼지풀에 도움이 되었다.

이 초라하고 너덜너덜한 잡초를 인류가 직면한 전 세계적인 환경문제와 연결 짓는 것은 무모해 보일 수도 있다. 하지만 돼지풀과 환경문제는 둘 다 발전이라는 허황한 생각에서 생겨났다. 둘 다 지구에 대한 인간의 신념과 태도에서 비롯되었다. 잡초가 그냥 식물이 아니듯이 기후 위기는 그냥 날씨 변화가 아니다. 그것은 자연에 있는 자원을 끊임없이 뽑아내고 성장할 것을 요구하는 인간 주도적 세계경제의 결과물이다. 이 시스템의 기득권자들은 더 많은 지구의 자원을 요구한다. 거침없는 환경 교란은 더 많은 돼지풀 서식지, 씨앗, 꽃가루를 만들어낸다. 기회, 발전, 진보는 얼마나 좋은 동기에서 비롯되었든 자연 경시로 이어진다. 우리는 전 세계적인 기후 위기, 동식물 멸종, 돼지풀의 잡초화를 심화시키는 길에 들어서게 되었다. 이러한 상호작용의 궤적과 결과를 반추하면서 나는 다음과 같은 질문 말고는 어떠한 결론도 내리기가 힘들었다. "이게 정말로 우리가 원하는 건가?"

가을강아지풀

학명 세타리아 파베리 *Setaria faberi*

원산지 중국	**잡초가 된 시기** 현재
생존 전략 빈틈 파고들기	**발생 장소** 대규모 옥수수와 대두 밭

특징 오래된 지혜를 알려준 식물

이 식물을 특별히 싫어하는 사람 대안을 외면하는 사람들

인간의 대응 수단 알라클로르

생김새 강아지의 꼬리와 비슷한 이삭이 특징이다. 가을강아지풀은 다른 강아지풀보다 키와 이삭이 더 크다.

강아지풀

내가 이 책의 마지막에 세타리아속 *Setaria*(강아지풀속)을 배치한 것은 잡초가 보여주는 희망을 이야기하고 싶어서다. 세타리아는 다양한 방식으로 인간과 상호작용하면서 생육 개체군을 유지하기 위해 자신의 행동을 조정하는 놀라운 능력을 보여주었다. 세타리아는 가능성을 상징하며, 그러한 가능성이 없다면 희망은 허상에 불과하다.

세타리아의 일부는 예로부터 곡물로 이용되었으며 지금도 인간에게 영양분을 제공한다. 또 다른 일부는 열대지방 방목지에서 가축의 에너지원이 되어준다. 화려한 관상식물로 이용되기도 한다. 세타리아속의 몇몇 종은 이 모든 경우에 해당한다. 소수의 세타리아는 작물이자 잡초이며, 극소수만이 잡초로 취급된다. 그들은 도로변과 밭에서 쉽게 눈에 띈다. 긴 솔 모양의 원추꽃차례가 일부는 곧게 세우고 일부는 살짝 숙인 채로 바람에 나부끼기 때문이다.

세타리아속의 잡초인 강아지풀은 인간이 농업을 시도한 이래로 줄곧 농부들과 함께해왔다. 강아지풀*Setaria viridis*, 금강아지풀*Setaria pumila*, 뿌리혹강아지풀*Setaria parviflora*은 전 세계적인 유해 식물이 되었다. 가을강아지풀*Setaria faberi*은 세타리아 가운데서도 별종이다. 키가 크고 튼튼하며 가변적으로 성장할 수 있는 모든 잠재성을 갖추고 있으면서도 오로지 잡초의 성격만 지니고 절대 작물처럼 행동하지 않는다. 결점을 보완해주는 값어치란 눈을 씻고 찾아봐도 없다. 농경지, 도심의 공터, 도로변, 황무지 등 토양이 교란된 곳이면 어디든 모습을 드러내는 다채로운 이름의 다른 강아지풀들과 달리, 가을강아지풀은 일부 밭에만 주요 잡초로 침입하고 다른 밭에는 나타나지 않는다. 이 식물은 특정 형태의 농업이 이루어지는, 자신에게 가장 유리한 장소를 노린다. 가을강아지풀은 옥수수와 대두가 집약 생산되는 농지를 터전으로 삼는다. 미 동부 해안부터 로키산맥에 이르는 북부 평원에서 가을강아지풀은 빛나는 녹색 잎을 반짝이며 길고 억센 털이 난 씨앗 머리를 겸손한 척 조아린다.[1]

예측 가능하다는 전제

나는 학업을 마치고 여행을 다니며 다른 곳에 정착해보려다 너무 오랜 세월을 보낸 끝에 1980년대 후반, 잡초 연구자가 되어 오하이오로 돌아왔다. 오하이오는 오대호와 미시시피강 사이에 있으며, 애팔래치아산맥부터 콘 벨트의 평평한 초원, 호수 바닥까지 드넓은 지역에 다양한 토양을 아우른다. 나는 오하이오가 다양한 잡초 군락에서 생명의 풍요로움과 경이를 탐구할 최적의 연구실이 되어줄 것이라 생각했다.

당시는 낮은 농산물 가격, 농가 압류, 산업 통합으로 미국 중서부 지역 농가에 긴장감이 감돌던 때였다. 잡초도 농부들의 불만거리였다. 잡초들은 더 골치 아픈 종으로 변해갔고, 제초제 사용에 대한 법률이 깐깐해졌다. 사람들은 농약으로 오염된 호수와 하천에서 죽은 물고기가 발견되고 우물물에서 제초제 성분이 검출되는 상황에 지쳐가고 있었다.

수천 종의 볏과 식물 가운데 농부들의 가장 큰 걱정거리는 가을 강아지풀이었다. 충분한 양의 곡물을 생산해 대출금을 갚으려면, 그리고 이웃에게 항의를 받지 않으려면 농부들은 강아지풀을 통제해야만 했다. 농부들이 강아지풀에 사용한 제초제는 알라클로르였다. 이 제초제는 강아지풀에 효과가 좋았지만 하수로 흘러들 수 있었고 물고기와 무척추동물에게 유독했다. 농부들에게는 두 개의 나쁜 선택지만 있었다. 가을강아지풀로 인한 소득 하락을 감수하든, 알라클로르에 오염된 호수와 하천을 감수하든 둘 중 하나였다.[2]

지역 농민들과 친분을 쌓고 나서야 알게 된 사실이지만, 사실 농부들은 화학적 제초제를 좋아하지 않았다. 알라클로르는 악취가 심했고 피부를 자극했다. 농부들은 봄철에 잡초가 나타나기 전에 알라클로르를 뿌렸다. 발아한 강아지풀이 땅에서 올라오기 전에 죽이기 위해서였다. 강아지풀이 언제 자라기 시작할지, 혹은 얼마나 많은 유묘가 나타날지 알 수 없는 노릇이었다. 그래서 농부들은 최대 농도로 제초제를 뿌렸다. 알라클로르를 충분히 뿌려두어서, 강아지풀이 발아하기로 작정했을 때 흙 속에 유효 성분이 남아 있기를 바라는 마음이었다. 그것은 일종의 보험이었다. 강아지풀이 어떻게 행동할지 예측할 수 없었으므로, 제초제 양을 줄이는 것은 위험을 감수하는 일이었다.

농부들은 예측을 원했다. 날씨 예보처럼 잡초 예보가 있어서 잡초에 약을 쳐야 할 시기와 적절한 양을 알려주기를 바랐다. 믿을 만한 예측이 있어야만 위험을 감수하고 제초제 사용을 미룰 수 있었다. 곤충학자들은 특정 곤충의 개체 수 급증을 예측하는 방법을 개발했고, 식물병리학자들도 병충해에 대해 똑같은 방법을 개발한 상태였다. 잡초에 대해서도 똑같이 하려면 잡초의 행동이 예측 가능하다고 전제해야만 했다. 이 식물이 예측할 수 없어서 성공적인 잡초가 되었다는 사실은 잊어야 했다. 큰 위험이 따르는 연구였지만 잘되면 보상은 굉장할 터였다. 농부들이 예측 모델을 바탕으로 잡초를 상대할 수 있다면 제초제 사용을 줄여서 환경오염을 줄일 수 있고 돈도 절약할 수 있었다. 연구 계획서를 작성할 이유는 충분했다.

세타리아 조상들

가을강아지풀은 뛰어난 가소성으로 잘 알려져 있다. 개별 개체가 주변 환경에 따라 모양 또는 생리 기능을 바꿀 수 있다는 뜻이다. 가소성이 강아지풀의 생존에 꼭 필요한 이유는 자가수분 교배 시스템으로 유전 변이에 제약이 있기 때문이다. 대신 강아지풀은 폭넓은 조건에 적응하는 다목적 유전형을 가지고 있다. 그 유전형 내에서 강아지풀은 특유의 가소성을 발휘해 환경 변화, 그중에서도 강아지풀을 없애려는 노력으로 일어난 변화에 잘 대응한다.

강아지풀은 변화무쌍한 환경에서 오랜 세월 진화를 통해 가소성을 연마했다. 세타리아의 조상들은 800만 년도 더 전에 아프리카에서 생겨났다. 소수는 아열대와 온대 지역으로 퍼져서 약 125가지 종으로 갈라졌다. 그들은 전형적인 C4 식물대기 중의 이산화탄소를 고정해서 나온 산물이 탄소 4개짜리라는 뜻. 옥수수, 수수, 기장 등이 대표적인 C4 식물. 옮긴이이라 특히 더운 기후에서 효율적으로 광합성을 한다. 공기 중의 이산화탄소를 취해 광합성 효소인 루비스코 주변에 에너지 낭비 없이 고정시킨다. 세타리아속 식물들은 척박하고 건조한 환경도 잘 견딘다. 초기의 세타리아는 동아프리카 사바나에서 자랐으므로, 초기 인류가 출현하고 돌아다니는 모습도 지켜보았을 것이다.[3]

가을강아지풀은 중국 남부에 살던 다른 세타리아에서 갈라져 나왔다. 정상적으로는 교배하지 않는 두 2배체(2n) 볏과 식물의 흔치 않은 유전자 조합을 통해 탄생했다(강아지풀*Setaria viridis*과 털풀*Setaria adhaerans*의 생물형으로 추정됨). 결과물은 4개의 DNA 사본을 가진 4배체(4n) 볏과 식물이었다. 각 어버이 종에서 두 개씩, 네 세트의 염색체를 가졌다는 뜻이다.[4] 오랜 세월의 자연선택을 통해 4배체 볏과 식물 중 튼튼한 계통이 오늘날 우리가 가을강아지풀이라고 부르는 종으로 살아남았다.[5] 그것은 비슷하게 생긴 녹색 강아지풀과 함께 중국 전역으로 퍼졌다. 농부들은 세타리아속 작물인 서속밭에서 이러한 풀들을 뽑고 캐냈는데, 이런 식의 토양 교란과 종자 확산을 통해 강아지풀은 잡초로 성공할 수 있었다.

1753년 린네는 다발꽃을 피우는 대다수의 볏과 식물을 크게 기장속Panicum으로 묶었다. 다른 분류학자들은 1812년경 까끄라기가 있는 조foxtail-millet 계통의 세타리아를 따로 분리했다. 다른 이름들도 사용된 적이 있지만 1930년경 이후 세타리아('seta'는 '빳빳한 강모' 즉 '털'이라는 뜻)라는 이름은 고정되었다.

신대륙에 처음 나타난 세타리아는 아마도 세타리아 제니쿨라타Setaria geniculata였을 것이다. 초기 이주자들은 1만 년도 더 전에 베링육교를 통해 세타리아를 아메리카에 들여왔다. 이 다년생식물은 처음에 아메리카 대륙에서 곡물로 재배되었는데, 그 시작은 5000년에서 8000년 전 멕시코 남부였지만 지금은 찾아보기 어렵다.[6] 생산성이 더 높고 맛있으며 작물 개량 잠재성이 큰 옥수수에게 밀려났기 때문이다. 약 40종의 세타리아가 일부는 남아메리카를 거쳐, 몇 가지는 구대륙을 통해 북아메리카에 들어와 퍼졌다. 유럽인들이 북아메리카에서 농사를 시작할 때부터 강아지풀, 금강아지풀, 뿌리혹강아지풀은 흔한 볏과 잡초였다.[7] 두 세기 동안 이 세 종류의 강아지풀은 인간의 이주 및 국제무역과 함께 이동하면서 줄뿌림 작물과 목초가 심긴 곳이면 어디서든 볼 수 있는 전형적인 볏과 잡초가 되었다.

적절한 장소와 적절한 때

가을강아지풀에 진지하게 주목했던 최초의 유럽인은 에른스트 파베르Ernst Faber였다. 1839년 독일 북부에서 태어난 파베르는 배관공이자 양철공인 아버지의 뒤를 따르다가 19세의 나이에 신학교에 입학했다. 파베르는 바젤과 튀빙겐의 대학교에서 식물학과 자연사를 공부한 후 라인선교사협회에 가입했다. 파베르가 중국으로 떠난 것은 1864년, 영국과 프랑스가 아편전쟁 끝에 중국의 문호를 강제 개방시킨 지 4년이 지난 시점이었다. 그는 박해마저 갈망하는 열렬한 선교사 집단의 일원이 되었다. 폭력 사태와 열망하던 종교적 수난 사이사이, 파베르는 식물 채집가로서 중국 중부 지방의 풍성한 식물군을 탐색했다.

파베르는 3개 언어로 많은 글을 썼고, 중국철학을 번역했으며, 거리 설교를 나갔다. 1885년과 1891년 사이 쓰촨성의 깊은 산속으로 식물 탐사를 갔다가 잎 표면의 잔털과 특유의 아치형 원추꽃차례로 식별되는 세타리아의 표본을 채집했다. 그는 채집한 다수의 표본과 함께 그것을 유럽의 분류학자들에게 보냈다. 훗날 독일의 식물학자 볼프강 헤르만Wolfgang Herrmann은 잘못된 분류로 부적절한 이름이 붙은 수십 개의 세타리아 표본들을 정리했다. 그래도 1910년 공식적인 식물 설명에서 헤르만은 채집자에 대한 경의의 표시로 세타리아 파베리Setaria faberi(때에 따라 faberii라고 쓰기도 함)라는 명칭을 붙였다.[8]

서양 국가들은 아편전쟁의 결실과 함께 잡초를 거두어들였다. 가을강아지풀이라고 알려지게 된 식물의 씨앗은 1920년대 초 중국에서 오는 곡물 선적분에 섞여 북아메리카에 들어왔다. 가장 먼저 기록으로 남은 표본은 1925년 9월 19일 윌리엄 C. 퍼거슨William C. Ferguson이 롱아일랜드에서 채집한 것이었다. 식물 표본지의 이름표에는 "늪과 쓰레기장 가장자리. 롱아일랜드 플라츠데일 북서쪽, 9.19.25."라고 적혀 있었다. 퍼거슨은 컬럼비아대학교에서 화학을 공부했으며 말년에 식물에 관심을 갖게 되었고 늪지를 찾아다니며 식물을 채집했다. 그는 헤르만의 분류 업적을 몰랐으므로, 이 풀이 오랫동안 혼란을 준 옛 이름 '채토클로아 이탈리카Chaetochloa italica (L.) Scribn.'라고 생각했다.[9] 그다음으로 기록된 표본은 1931년 베이어드 롱Bayard Long이 "필라델피아 레딩 철도 주변의 교란된 흙과 쓰레기" 사이에서 채집한 것이었다. 그 이듬해 "종자 분석가들은 중국에서 수입된 서속에서… 낯선 서속의 씨앗을 발견했다."[10]

파베르, 헤르만, 퍼거슨, 롱과 이름이 알려지지 않은 종자 분석가들 중 누구도 자신이 본 것이 북아메리카 전역의 대표적인 잡초가될 것이라고 꿈에도 생각하지 못했다. 어째서 출몰 지역을 격리하고 농지로 전파되는 것을 차단해 향후의 방제 노력과 피해 수습에 들어갈 수십억 달러를 아끼도록 경고한 사람이 아무도 없었을까? 정답은 '어떤 식물이 잡초인가'라는 본질적인 질문과 관련이 있다. 다른 종들과 마찬가지로 가을강아지풀이 태생적으로 잡초는 아니었다. 잡초의 속성을 비난하고 나중에 벌어진 성가신 사태의 원인을 식물 자체에 돌리는 것은 잡초화의 공진화 파트너 겸 주도자의 열성적인 노력을 간과하는 행위다. 가을강아지풀은 괄목할 만한 화학적 혁신, 산업 팽창, 저가 식량 정책, 냉전, 그리고 무한한 자원

가용성에 대한 확신이 있었기에 주요 잡초가 될 수 있었다.

롱은 자신의 표본을 명망 높은 식물학자 메릿 L. 퍼널드Merritt L. Fernald에게 넘겼고, 퍼널드는 1944년 세타리아 파베리의 특징을 처음으로 발표했다. 그는 이 식물이 펜실베이니아 동부 일대와 뉴저지 남부, 델라웨어, 버지니아에서 자라는 것을 확인했다. 철로를 따라 미주리까지 이동했고, 1950년에는 "뉴욕에서 네브래스카와 아칸소, 노스캐롤라이나, 켄터키와 테네시까지" 퍼진 상태였다.[11]

잡초는 제자리를 벗어난 식물일지 모르지만, 가을강아지풀은 적절한 장소와 적절한 때를 기다려 잡초가 되었다. 적절한 장소는 전 세계에서 가장 넓게 펼쳐진 비옥한 농경지였다. 그 땅은 매년 갈아엎어져 이후 수십 년 동안 횡행할 잡초 씨앗을 대량으로 받아들였다. 적절한 때는 대규모 화학 농법의 시대였다. 볏과 식물(옥수수, 강아지풀)은 해치지 않고 광엽 식물(민들레, 돼지풀, 대두)만 죽이는 2,4-D 및 이와 유사한 제초제의 상업화가 그 시작이었다.

가을강아지풀은 1941년 일리노이의 밭 주변부를 따라 목격되었고 곧 아이오와 남부에서 흔히 볼 수 있게 되었다.[12] 타이밍은 완벽했다. 1945년부터 2,4-D가 판매되기 시작했기 때문이다. 도꼬마리, 비름 등을 죽이려고 2년 만에 220만 킬로그램 이상의 2,4-D가 농경지에 뿌려졌지만 강아지풀은 털끝 하나 다치지 않았다.[13] 농부들은 광엽 잡초를 상대로 이겼다는 데에 고무되었지만 진정한 승자는 따로 있다는 걸 몰랐다. 거대한 털풀giant bristlegrass, 끄덕이는 강아지풀nodding foxtail, 중국 강아지풀Chinese foxtail 등 다양한 이름으로 불리다가 결국 가을강아지풀giant foxtail로 정착한 식물이었

다.[14]

농업계는 이 새로운 강아지풀을 뒤늦게야 인지했다. 다른 강아지풀과 생김새는 비슷했으나 덩치가 더 크고 더 튼튼했으며 더 많은 씨앗을 만들어냈고 다른 강아지풀뿐 아니라 다른 볏과 식물들보다 작물과 더 잘 경쟁했다. 농부들은 자신도 모르는 사이 씨앗을 퍼뜨렸다. 붉은토끼풀이나 다른 작물의 종자에 불순물로 섞여든 탓이다. 새, 물, 토사 이동도 가을강아지풀의 확산에 일조했다. 더 많은 곡식을 생산해야 한다는 압박으로 농부들은 울타리를 허물고 울타리 주변 땅과 밭 경계(가을강아지풀이 처음 시작된 곳)까지 밭을 확대하고 작물을 생산했다. 1950년까지 2,4-D를 뿌린 면적은 3배로 늘어났고, 신종 강아지풀을 오하이오부터 아이오와까지 볼 수 있게 되었다. 강아지풀이 대두밭을 빽빽하게 뒤덮어 작물이 거의 보이지 않을 정도였다.[15] 일리노이주의 식물학자 제임스 로밍거James Rominger는 1950년대 내내 밭 경계를 갈아엎고 2,4-D를 대대적으로 살포한 결과 "세타리아 파베리가 경이롭다고 말하기에 손색없는 (속도로) 급격히 확산되는 길이 열렸다"라고 서술했다.[16]

블랙박스

아주 오래전, 우리 집 텃밭에 난 잡초를 뽑던 어린 시절부터 나는 이 망할 잡초들이 거기 어떻게 들어왔는지 너무나 궁금했다. 잡초를 뽑거나 캐고 나서 일주일쯤 지나면 새로운 싹이 그만큼 나서 파릇파릇하게 땅을 뒤덮었다. 정원을 가꾸거나 농사를 지어본 사람이라면 누구나 깨닫게 되는 우주의 진리다. 잡초 하나를 뽑을 때마다 흙 속에는 그것과 똑같은 잡초 씨앗이 수년 혹은 수십 년씩 대기하면서 생명을 싹 틔울 날을 기다린다. 이것이 바로 토양 속 씨앗 저장고인 잡초 종자은행이다. 씨앗은 작지만 식물 생애 주기의 핵심 단계다. 식물은 성장하고 초록빛 잎을 내고 꽃을 피우고 열매를 맺으며 살아가는 기간보다 종자은행에서 씨앗으로 지내는 기간이 길다.

오하이오에서 잡초 연구를 시작하면서 나는 종자은행에 집중하기로 했다. 자연스럽게 제초제에서 벗어나고 싶어 하는 농부들과 협력하게 되었다. 잡초에 효율적으로 대응하려면 밭에 어느 잡초가 자라날지, 언제쯤 나타날지를 예측할 수 있어야 했다.

일단 토양 속 잡초 씨앗을 채취하고 분류해서 개수를 파악해야 했다. 잡초에 관한 논문을 죄다 뒤져봐도 그럴듯한 방법을 찾을 수 없었다. 그래서 나는 실험대 위에 흙 한 줌을 올려놓고 앉아서 씨앗을 골라냈다. 씨앗은 작고 (흙으로 덮여) 거무스름한 데다, 씨앗처럼 보이지만 사실은 씨앗이 아닌 다른 물질도 1000개쯤 있어서 더욱 헷갈렸다. 어떤 씨앗은 살짝 누르기만 해도 부서졌고, 어떤 것은 흐늘흐늘하고, 어떤 것은 단단했다. 그래서 어떻게 됐냐고? 오후 내내 조명 아래서 족집게와 확대경을 들고 씨앗을 고르다 보니 현기증이 났다. 왜 대다수 잡초 연구자들이 식물 생애주기 가운데 푸른 잎이 돋아나는 생장 단계에 초점을 맞추는 지혜를 발휘했는지, 렌즈와 램프 없이도 또렷이 볼 수 있게 되었다.

흙에서 씨앗을 골라내려면 특별한 기술이 필요했다. 지루하고 단조로운 단순노동을 견디는 기술이다. 일반적인 토양용 체는 이 례적으로 큰 씨앗 외에는 전혀 도움이 되지 않았다. 어떤 씨앗은 식염수 위에 떴지만 지푸라기, 뿌리, 담배꽁초 등도 떴다. 나는 튼 튼하고 유연한 망사를 찾아다녔다. 마침내 제이씨페니 백화점의 여성복 매장에서 발목까지 오는 나일론 스타킹을 발견했고, 나는 그게 연구에 꼭 필요한 이유를 학교 회계 부서에 어렵사리 해명한 끝에 수십 켤레를 주문할 수 있었다. 뿌리 세척기와 함께 그 망사 를 사용함으로써 표준 절차가 마련되었다. 씨앗을 세고 분류하는 데 엄청난 시간이 들었지만, 결과는 꽤 만족스러웠다.

다음 단계는 각기 다른 씨앗이 농경지에 얼마나 많은지 알아내 는 일이었다. 그러려면 주 전역의 다양한 밭에서 토양 표본을 채 취하고 씨앗을 세야 했다. 우리는 중서부 곳곳의 연구 팀들과 공동 작업을 진행해 종자은행을 잡초 개체군의 예측에 이용할 수 있을 지 알아보기로 했다. 오하이오는 토양 유형과 지형이 혼재되어 있 고 다양한 농업 시스템을 갖추고 있어서, 농경지 관리가 종자은행 에 어떤 영향을 끼치는지 탐구하기에 이상적인 지역이었다.

1990년대 초 화창한 봄날 아침마다 우리 연구 팀(구성원은 기술자 두 명, 대학원생들과 학부생들이었다)은 양동이, 주머니, 이름표, 지도, 토양 채취기를 트럭에 실었다. 커피와 도넛을 미끼로 제공하고 라 폰디타멕시칸 레스토랑°옮긴이에서 점심을 사주겠다고 꼬드긴 뒤에 야, 쌀쌀한 공기를 뚫고 토양 표본을 채취하러 나갈 수 있었다. 대 학교 트럭을 몰고 농장에 가서 잡초 이야기만 꺼내면 밭, 목초지, 헛간 앞뜰을 비롯해 어디든 자유로이 드나들 수 있었다. 오하이오주의 모든 잡초 씨앗은 우리 거라는 기분이 들었고, 아무도 우리의 허세에 토를 달지 않았다.

실험실로 돌아오면 수백 자루의 흙을 트럭에서 내렸다. 신선한 공기를 마시며 토양 표본을 채취하는 비교적 재미있는 작업 다음에는 가려내고 걸러내고 개수를 세서 표본을 만드는 지루한 작업이 몇 시간이고 이어졌다. 모든 씨앗의 종을 파악해야 했다. 몇 달 뒤 냅킨, 종잇조각, 컴퓨터 파일에 기록해둔 데이터가 정리되었고, 우리는 그 데이터에서 의미를 도출해보려 애썼다.

제일 먼저, 이 지역에서 가장 흔한 대규모 관행농 농장의 데이터를 살펴보았다. 오랫동안 옥수수와 대두를 생산해온 농장들은 가을강아지풀 씨앗의 수가 비정상적으로 많았다. 헥타르당 4900만 개 이상일 때도 있었다. 농부들이 강아지풀을 전부 죽이기란 불가능했고, 몇 개는 항상 살아남았다. 그리고 각 개체는 씨앗을 1만 개 이상 퍼뜨릴 수 있다. 빠져나간 강아지풀 몇 포기면 2~3년 안에 거대한 종자은행이 만들어졌다. 그리고 그 씨앗은 최대 40년까지 존속한다.[17] 이해가 되지 않았다. 가장 기계화되어 있고 제초제를 많이 쓰는 농장에 가을강아지풀이 가장 많다니! 한 해만이라도 알팔파나 밀을 심은 농장은 강아지풀 씨앗 수가 그보다 적었다. 하지만 알팔파나 밀은 돈이 되지 않았고, 옥수수와 대두를 계속 심어야 대출금을 갚을 수 있었다.

흙 속에 잡초 씨앗이 얼마나 많은지 알아내는 것은 종자은행의 역동적인 변화를 이해하는 첫 단계였다. 휴면 종자, 비휴면 종자, 종자 발아 사이의 관계도 풀어내야 했다. 휴면 종자는 건강하고 생육 가능한 상태지만 조건이 맞을 때까지 발아를 거부한다. 휴면은 식물의 귀중한 번식 자원인 씨앗을 흙 속의 혹독한 환경에서 보호해준다. 흙에서 씨앗은 온갖 온도와 수분 상태에 노출되기 때문이다. 휴면하지 않으면 씨앗은 성장에 적합하지 않은 엉뚱한 시기에 싹을 틔우게 된다. 휴면으로 시간을 얻은 잡초 씨앗은 동물, 물, 바람과 함께 이동하거나 흙 속에서 여러 해 쉬면서 발아하기 적절한 때를 기다린다. 작물 씨앗은 인간이 거두어들여 이듬해 균일하게 싹을 틔울 수 있는 조건에서 식재하기 때문에 휴면이 필요 없다.

만약 모든 강아지풀 씨앗이 똑같이 휴면한다면 동시에 깨어나 싹을 틔울 것이다. 그렇다면 예측하기는 쉽겠지만, 잡초 입장에서는 모든 자손을 한꺼번에 내보내는 셈이 된다. 그래서 강아지풀은 일부 씨앗은 일찍 발아하고 나머지 씨앗은 흙 속에서 여러 해 대기시킬 방법을 고안해냈다. 발아 기회를 오랜 기간에 걸쳐 분산시키는 것이다. 이를 위해 강아지풀은 일종의 생리적 가소성을 발휘해 휴면 상태가 제각기 다른 씨앗들을 생산해낸다. 어떤 강아지풀 씨앗은 깊은 휴면 상태이고, 어떤 것들은 조건적 휴면 상태이며, 일부는 아예 휴면하지 않는다. 깊은 휴면 상태인 씨앗들은 깊은 잠에 빠진 사람처럼 휴면에서 깨어나려면 특별한 조건(예를 들면 길고 추운 겨울)이 필요하다. 씨앗이 휴면에서 벗어나기 시작하면 조건적 휴면 상태가 되고 조건이 맞으면 발아한다. 처음에 비휴면 상태였던 씨앗의 일부는 2차 휴면1차 휴면이 끝난 후나 원래부터 휴면이 없는 식물체가 외적 요인이나 환경 조건에 의해 휴면에 들어가는 현상·옮긴이 상태로 되돌아갈 수도 있다.

이렇게 서로 다른 휴면 유형 덕분에 강아지풀 씨앗 무리는 생장 기간 내내 싹을 틔우고 유묘를 올려보낼 수 있다. 일찍 모습을 드러낸 유묘가 경운이나 제초제로 파괴되면, 그다음 혹은 2차, 3차 군단이 언제든 그 자리를 대신한다. 어떤 씨앗은 비휴면 상태가 되어 발아할 준비를 했다가도 여름 온도가 지나치게 높으면 2차 휴면에 들어가기도 한다. 연중 온도 주기에 따라 휴면 상태를 조절할 수 있다.

가을강아지풀 씨앗은 모체에서 성숙할 때 이러한 휴면 상태 중 어느 상태든 될 수 있다. 원추꽃차례에 나란히 달린 씨앗도 발아 능력은 서로 다르다. 이 특별한 발아 가소성이 가을강아지풀의 성공 비결이다. 강아지풀은 가변적 휴면이 가능한 씨앗을 만들어내는 방법으로 다양한 환경에 대비해 개체군 전체 차원에서 유리한 성과를 보장한다. 종자은행에 씨앗을 충분히 공급함으로써 어떤 환경이 닥치든 개체군 감소의 위험을 낮추는 헤지 베팅 전략을 쓰는 것이다.[18] 한 무리의 씨앗은 일찍 발아해 생장 기간 내내 개체가 성장하고 번식할 시간을 벌어준다. 나머지 씨앗은 습도와 다른 조건이 맞으면 언제든 싹을 틔운다. 혹은 기회가 올 때까지 기다릴 수도 있다. 결과적으로 발아와 휴면 행동의 폭이 넓어져 매년 강아지풀 씨앗은 끊이지 않고 생산된다. 부수적인 결과로, 강아지풀의 종자 생리를 연구하기가 매우 어렵고 예측하기는 더더욱 어렵게 되었다.

강아지풀 예보

유연한 휴면 조절 능력 덕분에 지표면 가까이 있는 강아지풀 씨앗의 절반 이상은 봄철의 최적기에 싹을 틔운다. 물론 최적기가 정확히 언제인지는 그들만 안다. 새롭게 돋아난 강아지풀 발아체는 뾰족한 잎을 흙 위로 빼꼼 내밀기 전에는 가늘고 힘이 없다. 여리고 가느다란 유묘가 빛을 볼 수 있게 밀어 올리느라 씨앗에 저장된 에너지는 고갈된다. 이 여린 '백지 단계'의 싹은 간단한 경운이나 최소 농도의 제초제로도 쉽게 죽는다. 그 연약한 시기가 언제인지만 안다면 농부들은 적은 노력으로도 잡초를 쉽게 처리할 수 있을 것이다.

발아 최적기를 예측하려면 무엇이 이 씨앗에 시동을 걸어 잡초의 운명을 시작하게 하는지 알아야 한다. 발아에 필요한 구체적인 환경 자극은 무엇일까? 전 세계의 많은 잡초 연구자가 한두 가지 잡초를 대상으로 이 질문에 대한 답을 찾으려고 노력했다. 그것을 알면 잡초의 행동을 시뮬레이션하고 예측하는 모형을 개발할 수 있기 때문이다. 디지털 세상이 부상하기 시작했고, 어느덧 응용생물학은 C++로 코딩되지 않으면 과학으로 취급받지도 못하는 시대가 왔다. 코딩과 모델링은 남들에게 맡기고 나는 종자 발아와 출아에 집중했다. 연구 조교와 학생들은 물리적, 화학적 변수에 따른 종자 발아 반응을 알아보기 위해 수십 가지 지루한 실험을 진행했다.

강아지풀의 발아 시기, 속도, 일관성은 환경 조건에 좌우됐다. 다른 종들도 마찬가지였지만 강아지풀은 발아 행동이 개체군마다 달랐다. 때로는 개체마다 다르기도 했다. 모체에서 시작된 변화는 종자가 퍼지고 저장되는 단계까지도 계속되었다. 무엇을 신호 삼아 발아하는지 알아내기란 불가능해 보였다. 가을강아지풀 씨앗은 빛이나 어둠 또는 물리적 조작에 반응하지 않았다. 규칙적인 온도 패턴을 따르지도 않았다. 똑같은 온도에서도 어떤 강아지풀 씨앗은 발아했고 다른 강아지풀 씨앗은 발아하지 않았다. 씨앗은 실험 도중에도 휴면 상태를 이리저리 바꾸었다. 흙이 건조하면 높은 온도가 씨앗의 휴면을 깨웠다. 흙이 습하면 높은 온도가 비휴면 상태의 씨앗을 2차 휴면으로 돌렸다. 습한 조건과 건조한 조건을 오락가락해서 수분 스트레스를 주면 일부 씨앗은 발아가 자극되었지만 다른 씨앗들은 휴면 상태에 들어갔다. 강아지풀 씨앗으로 몇 번의 실내 실험을 진행한 후에도 어떻게 예측 모델을 뽑아낼 수 있을지 전혀 감이 오지 않았다.

다행히도 다른 연구 팀이 강아지풀 종자 휴면과 발아의 비밀을 조금 알아내는 데 성공했다. 아이오와와 다른 지역 동료들이 진행한 독창적인 연구에 따르면 가을강아지풀 씨앗은 수분, 온도, 토양에서 흡수한 물속 용존산소량에 반응해 발아하는 것으로 나타났다. 수분과 온도는 이해가 됐다. 하지만 씨앗 안으로 들어오는 산소량을 조절하려면 공기 주입기라도 있어야 했다. 물속 용존산소량은 온도에 따라 달라진다. 차가운 물에는 산소가 더 많다. 떠오르는 해가 서늘하고 촉촉한 토양을 데우면 산소 용해도가 낮아져 산소가 공기 중으로 증발해버린다. 이런 식으로 강아지풀 씨앗 내부는 세포막과 세포벽으로 안에 갇힌 산소의 양이 매일 오르락내리락한다. 이러한 봄철의 산소량 변동은 비휴면 상태의 강아지풀 씨앗에게 발아하기 알맞은 조건임을 알려주는 신호가 된다.[19] 이 경이로운 온도-습도-산소 기반 프로세스는 잡초 연구자에게 우아함이 뭔지 알려줬다.

2000년 무렵, 밭 온도와 강우량 데이터를 사용해 몇 가지 잡초 종의 발아와 출아를 예측하기 위한 컴퓨터 모델이 개발되었다. 나는 당연히 이것이 농부들에게 유용할 거라고 생각했다. 그래서 농촌 지도소 모임에서 작동 원리를 보여줬다. 분위기는 전반적으로 정중하지만 시큰둥했다. 그래도 비름과 어저귀 같은 광엽 잡초의 결과를 확인한 농부 몇 사람이 온도와 강우량 데이터를 모으겠다고 나섰고, 자기네 밭의 잡초 수를 셀 수 있게 허락해줬다. 그때 드웨인이 손을 들었다. "강아지풀에도 이걸 쓸 수 있습니까?" 나는 가을강아지풀 발아를 제대로 예측하려면 좀 더 복합적인 데이터가 필요하다고 대답할 수밖에 없었다. 대기 온도만을 기준으로 한 모델로도 어림짐작보다는 괜찮게 예측할 수 있었다. 거기다 토양 온도를 추가하면 추정치가 더 나아졌지만 그러려면 (당시에 사용할 수 있는 기술로는) 특수 온도계와 매일 모니터링이 필요했다. 유효수분은 쉽게 측정할 방법이 없었다. 주기적으로 변동하는 산소 측정은? 그건 언급할 필요도 없었다.

드웨인은 말했다. "한두 가지 잡초는 예측하실 수 있겠죠. 하지만 저희 농장을 아시지 않습니까. 밭에는 수십 가지 잡초가 있어요. 모든 잡초를 예측할 수 있어야 할 겁니다." 나는 뭐라고 대답해야 하나 잠시 망설였다. 우리가 이미 20여 종에 관한 데이터를 확보했고 거기서 패턴을 발견했다는 사실이 떠올랐다. 단풍잎돼지

Foxtail

풀은 확실히 일찍 올라오는 편이었고, 나팔꽃은 확실히 늦게 올라오는 편이었다. 그사이에 나타나는 모든 잡초의 발아 순서도 매년 엇비슷했다. 그래서 한 가지 잡초를 정확하게 예측함으로써 다른 잡초들도 예측할 수 있지 않겠느냐고 대답했다. 드웨인은 고개를 저었다. "그럴지도 모르죠. 하지만 가을강아지풀은 아니에요."

풀 속을 거니는 동안

나는 차를 몰고 시골길을 달리며 밭과 잡초를 관찰하는 일에 많은 시간을 들였다. 잡초 종자은행의 표본을 채취했던 밭들을 다시 방문하기도 했다. 실제 밭의 잡초가 종자은행에서 찾은 씨앗과 얼마나 일치하는지 살피고 데이터를 기록했다. 점점 더 푸르러지는 목초지와 산길을 따라 노란색 첫 꽃을 터뜨리는 관동화는 물론, 특정 잡초가 언제 처음 나타나고 꽃을 피우고 씨앗을 맺는지도 유심히 관찰했다. 남향 경사면과 북향 경사면, 습한 땅과 산등성이, 가을갈이한 밭과 봄갈이한 밭 사이의 차이점들을 기록했다. 내 소형 픽업트럭을 사무실 삼아, 연구에 참고할 만한 패턴이 없는지 살폈다.

운전하면서 들으려고 도서관에서 오디오북 테이프를 빌렸다. 플레이어에 카세트테이프를 밀어 넣고 자연에 관한 헨리 데이비드 소로Henry David Thoreau의 사색을 담은 『월든』을 들었다. 낭독자 윌리엄 피어스 랜들은 침착하고 이지적인 소로의 목소리로 내 머릿속에 영원히 남을 것이다. 폭풍우가 지나간 뒤 웅덩이에서 흘러내리는 시냇물을 더 큰 하천과 강의 프랙털 구조로 설명하는 그의 여유 있는 음성을 들으면서 구불구불한 언덕을 달렸다. 마치 19세기 산문으로 《농부 연감Farmer's Almanac 1818년부터 발행되어온 미국의 농업 연간지. 장기적인 날씨 예보, 각종 활동의 적기, 해와 달이 뜨고 지는 시각, 천문학 데이터, 요리법 등을 제공한다•옮긴이》을 듣는 기분이었다. 소로가 기둥 구멍을 파거나 잼을 만들거나 울타리를 칠 적절한 때가 언제인지 알려주려나 기대가 되었다. 그러다 우리 분야 사람이라면 절대 잊을 수 없는 구절을 듣고 화들짝 놀라고 말았다. "새의 곡물 저장고에 잡초의 씨앗이 많아도 기뻐해야 할 일이 아닐까?"[20]

소로는 자연의 시간표에 따라 살기 위해 1851년부터 1858년까지 뉴햄프셔 콩코드 지역에 자라는 465개 식물종의 개화 시기를 일기에 기록했다.[21] 어떤 식물의 개화나 만개는 지구의 주기에 따른 생물학적 달력에서 지표 역할을 했다. 소로는 동식물의 생애 주기를 계절의 변화와 연결 짓는 생물계절학phenology에 관해 이야기하고 있었다. 사람들은 철새의 이동, 부화, 야생화 개화, 곤충의 탈피를 비롯한 생물계절학적 사건이 일어나는 시점을 수백 년에 걸쳐 관찰하고 기록해왔다.

소로는 볏과 식물에는 특별한 관심을 두지 않았고, 몇 가지 잡초만 언급했을 뿐이다. 하지만 농부들은 오랫동안 잡초를 생물계절학적 사건들과 연관 지어왔다. 그렇다면 소로가 묘사하는 자연계의 패턴을 잡초와 관련된 생물계절학적 사건(이를테면 강아지풀의 발아)과 연결 지을 수 있을지도 모른다는 생각이 퍼뜩 들었다. 이미 노트 한 권 가득히 야생식물과 몇몇 잡초의 첫 개화에 관해 기록해놓은 상태였다. 모든 식물이 그렇듯이, 잡초는 온도, 수분, 공기의 영향을 종합해 성장을 개시하고 마무리한다. 대다수의 일년생 잡초가 발아하고 출아하는 이른 봄부터 여름까지, 계절의 진행과 함께 유사한 패턴이 나타날 수도 있었다. 그리고 드웨인이 옳았다. 이 아이디어를 실험해보기 가장 어려운 잡초는 가을강아지풀이었다.

그래서 나는 곤충학자이자 자생식물과 관상식물, 그리고 해충과 수분 매개자 전문가인 댄 험스Dan Herms 교수를 만나러 갔다. 댄은 해충의 행동을 예측하기 위해 생물계절학을 연구해왔다. 아까시나무에 꽃이 피기 시작할 때 청동자작나무벌레 성체가 나타나기 시작하는 것은 그에게 너무나도 자연스러운 일이었다. 마찬가지로, 소나무굴깍지벌레의 알이 부화하는 시기는 라일락의 만개 시기와 일치한다. 그는 걸어 다니는 생물계절학 백과사전이었다. 댄은 소로가 수집한 데이터를 업데이트해, 이제는 기후변화 때문에 콩코드 지역의 식물들이 1850년대에 비해 일주일 더 일찍 꽃을 피운다는 사실을 보여주는 연구도 진행한 적이 있었다. 그는 우리가 강아지풀의 출아 시점을 예측할 수 있도록 생물계절학적 개화 데이터를 기꺼이 공유해주었다.

가을강아지풀은 강우량과 기온 데이터만 가지고는 발아와 출아 패턴을 예측하기가 어려웠다. 가을강아지풀 출아와 같은 가변적인 사건을 자연스러운 개화 순서에 끼워 맞추는 일이 가능할까? 댄은 곤충 발생 예측을 위해 이미 목본식물의 개화와 만개 데이터를 모으고 있었다. 늦겨울부터 6월 중순까지 4년 동안 매일 숲을 거닐며 봉오리를 관찰하고 꽃을 세어야 했으니 간단한 작업이 아니었겠지만 아주 싫은 일도 아니었을 것이다. 그에 비해, 땅속에서 올라오는 강아지풀 유묘를 추적하는 일은 그다지 즐겁지 않았다. 지표면을 뚫고 이제 막 모습을 드러낸 볏과 식물의 첫 잎은 가늘고 뾰족한 녹색이라 분간하기가 힘들었다. 다시 말해 전부 똑같아 보였다. 오랜 훈련을 해야만 다른 볏과 잡초와 가을강아지풀을 구분할 수 있었다.

2년 동안 우리가 수집한 데이터에 따르면 강아지풀 유묘의 출현은 생물학적 달력과 놀라울 정도로 정확하게 맞아떨어졌다. 아로니아 첫 꽃이 개화하면 강아지풀이 나타나기 시작했다. 찔레꽃이 만개 상태에 도달하면 강아지풀은 80퍼센트가 땅 밖으로 나왔다. 일찍 따뜻해진 봄이든 늦게까지 추운 봄이든 상관없었다. 개화 순서를 참고해 강아지풀 출현 시점을 예측할 수 있었다. 그건 온도와 습도를 바탕으로 한 예측보다 정확하고 간단했다. 복잡한 측정과 컴퓨터 코딩 없이, 식물과 꽃을 살펴보기만 하면 됐다.[22]

강아지풀 예측 방법을 마침내 찾은 것 같았다. 나는 2007년 연구 결과를 발표했지만, 관심을 기울이는 사람은 거의 없었다. 사실 그것도 예측 가능한 부분이었다. 세상의 인식이 그랬다. 자연 관찰을 가치 있게 여기는 분위기는 사라졌고 스크린을 들여다보는 분위기가 되었다. 화학 농법과 유전자변형 작물을 쓰면서 제초제 의존성이 더욱 높아졌다. 농부, 작물 상담사, 업계, 대학 연구원들은 예측 모형보다 제초제 저항성 잡초 같은 첨단 기술 관련 이슈에 관심을 기울였다.[23]

근본을 찾아서

한번은 잡초 모니터링을 하러 나갔다가 오하이오주 웨인에서 애플 크리크 로드로 빠져 홈스 카운티로 접어들었다. 7월 초, 샛노란 미나리아재비가 꽃을 피우고 이제 막 베어낸 알팔파가 산비탈에서 마르고 있었다. 관행농법에 따라 옥수수와 대두를 키우는 '잉글리시아미시 사람들은 아미시가 아닌 이들을 'English'라고 부름。옮긴이' 농장들이 시야에서 멀어지고, 말을 부려 농사를 짓는 아미시 농장들로 서서히 풍경이 바뀌었다. 나는 현장 기록을 마무리하고 목초지를 가로질러 높은 곳에 올라섰다. 겹겹의 두둑 너머로 흐릿한 지평선이 보였다. 울타리 버팀목에 기대어 서서 뚜렷하게 구분되는 아미시 농장과 잉글리시 농장을 바라보았다. 그 차이점들을 유심히 살폈다. 작물의 종류, 균일성, 밭의 크기가 달랐다. 나는 그 경관이 말해주는 세계관을 이해하려고 노력했다. 조각보를 이어 붙인 듯 어우러진 밭, 목초지, 식림지의 형태, 크기, 배열에 반영된 사고방식을 이해하고 싶었다. 아미시 농장에는 울타리 경계 너머로 묶어 세운 보리 다발이 여러 줄로 늘어서 있었다. 밭은 작았고, 경계선의 폭이 넓었으며 건초밭, 채소밭, 목초지, 다소 들쭉날쭉한 사료용 옥수수밭이 혼재해 있었다. 길 건너 잉글리시 농장의 넓은 대두밭에는 얼마 전 제초제 분무기가 지나간 자리가 뚜렷했다.

더 극명한 차이는 잡초였다. 강아지풀은 생물·사회적 지표와도 같았다. 주위 환경에 워낙 민감해서 서로 다른 종의 강아지풀이 나타나면 문화가 서로 다르다고 판단해도 무방할 정도다. 서로 다른 강아지풀은 과거와 현재의 각기 다른 농장 관리 관행으로 인해 각기 다른 환경이 조성됐음을 말해주었다. 근본적으로는 사람들이 환경과 자연에 대한 서로 다른 신념을 바탕으로 밭을 관리한다는 의미였다.

전동 트랙터와 정밀 파종기의 바퀴 자국이 선명한 잉글리시 농장에서 가을강아지풀은 작물을 뚫고 올라왔다. 이른 봄 촉촉한 밭에 돌린 중장비로 단단하게 다져진 흙에서 가을강아지풀이 무럭무럭 자라고 있었다. 그런 조건에서 가을강아지풀은 다른 볏과 식물을 가볍게 따돌린다. 유전자변형 옥수수와 대두를 연이어 생산하고 제초제, 화학비료, 화석연료를 사용하는 농업 시스템 안에서 가을강아지풀은 밭을 장악했다. 농부들은 매해 똑같은 제초제를 사용했을 것이다. 제초제는 내성이 높아진 유전자를 물려주는 몇 종을 제외한 대다수 잡초에 효과가 있었고, 농장 이쪽에서 저쪽까지 작물이 균일하게 자랐다. 나는 그곳에서 채취한 표본을 통해 이 밭의 종자은행에 30종 이상의 잡초 씨앗이 있다는 걸 알고 있었다. 하지만 돋아난 모습을 보니 가을강아지풀은 나머지 잡초를 압도하고 있었다. 지속적인 재배로 지력이 소모되고 있다는 생물학적 지표였다.

말을 이용해 밭을 가는 아미시 농장의 경우, 옥수수 개체군의 밀집도가 낮고 열이 고르지 않았다. 클로버와 곡물을 4년마다 돌려심고 식재 시기가 다소 늦기 때문에, 이곳의 토양 조건은 가벼운 토양에서 더 잘 자라고 가을강아지풀보다 늦게 싹 트는 금강아지풀에게 유리했다. 이 지역의 아미시 농부들은 제초제를 거의 혹은 전혀 사용하지 않는다. 대신 말이 독창적으로 설계된 경운기를 끈다. 결과적으로 몇 가지 잡초가 뒤섞여 나타났다. 어느 한 잡초가 밭을 장악하지 않았고, 당연히 제초제 저항성을 발달시키는 선택압도 없었다.

강아지풀 단독이든 여러 종이 뒤섞인 잡초든 식물 자체가 도덕적 혹은 윤리적으로 좋거나 나쁜 것은 아니다. 강아지풀은 생물학적 선택의 결과일 뿐이다. 한 농법을 쓴 밭에는 제초제 분사의 결과 단일 종의 잡초가 끈질기게 들끓었고, 점점 더 많은 제초제가 필요해졌다. 다른 농법을 쓴 밭에서는 작물과 덜 경합하고 더 쉽게 보아 넘길 만한 잡초 종들로 생물 다양성이 높아졌다.

그 밖의 차이점도 있었다. 잉글리시 농경지 대부분은 주인이 근처에 살지 않았다. 그들은 옥수수와 대두의 공급, 식재, 방제, 수확, 건조, 저장, 판매를 위해 인근의 곡물 엘리베이터와 계약을 맺었다. 땅의 양분을 뽑아내 먼 곳의 구매자에게 판다는 점에서 농부라기보다는 광부에 가까웠다. 반면에 아미시 농장을 돌보는 농부들은 자신과 땅이 속한 공동체 안에서 생활하고 물건을 사고 경매에 참여하고 은행 업무를 보고 예배에 참석했다.

아미시 사람들은 수수한 옷차림에 마차를 타고 다닐지언정 유기농, 바이오다이내믹과 여타의 대안적인 농법에 관한 한 누구보다도 현대적인 혁신성과 진취성을 보여주었다. 그들의 농사 방식을 보니 농업 국가를 세우고자 했던 토머스 제퍼슨의 이상이 떠올랐다. 규모는 한 사람이 관리할 수 있는 정도로 작았고, 공동체의 교류와 지지가 뒷받침되어주었다. 그 가능성이 여기 소박한 모습으로 서 있었다. 그들의 범상치 않은 운영 방식은 땅, 야생동물, 그리고 인간을 포함한 공동체 전체를 지탱하고 지지해주었다. 여느 농업 기업뿐 아니라 미국 자유 시장 체제가 본보기로 삼는 모습과 일치했다. 한 가지 차이점이 있었다. 그들은 지구가 유한하고 자원, 수요, 성장에 한계가 있음을 인식했다. 그러한 한계 안에서 자원의 재생, 다각화, 순환을 강조하는 농사를 지었다.[24] 아미시 농장에도 잡초성 강아지풀은 있었다. 하지만 혼자서 위압감을 과시하는 게 아니라 조금 성가신 존재로서 다른 잡초들과 함께 골고루 섞여 있었다.

의미가 깃든 곳

종자은행과 가을강아지풀에 관한 프로젝트는 2012년 무렵 마무리되었고, 나는 최종 보고서를 썼다. 농부들이 아로니아나 찔레나무를 믿고 방제 결정을 내리리라 기대하다니, 처음부터 미친 생각이었는지도 몰랐다. 목본류의 개화와 잡초의 발아 시기가 아무리 규칙적이라고 해도, 농부들이 그동안의 습관을 바꾸고 제초제 살포를 줄이게 될 가능성은 크지 않았다.

하지만 우리는 연구를 진행하면서 짧은 기간이나마 자연의 시간 척도에 따라 생활해보았다. 아침마다 무릎 꿇고 앉아서 밤새 돋아난 강아지풀 싹이 몇 개인지 열심히 세었다. 숲을 거닐며 서서히 열리는 봉오리와 꽃의 수를 기록했다. 나무를 덮은 이끼의 빛깔이 달라지고, 잎을 파먹는 곤충들이 처음 나타나고, 늪에서 청개구리가 울고, 나무 끝에서 울리는 새들의 합창 소리가 바뀌는 것을 알아차리지 않을 수 없었다. 자그마한 강아지풀 잎사귀가 한껏 몸을 뻗어 지표면을 뚫고 나와 광합성 활동을 개시하는 일은 단풍나무 줄기를 타고 흘러내리는 수액과 연결되어 있었고, 가장 높은 잎눈이 열리는 일은 봉오리, 꽃, 잎, 곤충, 새, 거미, 개구리를 비롯해 봄이 펼쳐지면서 차례로 대열에 합류하는 다른 모든 생물의 출현을 예고했다.

프로젝트를 거의 마무리 지을 무렵, 나는 83번 도로를 타고 다시한번 밭과 잡초와 꽃나무들을 살펴보러 나섰다. 소로의 목소리가 배경에 깔렸다. 구불구불한 구릉지대를 통과해 수염 달린 옥수수가 끝도 없이 늘어선 밭을 지나던 나는 풍요로운 작물과 주민들의 궁핍 사이에서 왠지 모를 불편감을 느꼈다. 여러 훌륭한 토지 공여 대학교국유지를 각 주의 농과대학에 무상으로 제공하는 제도에 따라 설립된 학교。옮긴이에서 농업경제학을 공부하는 내내, 대전제는 농산물을 관행농법에 따라 기계화하여 생산하는 일이 '농업'이라는 것이었다. 우리는 '세상을 먹여 살리려면' 이 시스템이 '필요'하다고 가정했다. 작물 '농장'은 점점 더 커지고 운영이 전문화되어야 한다고 생각했다. 그래야만 농가들이 번영할 수 있다고 여겼다. 창밖으로 보이는 밭들은 대부분 화학약품, 유전자조작, 디지털 시스템으로 옥수수와 대두를 생산했고, 그걸 우리에 가둔 동물의 사료로 썼으며, 거대 기업의 이사회가 지시한 방식대로 액상 과당과 에탄올을 만들었다. 그리고 그 대전제는 어떠한 이의 제기도 없이 이어지고 있었다.

나는 큰길에서 빠져나왔다. 코코싱강에서 멀리 떨어져 있고 머스킹엄강 유역도 완전히 벗어난 지점이었다. 흙 속에 묻힌 씨앗을 채집하러 다니던 길에 나는 포우하탄, 톤토가니, 피쿠아라는 이름의 장소들을 통과했었다. 와키나 보존 구역부터 테쿰세 자연보호 지역을 누볐고 마미, 시오토, 마우미, 올렌탕이라는 이름의 강들을 지났다. 그 이름들은 이 땅이 한때 지구, 자연, 인간과의 관계에 대한 관점이 우리와 달랐던 다른 문화의 본거지였음을 되새겨주었다. 벤저민 프랭클린과 미국 민주주의의 창립자들은 존중의 마음이 담긴 그들의 문화에 감명을 받았다.[25] 그들은 수백 년 동안 똑같은 마을과 언덕에 살면서 산꼭대기를 허물지도 야생동물 서식지를 파괴하지도 물과 공기라는 공유 자원을 오염시키지도 않았다. 부, 자원, 사회적 평등, 식량, 농업, 그리고 잡초에 대해 우리와 다른 시각으로 수 세대에 걸쳐 흙을 일구고 이 땅을 관리해왔다.

밀러스버그 남쪽에서 시작된 월혼딩강과 투스카라와스강은 넓은 골짜기를 타고 흐르다가 머스킹엄강과 합류해 오하이오강을 만난다. 이곳은 오하이오주에서 빙하의 영향을 받지 않은 지역 가운데 가장 비옥한 골짜기 중 하나로, 융빙 유수 퇴적물빙하가 녹으면서 흐른 물이 운반해온 퇴적물·옮긴이로 인해 충적토가 형성된 곳이다.

이 지역이 특별히 내 흥미를 끌었던 이유는 우리 가족이 여기서 동쪽으로 약 40킬로미터 정도 떨어진 언덕의 낡은 농가를 최근 매각한 상황이었기 때문이었다. 나는 여러 해에 걸쳐 이곳을 답사했다. 원래 강 유역에는 유럽에서 온 정착민들 때문에 펜실베이니아 동부에서 밀려난 레나페족(델라웨어족이라고도 한다)이 정착해 있었다. 골짜기는 고지 단풍나무, 떡갈나무, 느릅나무가 숲을 이루었고, 레나페족에게 친숙한 자원과 생태계로 둘러싸여 있었다. 그들은 게켈레무크페친크(지금의 오하이오주 코쇼크턴)에 자리 잡은 고도로 조직화된 정착촌을 중심으로 높은 수준의 경제와 시민사회를 발달시켰다. 기초적인 도구들을 사용해 땅을 천천히 개간했다. 생물학적 달력에 따라 개암나무꽃이 피는 5월에 옥수수를 빈 자리에 심었다. 옥수수와 다른 작물들은 기계화나 심지어 쟁기도 없이 저지대 일대의 땅 수천 에이커로 확장되었다. 그들은 몇 개의 강 유역에 걸쳐 스스로 먹고 나머지를 내다 팔 만큼의 양을 생산했다. 쌓아 올린 흙무더기에 손으로 심은 자유방임 수분 옥수수, 덩굴성 강낭콩, 포복성 늙은 호박과 애호박과 멜론이 옛 방식에 따라 무성하게 자랐다. 밭에서도 식탁 위에서도 서로를 보완해주는 작물들이었다.

그 시스템에도 잡초는 분명히 있었다. 내가 찾을 수 있었던 최선의 자료에 따르면 작물을 심은 후 (여성들이) 흙무더기를 다독여 자리를 잡아주고 잡초를 뽑았다고 한다. 옥수수가 제일 먼저 돋아났고 강낭콩이 그 뒤를 이었으며 늙은 호박과 애호박이 땅을 덮으면서 이랑 주변을 채웠다. 몇 년 뒤에는 다른 밭으로 옮겨갔다. 아마도 토양의 양분 고갈과 잡초 때문이었을 것이다. 1767년부터 1780년까지 레나페족과 함께 생활하고 일했던 모라비아 선교사 겸 사학자 데이비드 자이스버거David Zeisberger에 따르면 그들은 "밭에 풀이 자라기 시작하면 그곳을 그냥 놔두고 새로운 땅을 일구었다. 뿌리째 풀을 뽑는 것은 너무 번거로운 일이라고 여겼기 때문이었다."[26]

잡초, 특히 볏과 잡초는 세 자매옥수수, 콩, 호박 세 가지 작물을 함께 심어 키움으로써 서로 이익을 얻게 하는ㅡ아메리카 원주민들의 세 자매 농법에서 나온 비유ㆍ옮긴이에게 피해를 주었다. 우리가 오늘날 농촌에서 보는 강아지풀은 없었지만 기장속*Panicum*, 꼬인새속*Danthonia*, 나도솔새속 *Andropogon* 잡초들이 있었다.[27] 강아지풀, 금강아지풀, (아마도) 뿌리혹강아지풀은 유럽인들이 레나페족을 몰아내기 전까지 이 골짜기에 나타나지 않았다. 레나페족의 사려 깊은 작물 생산 방법은 호혜주의 이념을 바탕으로 한 그들의 세계관과 맞아떨어졌다. 그들은 땅에서 얻은 것을 땅으로 되돌려보내 인간의 삶을 지탱해주는 흙을 다시 채웠다. 외부인의 침입이나 골치 아픈 볏과 잡초 때문에 어쩔 수 없이 삶의 터전을 옮기더라도, 그들은 놀라운 회복력으로 새로운 고향을 세우고 땅과 유대감을 쌓았다.

　나는 종자은행의 표본을 채취했던 밭 몇 군데에 들러 옥수수 이랑 사이에 모습을 드러낸 잡초 종을 확인했다. 한여름에 나올 잡초들과 아직 종자은행에 있는 수십 가지 다른 잡초까지, 내 앞에 있는 모든 생물 종을 머릿속으로 그려보았다. 그들 모두는 수백 가지 곤충, 곰팡이, 박테리아, 선충 및 다른 유기체들과 연결되어 있었다. 이것은 잡초를 바라보는 기술로, 잡초 공동체를 더 큰 생물 군락, 궁극적으로는 인간 공동체와 연결 짓는 방법이었다.

　이 밭에 생긴 잡초 중 일부는 몇 세대 전 이 땅을 점유한 사람들이 괭이로 파내거나 버려둔 식물의 먼 후손이었다. 내 종자은행 표본들은 오랜 세월에 걸쳐 타가수분한 잡초 유전형의 역사를 담고 있었다. 그들의 유전 역사는 과거로 거슬러 올라가 이 땅을 돌보아온 사람들의 생각을 말해주었다. 이 밭의 종자은행에 있는 종 가운데 이 땅의 원래 거주자들과 함께했던 종은 거의 없었다. 지금 이 밭의 잡초 대부분은 다른 곳에서 들어왔고, 그들의 역사는 유럽, 아시아, 미국 서부와 남아메리카에서 시작되었다. 화석연료, 기계화, 농약을 사용하는 이 지역의 현대적인 농업 관행은 농경선택으로 작용해, 생물 다양성이 전반적으로 낮아졌다. 결과적으로 강아지풀과 소수의 광엽 잡초들이 유리해졌다.

다시 희망을 생각하다

나는 식물의 가소성과 인간의 가능성에 비쳐 세타리아가 우리에게 희망을 줄 수 있다고 암시하면서 이번 장을 시작했다. 유년기를 보냈던 오하이오에 다시 돌아와 강아지풀과 여러 잡초를 연구하면서 지켜본 사회와 환경은 실망스러운 면이 없지 않았다. 그러나 자연계와 공동체의 상실에 대응하기 위한 첫걸음으로, 나는 인식, 이해, 수용을 바탕으로 한 대안적인 삶의 방식이 가능할지 따져보기로 했다.

소로는 희망과 변화의 잠재력을 상징하는 씨앗을 믿었다. 그는 당대의 관념에 의문을 제기했고, 의미 있는 삶을 살려면 각 개인이 양심에 따라 옳고 그름을 판단해야 한다고 했다. 소로는 씨앗에 관해 묵상하면서 풍요, 결실, 그리고 공동체의 밑바탕이 되고 새로운 세대에 희망을 주는 인간관계를 칭송했다.[28]

강아지풀은 씨앗의 생리적 가소성 덕분에 잡초로 성공할 희망이 있다. 강아지풀 씨앗의 이 놀라운 능력은 힘든 시기를 넘길 수 있는 회복력을 부여해 너무 덥거나 춥거나 습하거나 건조한 때를 피할 수 있도록 해주었다. 물론 그러도록 지시하는 유전 명령도 씨앗 안에 들어 있다. 하지만 강아지풀의 놀라운 가소성조차 한계는 있다. 어쨌거나 그들은 식물이다. 유전자 재조합과 진화를 통해서만 변화를 끌어낼 수 있다.

이에 반해, 강아지풀의 공진화 파트너는 잠재적 가소성이 어마어마하다. 희망을 품어야 할 이유도 그만큼 크다. 특히, 메리 올리버Mary Oliver 오하이오주 출신의 자연주의 시인 · 옮긴이가 말한 이른바 "겁많고 돈 좋아하는 세상" 바깥에 번창하는 시골 공동체의 혁신과 활력에서 희망을 엿볼 수 있다. 이들 공동체는 자연의 리듬에 따라 운영되며 신뢰, 다정함, 그리고 몇 가지 불편한 잡초에 대한 포용을 경제의 밑바탕으로 삼는다.

산업형 농업의 손길이 아직 미치지 않은 곳에서 수로, 늪지대, 산허리를 따라 이어지는 녹색의 조각보들은 인간의 조작에 대응해 자연이 흔드는 저항의 깃발이다. 서식지 단편화인위적 혹은 자연적인 요인에 의해 서식지가 분할되는 현상 · 옮긴이를 비롯한 다른 압박이 증가함에도 환경 변화에 꿋꿋이 적응하는 동식물군은 자연의 회복력을 증명해준다.

가을강아지풀이 환경 전체를 장악하는 볏과 잡초가 된 것은 미리 결정되어 있던 일이 아니었다. 땅과 자원 이용에 대한 태도가 다른 곳에서는 아직 주요 잡초가 아니다. 세타리아가 가능성과 희망을 상징하는 이유가 여기에 있다. 우리에게는 다른 가능성이 있다. 소로가 시사했듯이, 개개인이 그런 가능성을 갖고 어떻게 행동하느냐에 달려 있다. 우리가 어떻게 농사를 짓고, 먹고, 소비하고, 서로를 대하고, 자연을 대하느냐에 달려 있다. 이러한 선택에 따라 우리가 어떤 존재가 되고 무엇이 잡초가 될지가 결정될 것이다.

Epilogue

사람이 있는 곳에 잡초가 있다

*
*
*

　사람이 생활하고 즐기고 이동한 곳이면 어디든지 한두 종의 잡초가 끼어들어 흥을 깨고 결실을 망쳐왔다. 잡초의 자연사와 인간의 역사는 불가분의 관계다. 어떤 잡초는 예로부터 성가신 존재였고 어떤 잡초는 최근에 골칫거리가 되었다. 잡초들은 인간의 창의성, 상상력, 모순 행동을 끌어들임으로써 식물계의 말썽꾸러기로 큰 성공을 거둘 수 있었다.

　잡초와의 오래된 싸움은 환경, 사회, 윤리 등 오늘날 우리가 벌이는 다른 싸움들과 연결되어 있다. 제멋대로 자라는 이 식물들은 식량 생산 시스템의 주적으로 인식되고 있다. 값비싼 방제 비용을 차치하고서라도, 잡초는 농업 생산성을 떨어뜨리고 식품 가격을 높이며 사람과 동물의 건강과 안전을 위협하는 등 수십억 달러의 사회적 비용을 발생시킨다. 현재까지 이 모든 문제에 대한 비난의 화살은 자연의 규칙에 따랐을 뿐인 식물들에게 돌아갔다. 분명한 건 식물들이 혼자의 힘으로 그러한 사회·환경·경제 혼란을 일으킬 수는 없었다는 사실이다. 공진화 파트너의 조력이 있었기에 보잘것 없는 식물들이 그러한 소동을 일으킬 수 있었다.

잡초 딜레마의 본질을 더 깊이 이해하기 위해, 나는 인간의 태도와 행동이 식물의 생리와 어우러지는 근본적인 원리를 탐구하고자 했다. 어떤 식물이 갑자기 악의를 갖고 유해 식물로 탈바꿈하는 것이 아니었다. 사람들도 대부분 선의를 바탕으로 움직였다. 좋은 이웃이 되고 대출금을 갚고 제2의 더스트볼을 방지하고 지난날의 선택으로 발생한 문제를 해결하고자 했을 뿐이다. 그저 세상을 먹여 살리고자 했을 뿐이고, 계속 주주들을 만족시켜야 했던 사람도 있었다.

오늘날 지구의 모든 것은 인간의 영향을 받고 있다. 잡초도 마찬가지다. 한때 '자연'이라고 여겨졌던 것은 탄소 과부하, 침입 생물, 생물종 손실로 인해 돌이킬 수 없을 정도로 달라졌다. 농업, 산업, 군사 활동 등으로 인한 서식지 파괴가 주된 원인이다. 유전자를 편집하는 세상이 우리 앞으로 훅 다가왔다. 우리가 맞이할 미래는 어느 때보다도 불확실하다. 자연사를 연구하며, 잡초의 야심을 억누르려고 채택한 기술이 사회와 환경에 어떤 여파를 미쳤는지 살펴보는 과정은 썩 마음이 편하지 않았지만 교훈적이었다. 어쩌다 우리는 한 걸음만 더 가면 지구의 존재 자체에 위협을 가할 지경까지 이르게 된 걸까? 나는 평범한 식물이 평범한 인간과 평범한 방식으로 상호작용한 결과에서 약간의 통찰을 찾을 수 있다는 생각에서 이 책을 썼다.

쥐띠 해에 발생한 역병

이 책은 SARS-CoV-2 즉, 코로나바이러스(COVID-19)가 등장하기 전에 기획하고 (대부분) 집필했다. 이 바이러스는 우리가 서로에 대해, 세계 식량 시스템에 대해, 그리고 자연에 대해 생각하고 행동하는 방식을 바꾸어놓았다. 이제껏 알려지지 않았던 RNA 바이러스가 지구 전역에서 인간 활동을 변화시켰다는 사실에 많은 이가 깜짝 놀랐다. 하지만 인간과 잡초의 끊임없는 뒤엉킴을 떠올린다면 새로운 코로나바이러스와 잡초 대부분은 인간이 과학을 오해하고 자연을 잘못 관리한 데서 비롯되었다는 것을 알 수 있다. 우리 주변에는 수천 가지의 야생식물이 있고 대부분은 인간에게 해를 끼치지 않으며 다수는 꼭 필요하다. 잡초는 인간이 그 식물들의 환경을 교란하고 다른 곳으로 옮겨놓고 경쟁 식물을 없애고 자원에 변화를 주고 그들 가까이 접촉할 때 발생한다. 마찬가지로, 우리 주변에는 수백만 가지의 바이러스가 있고 대부분은 인간에게 해를 끼치지 않으며 몇 가지는 꼭 필요하다. 종간 감염_{spillover} _{동물 바이러스가 종간 장벽을 넘어 인간에게 넘어와 질병을 일으키는 현상·옮긴이}은 인간이 대체 숙주를 교란하고 천적을 죽이고 서식지에 변화를 주고 본의 아니게 그들 가까이 접촉할 때 발생한다.

기본적인 진화 생리를 무시한다면 우리는 다음번 종간 감염이나 전염병 발생으로 계속 위협을 받을 것이다. 잡초가 된 몇몇 식물의 자연사를 살펴봐도 똑같은 일이 벌어졌고, 인간이 제 꾀에 걸려 넘어졌음이 드러났다. 기이한 것은 잡초의 생리가 아니라 인간의 대응이다. 근본적인 사회·경제적 변화를 도모해 그런 일이 다시 일어나지 않도록 막거나 다음 위기에 대비할 생각을 하지 않고, 일단 눈앞의 변화를 부인하고 비난하며 등한시하기 때문이다. 이러한 패턴은 농약에 저항성이 있는 유해 식물에 대처하는 농촌 공동체에서도 낯설지 않게 발견된다.

그 어떤 잡초도 바이러스성 질병처럼 고통스럽지는 않다. 하지만 잡초는 수많은 사람의 시간, 에너지, 생산성, 행복을 빼앗아갔다. 이 책의 이야기들은 잡초가 성가시며, 여전히 박멸하기 어렵다는 것을 잘 보여준다. 내가 전하고 싶은 핵심은 두 고난의 경중을 비교하자는 것이 아니라 잡초, 해충, 식물병, 바이러스 팬데믹이 진화생물학과 인간 행동의 교차점에서 발생한다는 사실을 깊이 이해하자는 것이다.

팬데믹 경험은 지구의 회복력에 대해서도 무언가를 알려줬다. 전 세계적으로 인간의 활동이 줄어들었을 때, 깨끗해진 하늘과 맑아진 물은 새로운 가능성을 제시해주었다. 공기 오염, 연료 소비, 교통 소음도 감소했다. 일정 시간이 지난 뒤 각 지역의 인류는 '회복'을 위해 힘썼고, 이는 곧 자연의 시스템을 파괴하고 바이러스 출현을 불가피하게 한 분주한 활동과 자원 착취를 재개한다는 뜻이지만, 지구는 잠시 숨을 돌릴 수 있었다.

팬데믹 시대의 삶은 우리에게 놀라운 가소성이 있음을 가르쳐주었다. 물론 적응력만으로 문제가 해결되는 것은 아니다. 수많은 사람이 놀라운 적응력을 발휘해도 극악의 빈곤을 면치 못한다. 하지만 우리가 타고난 가소성 덕분에 팬데믹 시대에 다르게 행동할 수 있었던 것처럼, 앞으로 어떤 상황이 닥치든 그 가소성을 이용해 지구를 다르게 대하고 서로를 다르게 대할 수 있을 것이다. 질병과 기후 위기로 인한 전 세계적인 위협 때문만이 아니라, 그것이 모두가 함께 사는 더 나은 방법이기 때문이다.

작은 변화를 옹호하며

대규모 농업을 비판하는 사람들을 쉽게 찾을 수 있다. 대안 농업을 비판하는 사람도 있다. 특히 유전자변형 기술이라는 의제는 지속 가능 아니면 지속 불가능, 안전 아니면 위험이라는 양극단으로만 갈리는 듯하다. 나는 현재의 농업 관행이 우려스럽다. 기술 산업형 농업 시스템도 마찬가지다. 생물과 인간의 역사를 탐색한 이 책을 통해 독자들도 농업, 잡초, 자연과 자신의 관계를 숙고해볼 수 있기를 바란다.

어떻게 하면 자연을 존중하는 방식으로 식량 생산을 지속하면서 갈수록 늘어나는 도시 인구가 좀 더 건강하고 공정하며 배려하는 삶을 영위하도록 할 것인지는 감정적인 차원 이상의 문제다. 농작물이 식량 생산의 중심축으로 남아 있는 한, 잡초도 그 자리를 지킬 것이다. 허리 굽혀 평생 잡초 뽑는 일을 하고 싶어 하는 사람은 아무도 없다. 시대를 초월한 이 딜레마에 대한 답은 아직도 미지의 영역에 있다.

산업형 농업은 소비자들이 변화를 일으킬 때 달라질 것이다. 소비자들이 기꺼이 비용을 감수하려 한다면 농부들은 생산 방법을 찾아낼 것이다. 우리는 음식을 먹을 때마다 지속 가능한 식량 생산에 관한 의견을 표명할 수 있다. 밀집 사육 시설의 환경·윤리적 문제에 대해 부엌에서 반대표를 행사할 수 있다. 무엇을 먹거나 먹지 않을 것인지에 관해 우리가 내리는 선택은 정부의 식품 정책에 관여하는 여러 업계에 영향을 끼칠 것이다. 과학자들은 자신이 수행하는 연구를 통해 의견을 표명할 수 있다. 제초제와 옥수수 생산 연구에 반대하면 좀 더 흥미롭고 윤리적으로 바람직한 다른 연구 기회가 열릴 수 있다. 모두가 각자의 자리에서 선택을 내려야 한다. 판단 지침으로 삼을 만한 과학적 정보는 이미 풍성하게 나와 있다. 조금 더 공정하고 환경에 책임을 지는 식생활과 인생을 영위하고 싶다면, 유일한 방법은 거울 속의 인물에게서 찾을 수 있을 것이다.

희망과 선의

사람이 있는 곳에 잡초가 있다. 이것은 피할 수 없는 진실이다. 자원 채굴, 배기가스, 인구문제, 식량 생산에 대해 생물물리학물리학의 이론과 방법을 이용하여 복잡한 생물학의 문제를 설명하려는 분야。옮긴이 관점으로 지구의 수용력을 따져 공정하고 회복력 있는 사회가 유지되기를 기대하는 한, 잡초성 식물의 선택과 적응은 앞으로도 계속 이어질 것이다. 진정으로 민주적이고 공정한 경제 체제를 만들어 자연의 시스템을 존중하고 되살린다면 농업은 크게 달라질 것이다. 작물, 토양, 그리고 필연적으로 농경선택압에 미치는 영향이 있을 것이고, 잡초는 놀라운 가소성과 유전 변화 역량으로 이에 대응할 것이다. 식물들이 자원과 환경의 변화에 반응해 새로운 잡초가 탄생할 것이다. 인간은 다시 식물의 진화에 반응할 것이고, 이것은 새로운 선택압으로 작용해 잡초는 진화를 계속할 것이다. 미래의 생산을 염두에 둔 농업 전문가들 사이에서 요즘 '기후 스마트 농업'이라는 단어가 유행이다. 가뭄과 고온에 적응한 작물을 생산한다는 의미다. 물론 기후 스마트 잡초의 진화도 이미 진행 중이다.

현대 사회가 인류세라는 배를 다른 방향으로 돌릴 가능성은 작아 보일 수 있다. 하지만 코로나바이러스의 세계적인 대유행에 대한 초기 대응은 지금(혹은 지금까지)의 상황이 달라질 수 있음을 증명해주었다. 잡초의 역사도 우리에게 그렇게 말해준다.

팬데믹 이후의 세계에서 우리가 어떤 식으로 생활하고 농사짓고 식사하기로 선택하든, 미래의 농업에 따라 지금의 '골치 아픈' 잡초는 중요하지 않은 잡초가 될 것이 확실하다. 마찬가지로, 우리가 지금 대수롭지 않게 여기는 떠돌이 식물이 주요 잡초가 될 것이다. 인간이 상호작용하며 운송, 판매, 공유, 수정하고 물 주고 돌보고 길러온 종들을 경계해야 한다. 즉 실용적 혹은 정서적 면에서 사람의 이목을 끌고 관심을 호소하는 식물들을 조심해야 한다. 식물은 호감을 얻는 쪽이든 경멸을 받는 쪽이든 인간의 개입에 따른 환경 변화에 대응해 진화하고 달라질 것이다. 식물의 전 세계적인 이동은 생물학적 카드를 계속 뒤섞고 (애정과 동경의 대상이 될 수도 있지만) 농사에 정말 유해한 종을 새로운 지역에 유입시킬 잠재성이 있다. 이러한 종은 가소성과 환경 적응력 덕분에 살아남을 것이다. 식물의 회복력은 자연의 회복력을 반영하며, 자연 안에서 인간과 잡초는 밀접하게 얽혀 있다.

　잡초는 인간 본성이 식물에 표출된 결과이자 식물과 인간 사이에서 예로부터 지금까지 이루어진 상호작용의 결과이기 때문에 잡초화 패턴은 끊임없이 되풀이된다. 새로운 작물 생산법이 등장하면 새로운 잡초가 등장한다. 잡초의 성공 여부는 공진화 파트너가 탐욕, 근시안, 게으름, 순진함, 기술 집착, 교만 같은 인간 특유의 형질을 어떻게 발현하느냐에 달려 있다. 다시 한번 말하지만, 사람이 있는 곳에 잡초가 있다.

　수천 종의 식물 중에서 잡초는 인간과 친밀하게 상호작용하는 작은 부분집합에 해당한다. 우리는 계속해서 잡초와 공진화의 춤을 추고 있으며, 그 좌절과 반발의 탱고는 갈수록 심각한 잡초화로 이어지고 있다. 우리는 지구상의 유기체 중 아주 작은 일부분에 불과한 그들과 천 년 넘게 뒤엉킨 상태로 지내왔다. 인간이나 지구 입장에서 항상 좋은 결과만 있었던 것은 아니다. 그 증거는 밭과 공터, 보도의 갈라진 틈에 무수히 널려 있다. 어쩌면 약간은 겸손이 필요한 때인지도 모른다. 우리는 결국 잡초를 당해내지 못했다. 어쩌면 생물을 건드리는 일에 대한 자만을 조금 내려놓고 눈부신 기술로 할 수 있는 일에 대한 기대치를 조금 낮추어야 할 때인지도 모른다. 자연이 지금까지 해준 일과 앞으로 해줄 수 있는 일에 조금 더 감사를 표해야 한다. 한편, 알려진 방식과 아직 알려지지 않은 방식으로 진화를 계속하는 이 특별한 녹색 생명체의 적응력에 대해서는 조금 더 존중하는 마음을 갖는 것이 좋을 듯하다.

프롤로그: 잡초라는 식물에 대하여

1. 이 책에서는 미국잡초학회WSSA가 인정하는 일반명을 사용했다. 일부
   는 미국 농무부 식물 데이터베이스 'PLANTS'의 일반명과 차이가 있다.
   학명이 상충하는 경우는 미국통합분류학정보시스템ITIS을 따랐다. 현
   대적 명칭이 만들어지기 이전 시대에 관해 이야기할 때는 역사적 명칭
   을 사용했다. 예를 들어, 민들레dandelion와 어저귀velvetleaf라는 이름으로
   알려지기 전의 식물에 관한 설명에서 '타락사쿰'과 '아부틸론'을 사용했
   다. 잡초의 명칭과 정체성을 둘러싼 혼동은 이 책에서 다루는 이야기의
   일부다.

2. Emerson, Ralph Waldo 1878, 3.

3. Blatchley 1912, 6.

4. Baker 1965.

5. 이것은 침입 식물이 아닌 잡초에 관한 이야기들이다. 잡초는 화분, 텃
   밭, 잔디밭, 황무지, 대규모 농업에서 인간의 교란(파내기, 쟁기질, 경운, 살
   포 등)에 의해 유지된다. 이에 반해, 침입 식물은 인간의 간섭이 거의 없
   는 '자연스러운' 환경(숲, 삼림지대, 늪지 등)에서 자란다. 식물은 인간이
   환경에 어떻게 개입하느냐에 따라 잡초인 동시에 침입 식물이 될 수 있
   다. 이러한 구분은 논박의 여지가 있다. 가령, 고도로 변형된 산업 생태
   계에서 자라는 돼지풀에 대해서는 두 가지를 구분 없이 사용했다.

6. Harari 2015, 94.

7. 노예 생활은 오랫동안 농업과 결부됐지만 원래는 채굴, 기념물 건축과

기타 저평가된 단순노동을 포함했다.

8. De Wet and Harlan 1975, 99.

9. Darlington 1847.

10. Selby 1897, 275.

11. Van Wychen 2018.

민들레

1. 순서는 A.J. 리처즈A.J. Richards의 1973년 논문을 따르되 시기는 그보다 최근인 호세 L. 파네로Jose L. Panero 등의 2014년 분석을 따랐다.

2. Panero et al. 2014, 49.

3. O'Connor 2008, 147.

4. Van Dijk 2009, 48; Wright, Kalisz, and Slotte 2013, 7; Noyes 2007, 207.

5. Richards 1973, 190.

6. Mitich 1989, 537.

7. 몇 가지 종의 타락사쿰이 '민들레dandelion'라는 이름으로 불린다. 여기에 언급된 모든 종이 무수정생식을 하는 북아메리카의 타락사쿰 오피키날레와 관련된 것은 아니며, 2배체와 3배체 타락사쿰이 섞여 있다.

8. Haughton 1978, 104; Mitich 1989, 538; Stewart-Wade et al. 2002, 825; Sturtevant 1886, 5.

9. Stewart-Wade et al. 2002, 832.

10. Kalm 1937, 379.

11. 네 편의 시 제목은 「민들레 파리한 꽃대에The Dandelion's pallid tube」, 「본 사람은 아무도 말하지 않았다None who saw it ever told it」, 「앙증맞고 귀여운 하늘 벙거지Its little Ether Hood」, 「개 데리고 집 나선 그때I started Early—Took my Dog」다.

12. Jenkins 2015, 117.

13. Robbins 2012.

14. 헨리 워즈워스 롱펠로의 「하이와타와 머지키위스Hiawatha and Mudjekeewis」 에서 「북풍North Wind」 부분.

15. Solbrig 1971, 687.

16. Darwin 1897, 551.

17. Troyer 2001, 291.

18. Davis 1979, 85.

19. Robbins 2012, 115.

20. Rüegg, Quadranti, and Zoschke 2007, 272.

21. Grube et al. 2011, 115.

22. Bernfeld 1946, 6-7.

23. Walt Whitman, "The First Dandelion," New York Herald, March 12, 1888, 4.

24. Grube et al. 2011, 25.

25. Rutherford and Deacon 1974, 251.

26. Rasmussen 2001, 299.

27. Garabrant and Philbert 2002, 233; Loomis et al. 2015, 891; Perry 2008, 230.

28. Harris and Solomon 1992, 10.

29. Marcato, Souza, and Fontanetti 2017, 120.

30. Grover, Maybank, and Yoshida 1972, 320.

31. Alavanja, Ross, and Bonner 2013, 120.

32. Benfeito et al. 2014, 8; Ioannou, Fortun, and Tempest 2019, R15; Perry 2008, 233.

33. Alexander et al. 2017, 1.

34. Harlan and Wet 1965, 17.

35. Finlay 2009, 45.

36. Whaley and Bowen 1947, 11.

37. Beilen and Poirier 2007, 218.

38. Iaffaldano 2016, 1-10.

39. Zhang et al. 2017, 34.

40. 두 종은 배수성, 즉 게놈의 DNA 사본 개수에서 차이가 있다. 민들레는 3배체(3n) 식물이지만 TK는 2배체(2n) 강제 이종교배종이다. 만약 교배하는 경우, 염색체 수의 균형이 맞지 않고 자손의 배수성도 불확실해져서 생식 능력이 사라질 가능성이 크다.

어저귀

1. Burrows and Wallace 1999, 301.

2. Morison 1950, 8-10.

3. Sharma 1993, 274.

4. Vavílov 1992, 311.

5. Hu 1955, 31.

6. Henry 1891, 250.

7. Linnaeus 1753, 2:685.

8. Zimdahl 1989, 4.

9. Dodoens 1987.

10. Hymowitz and Harlan 1983, 371; Swingle 1945, 88.

11. Ewan and Ewan 1970, 108.

12. Gronovius and Clayton 1762, 79.

13. Miller 1754, 8.

14. Barton 1827, 91.

15. Barton 1827, 91.

16. Jefferson 1999, 53.

17. Muhlenberg 1793, 174.

18. Madison 1810.

19. Madison 1815.

20. Jensen 1969, 108.

21. Ratner 1972, 17.

22. American State Papers 1825.

23. Morison 1961, 254.

24. Darlington 1826, 77.

25. Darlington 1859, 65.

26. Allen 1870, 1.

27. Ellstrand 2019, 550.

28. Darlington 1859, 66.

29. Cardina and Sparrow 1997, 65.

30. Cardina and Norquay 1997, 90.

31. Weiner and Freckleton 2010, 173–90.

32. Howson 1862, 2–3.

33. Dodge 1880, 509.

34. Dodge 1880, 508.

35. New Jersey, State of 1881, 89.

36. Dodge 1880, 509.

37. Dodge 1894, 27.

38. New Jersey, State of 1881, 95–99.

39. New Jersey, State of 1881, 102.

40. Anonymous 1879, 2.

41. Mears and Charles 1898, 10.

42. Anonymous 1881, 4.

43. Dodge 1894, 28.

44. Bensky, Gamble, and Kaptchuk 2004, 300.

45. Hwang et al. 2013, 1918.

46. Kaufmann 1999, 456.

47. Gerhard 1857, 237-38.

48. Dies 1942, 18.

49. US Department of Agriculture 1942, 2-4.

50. 알라클로르는 미국에서 더 이상 판매되지 않는다. 유럽에서는 아트라진과 함께 불법이지만 기형아 출산 및 발암 가능성에도 불구하고 2019년 아트라진에 대한 안전 조치가 약화되었다.

51. Liebman, Mohler, and Staver 2001, 11-13.

52. Kniss 2017, 5.

53. Medović and Horvath 2012, 215.

기름골

1. Sheahan, Barrett, and Goldvale 2017, 27.

2. Holm et al. 1977, 131.

3. Bendixen and Nandihalli 1987, 62.

4. Vries 1991, 29.

5. De Castro et al. 2015, 741.

6. Zohary and Hopf 2000, 2:158.

7. Negbi 1992, 65.

8. Negbi 1992, 62.

9. Schippers, Borg, and Bos 1995, 475.

10. Watts 2011, 2-3.

11. Tumbleson and Kommedahl 1961, 650.

12. Lapham and Drennan 1990, 125.

13. Thullen and Keeley 1979, 502.

14. Okoli et al. 1997, 111.

15. Baumann 1928, 290-91.

16. United Nations 2009.

17. Yuan et al. 2011, 264.

18. Jomo et al. 2016, 1-2.

19. Gouse et al. 2016, 27.

20. Sheahan, Barrett, and Goldvale 2017, 27.

21. Carrier 1923, 239.

22. De Castro et al. 2015, 740-41.

23. Romans 1775, 129.

24. Anonymous 1864; Anonymous 1906.

25. Gray 1862, 490.

26. Dewey 1895, 28.

27. Gray, Robinson, and Fernald 1906, 176.

28. Stoller 1981, 8.

29. Drost and Doll 1980, 229.

30. Tumbleson and Kommedahl 1961, 646.

31. Jing et al. 2016, 325.

32. Codina-Torrella, Guamis, and Trujillo 2015, 406.

33. Pascual et al. 2000, 442.

34. Chukwuma, Obioma, and Cristopher 2010, 710.

35. Gambo and Da'u 2014, 60.

36. Olabiyi, Oboh, and Adefegha 2017.

37. Allouh, Daradka, and Abu Ghaida 2015, 331.

38. Gunnell et al. 2007, 1235.

39. Yuan et al. 2011, 250.

40. Coryndon et al. 1972.

플로리다 베가위드

2016년 세상을 떠난 동료이자 친구 테드 웹스터 박사에게 이 장을 헌정한다. 그는 이 장과 관련된 연구에 크나큰 도움을 주었다.

1. Lorenzi 2000, 36; Wilbur 1963, 152; Zimdahl 1989, 29.

2. Buchanan, Murray, and Hauser 1982, 219.

3. Byng et al. 2016, 17.

4. Burow et al. 2009, 107; Moretzsohn et al. 2004, 11.

5. Lorenzi 2000, 37; Schubert 1945, 430.

6. Hammons, Herman, and Stalker 2016, 3.

7. Jones 1885, 4; Smith 2002, 49.

8. Hammons, Herman, and Stalker 2016.

9. Simpson, Krapovickas, and Valls 2001, 79.

10. Andel et al. 2014, E5346; Murphy 2011, 29.

11. Berhaut 1975, 3:29; Brooks 1975, 29; Rodney 1970, 101.

12. 프랑스 식물학자 미셸 아당송Michel Adanson은 1700년대 중반 세네갈과 감비아를 거쳐 간 여행에 관한 글에서 땅콩에 관해 언급하지 않았다. 스웨덴 식물학자 아담 아프셀리우스Adam Afzelius는 1790년 이전에 시에라리온의 '그라운드 넛ground nuts'에 관한 기록을 남겼지만, 아마도 서아프리카 원산의 밤바라땅콩Vigna subterranean을 지칭한 표현이었을 것이다.

13. Hammons, Herman, and Stalker 2016, 5.

14. Carney and Rosomoff 2009, 65; Dow 1927, 90.

15. Cañizares-Esguerra and Breen 2013, 580; Kupperman 2012, 80, 96.

16. Carney and Rosomoff 2009, 89.

17. Crosby 2003, 208.

18. Carney and Rosomoff 2009, 154.

19. Hammons, Herman, and Stalker 2016, 8; Johnson 1964, 4.

20. Sloane 1707.

21. Sloane 1707, 2:185-86.

22. 헤디사룸*Hedysarum*은 이 종이 분류되었던 몇 가지 속명 중 하나다.

23. Sloane 1707, 2:186.

24. Pickering 1879, 984.

25. Hooker et al. 1849, 122.

26. Candolle 1855, 783.

27. Swartz 1788.

28. Johnson 1964, 30.

29. Festinger 1983, 140.

30. Cumo 2015, 280.

31. Jefferson 1944, 29.

32. Clarke 1829, 451-54.

33. Bartram 1998, 153, 525.

34. Webster and Cardina 2004, 189.

35. Rogin 1991, 246.

36. Rogin 1991, 217.

37. Venables 2004, 157.

38. Bederman 1970, 72; Bonner 2009, 93-95.

39. Latham 1835, 8.

40. Rastogi, Pandey, and Rawat 2011, 286.

41. Tabuti, Lye, and Dhillion 2003, 31.

42. Brown 1938, 397.

43. Burrows and Wallace 1999, 867.

44. Chernow 2017, 465.

45. Brown 1938, 503.

46. Gould 2002, 38, 331.

47. Smith 2002, 23-24.

48. Spence 1902, 6.

49. Anonymous 1897, 5.

50. S.W.B. 1878.

51. Breese 1888.

52. Anonymous 1897.

53. Smith 1896, 16.

54. Hughes, Heath, and Metcalfe 1951.

55. Osband 1985, 627.

56. Cumo 2015, 286.

57. Cumo 2015, 281.

58. Timmons 1970, 295.

59. Hauser and Buchanan 1977, 4-5.

60. Banks 1989, 566; Wilcut et al. 1989, 385.

61. Bockholts and Heidebrink 2012, 325-26.

62. Webster and Coble 1997, 308; Webster and Nichols 2012, 145.

63. Webster and Sosnoskie 2010, 73; Willingham et al. 2008, 74.

64. Ford 1978, 963; Tandyekkal 1997, 663; Tsai 2011, 474.

망초

1. Dauer, Mortensen, and Humston 2006, 484.

2. Bruce and Kells 1990, 646.

3. Nandula et al. 2006, 901.

4. Nesom 1990, 231.

5. Zimdahl 1989, 22.

6. Hurt 1981.

7. Faulkner 1943, 170.

8. 무경간, 최소경간, 줄경간strip-til 등은 보전경운법의 종류다. 이 책에서는 이 모두를 통칭해 '무경간'이라는 용어를 사용했다. 리처드 혼벡 Richard Hornbeck의 2012년 논문 참조.

9. Derpsch et al. 2010, 8.

10. Marguiles 2012, 20.

11. Devine and Vail 2015, 2.

12. Buchholtz et al. 1960, 718, 183.

13. Zimdahl 1989, 23-24.

14. Loux and Berry 1991, 464.

15. Bevan, Flavell, and Chilton 1983, 184.

16. N-(포스포노메틸)글리신은 몇몇 회사가 판매하는 여러 제초제의 활성 성분이다. 몬산토는 2018년 바이엘에 인수됐다.

17. EPSPS는 5-에놀피루빌시키메이트 3-포스페이트 신타아제 5-enolpyruvylshikimate 3-phosphate synthase, EC 2.5.1.19 효소다.

18. Duke and Powles 2008, 319.

19. Bruce and Kells 1990, 645.

20. Padgette et al. 1995, 1452.

21. Davidson 1996, 174.

22. Dentzman 2018, 124.

23. Nachtigal 2001, 58.

24. Jasieniuk 1995, 26.

25. Bradshaw et al. 1997, 195.

26. 세계 최초의 글리포세이트 저항성 사례는 오스트레일리아의 쥐보리
속*Lolium* 종에서 발생했다.

27. VanGessel 2001, 703.

28. Heap 2019.

29. Heap 2019.

30. Foresman and Glasgow 2008, 389.

31. Heap 2019.

32. Sammons and Gaines 2014.

33. Baucom 2016, 181–82.

34. Gressel 2002, 97.

35. Markus et al. 2018, 277.

36. Delye, Jasieniuk, and Le Corre 2013, 651; Sammons and Gaines 2014,
1373.

37. Dentzman 2018, 125.

38. Jordan 2002, 524.

39. Davidson 1996, 175.

40. Ortega et al. 1994, 598.

비름

1. Valencius 2002, 109.

2. Gatewood and Whayne 1996.

3. Ward, Webster, and Steckel 2013, 12; Steckel 2007, 567.

4. 명아주*Chenopodium album* 또는 'pigweed'라고 불리는 다른 종들과 혼동하기 쉬워 주의가 필요하다.

5. Sauer 1967, 12.

6. Sauer 1988, 102; Trucco and Tranel 2011, 12.

7. Sauer 1957, 25.

8. 물대마는 '큰키물대마' 또는 '일반물대마'라고도 불린다. 혹자는 상반된 연구 결과들이 있음에도 그들을 별도의 종으로 간주한다.

9. Sosnoskie et al. 2009, 404.

10. Trucco and Tranel 2011, 12.

11. Robbins, Crafts, and Raynor 1952, 121-28.

12. Heap 2019.

13. Kroma and Flora 2003, 26.

14. Horak and Peterson 1995, 192.

15. Gallagher and Cardina 1998a, 48; Gallagher and Cardina 1998b, 53.

16. Bradshaw et al. 1997, 195.

17. Koo et al. 2018, 1933.

18. 몬산토와 바스프BASF가 저휘발성 디캄바를 개발했다. 다우듀폰은 2,4-D에 저항성 있는 작물을 출시했다.

19. Koon 2017; Smith 2016.

20. Hutcheson 2016.

21. Koon 2017.

22. Bradley 2018.

23. Jones, Norsworthy, and Barber 2019, 41.

24. Hakim 2017; Peacock 2018.

25. Greene 2019.

26. Koon 2017.

27. Unglesbee 2019.

28. Peterson et al. 2019.

29. 이것과 캔자스에서 발견된 다른 저항성 사례들은 일종의 식물 심판이라 할 만하다. 캔자스는 공립학교에서 진화론을 부정하는 이론을 가르칠 수 있도록 허용했던 주기 때문이다.

30. Davis and Frisvold 2017, 2209.

31. Harvey 2018, 12.

32. Palhano, Norsworthy, and Barber 2018, 60; Price et al. 2016, 1.

33. '규칙적인 간격을 갖고 나타나는 짧은 회문 구조의 반복 서열Clustered Regularly Interspaced Short Palindromic Repeats'인 크리스퍼는 cas9 단백질과 함께 작용해 유기체의 게놈에서 특정 위치를 공략한다.

34. National Academies of Sciences, Engineering, and Medicine 2016.

35. Neve 2018, 2676.

36. Sammons and Gaines 2014, 1367.

37. Ribeiro et al. 2014, 207.

38. Sauer 1957, 24.

39. 단일 종류로는 쥐보리속Lolium, 즉 잔디가 1위를 차지했다.

돼지풀

1. 엄밀히 따지자면 건초열은 돼지풀 알레르기가 아니라 풀 알레르기와 관련이 있지만, 일반적인 쓰임에 따라 두 가지를 뭉뚱그려 사용하겠다.

2. Barnett and Steckel 2013, 547.

3. 아직 국제적으로는 아니지만 세 번째로 유해한 잡초는 미시시피 서쪽에 가장 흔한 다년생식물인 나도돼지풀western ragweed, Ambrosia psilostachya이다.

4. Martin et al. 2018, 336.

5. Abul-Fatih and Bazzaz 1979, 813.

6. Błoszyk et al. 1992, 1092.

7. 한 개의 씨앗이 수과瘦果라는 건조한 과피 안에 들어있다. 편의상 '씨앗' 이라는 표현을 사용했다.

8. Martin, Zim, and Nelson 1961, 420.

9. Curtis and Lersten 1995, 34.

10. Fumanal, Charvel, and Bertagnolle 2007, 233.

11. Belmonte et al. 2000, 96.

12. Friedman and Barrett 2008, 1303.

13. Bordas-Le Floch et al. 2015, 2; Diethart, Sam, and Weber 2007, 164.

14. Gremillion 1996, 530.

15. Moreman 2003.

16. Wulf 2015, 58.

17. Whitney 1996, 228.

18. Darlington 1847, 80.

19. Whitney 1996, 271-74.

20. Bassett and Terasmae 1962, 147.

21. Blackley 1873, 75.

22. Beard 1881, vi.

23. Waite 1995, 194.

24. Mitman 2003, 610.

25. Waite 1995, 196.

26. Mitman 2003, 625.

27. Smith, Hamner, and Carlson 1946, 474.

28. Horning et al. 1941, 315.

29. Bullock et al. 2010, 137.

30. Walzer and Siegel 1956, 125.

31. Makra et al. 2015, 500; Stępalska et al. 2017, 749.

32. Essl et al. 2015, 1083.

33. Sato et al. 2017, 62.

34. Chauvel et al. 2006, 669.

35. Bullock et al. 2010, 34.

36. Oh et al. 2009, 56.

37. Bousquet et al. 2008, 1302.

38. Conquest 1986.

39. Kiss and Beres 2006; Reznik 2009, 2.

40. Makra et al. 2005, 57.

41. Taramarcaz et al. 2005, 538.

42. Bullock et al. 2010, 55; Galzina et al. 2010, 75.

43. Lim, Kim, and Park 2009, 506.

44. Bullock et al. 2010, 40.

45. Regnier et al. 2016, 362.

46. Regnier et al. 2008, 1627.

47. Van Horn et al. 2018, 1071.

48. Ding et al. 2008, 319.

49. Mayer 2018.

50. JinQing et al. 2017, 4120.

51. Chin and Spegele 2014.

52. Krstić et al. 2018, 435.

53. Yakkala et al. 2013, 62.

54. Hodgins and Rieseberg 2011, 2732.

55. Leiblein-Wild, Kaviani, and Tackenberg 2014, 744.

56. Simberloff 2006, 912.

57. Steffen et al. 2018, 8255.

58. Wayne et al. 2002, 280.

59. Ziska et al. 2003, tables 1 and 3.

60. Rogers et al. 2006, 868.

61. Ziska et al. 2011, 4249.

62. Pasqualini et al. 2011, 2830.

63. El Kelish et al. 2014.

64. Cunze, Leiblein, and Tackenberg 2013, 7.

65. Montagnani et al. 2017, 143.

강아지풀

1. Nurse et al. 2009, 383.

2. 알라클로르 사용은 유럽에서 불법이고, 미국에서는 이제 사용되지 않는다.

3. Brutnell et al. 2010, 2540.

4. Benabdelmouna et al. 2001, 685.

5. Wang, Wendel, and Dekker 1995, 1037.

6. Callen 1976, 535.

7. Nurse et al. 2009, 383; Wang, Wendel, and Dekker 1995, 1031.

8. Kilpatrick 2014, 138-41.

9. Ferguson 1925.

10. Chase 1948, 14.

11. Fernald 1944, 57-58.

12. Pohl 1951, 505.

13. Peterson 1967, 252.

14. "ITIS Standard Report Page: Setaria Faberi" 2019.

15. Pohl 1951, 507.

16. Rominger 1962, 85.

17. Cardina, Regnier, and Harrison 1991, 186.

18. Dekker 2003, 85.

19. Dekker 2000, 411–23.

20. Thoreau 1962, 164.

21. Thoreau 2001.

22. Cardina et al. 2007, 455.

23. Heap 2019.

24. Kline 1990.

25. Zeisberger, Hulbert, and Schwarze 1910, 44.

26. Franklin 1786, 452.

27. Rominger 1962, 8.

28. Thoreau 1993.

참고 문헌

Abul-Fatih, H.A., and F.A. Bazzaz. 1979. "The Biology of Ambrosia Trifida L.I. Influence of Species Removal on the Organization of the Plant Community." *New Phytologist* 83, no. 3: 813–16. https://doi.org/10.1111/j.1469-8137.1979.tb02313.x.

Alavanja, Michael C.R., Matthew K. Ross, and Matthew R. Bonner. 2013. "Increased Cancer Burden among Pesticide Applicators and Others Due to Pesticide Exposure." *CA: A Cancer Journal for Clinicians* 63, no. 2: 120–42. https://doi.org/10.3322/caac.21170.

Alexander, Melannie, Stella Koutros, Matthew R. Bonner, Kathryn Hughes Barry, Michael C.R. Alavanja, Gabriella Andreotti, Hyang-Min Byun et al. 2017. "Pesticide Use and LINE-1 Methylation among Male Private Pesticide Applicators in the Agricultural Health Study." *Environmental Epigenetics* 3, no. 2: 1–9. https://doi.org/10.1093/eep/dvx005.

Allen, J.A. 1870. "American Weeds." *Massachusetts Ploughman*. August 27. America's Historical Newspapers.

Allouh, M.Z., Daradka, H.M., and Abu Ghaida, J.H. 2015. "Influence of Cyperus Esculentus Tubers(Tiger Nut) on Male Rat Copulatory Behavior." *BMC Complementary and Alternative Medicine* 15: 331–38. https://doi.org/10.1186/s12906-015-0851-9.

American State Papers. 1825. Naval Affairs, 18th Congress, 2nd Session. "On the Use of American Canvas, Cables and Cordage in the Navy." Washington, DC: Congress of the United States, January 10. https://memory.loc.gov/cgi-bin/query/S?ammem/hlaw:@filreq(@band(+@1(Canvas,+Cables+and+Cordage))+@field(COLLID+llsp)).

Andel, Tinde R. van, Charlotte I.E.A. van't Klooster, Diana Quiroz, Alexandra M. Towns, Sofie Ruysschaert, and Margot van den Berg. 2014. "Local Plant Names Reveal That Enslaved Africans Recognized Substantial Parts of the New World Flora." *Proceedings of the National Academy of Sciences* 111, no. 50

(December 16): E5346–53. https://doi.org/10.1073/pnas.1418836111.

Anonymous. 1864. "The Chufa for Hogs." *Edgefield Advertiser*. February 10. http://chroniclingamerica.loc.gov/lccn/sn84026897/1864-02-10/ed-1/seq-2/.

Anonymous. 1879. "A Valuable Weed." *Daily Inter Ocean* 8, no. 106: 2.

Anonymous. 1881. "Laws of New Jersey Chapter LXXV." *Trenton State Gazette Legislative Newspaper* 35, no. 67 (March 19): 4.

Anonymous. 1897. "Echoes from the Fair." *News and Observer*. October 24.

Anonymous. 1906. "The Chufa or Ground Almond." *The Florida Agriculturist*. June 13, Image 2. https://chroniclingamerica.loc.gov/lccn/sn96027724/1906-06-13/ed-1/.

Baker, Herbert G. 1965. "Characteristics and Modes of Origin of Weeds." In *The Genetics of Colonizing Species*, edited by H.G. Baker and G.L. Stebbins, 147–72. New York: Academic Press.

Banks, P.A. 1989. "Herbicide Replacements for Dinoseb in Peanuts." *Research Report—University of Georgia, College of Agriculture, Agricultural Experiment Stations* (April), 566–73.

Barnett, Kelly A., and Lawrence E. Steckel. 2013. "Giant Ragweed(Ambrosia Trifida) Competition in Cotton." *Weed Science* 61, no. 4: 543–48. https://doi.org/10.1614/WS-D-12-00169.1.

Barton, Benjamin Smith. 1827. *Elements of Botany: Outlines of the Natural History of Vegetables*. 3rd ed. Philadelphia: Robert Desilver. https://www.biodiversitylibrary.org/item/84262.

Bartram, William, and Francis Harper. 1998. *The Travels of William Bartram Edited with Commentary by Francis Harper*. Athens: University of Georgia Press.

Bassett, I.J., and J. Terasmae. 1962. "Ragweeds, Ambrosia Species, in Canada and Their History in Postglacial Time." *Canadian Journal of Botany* 40, no. 1: 141–50. https://doi.org/10.1139/b62-015.

Baucom, Regina S. 2016. "The Remarkable Repeated Evolution of Herbicide Resistance." *American Journal of Botany* 103, no. 2: 181–83. https://doi.org/10.3732/ajb.1500510.

Baumann, Hermann. 1928. "The Division of Work According to Sex in African Hoe Culture." *Africa: Journal of the International African Institute* 1, no. 3: 289–319. https://doi.org/10.2307/1155633.

Beard, George Miller. 1881. *American Nervousness, Its Causes and Consequences: A Supplement to Nervous Exhaustion(Neurasthenia).* New York: G. P. Putnam's Sons.

Bederman, S.H. 1970. "Recent Changes in Agrarian Land Use in Georgia." *Southeastern Geographer* 10, no. 2: 72–82.

Beilen, Jan B. van, and Yves Poirier. 2007. "Guayule and Russian Dandelion as Alternative Sources of Natural Rubber." *Critical Reviews in Biotechnology* 27, no. 4: 217–31. https://doi.org/10.1080/07388550701775927.

Belmonte, Jordina, Mercè Vendrell, Joan M. Roure, Josep Vidal, Jaume Botey, and Àvar Cadahía. 2000. "Levels of Ambrosia Pollen in the Atmospheric Spectra of Catalan Aerobiological Stations." *Aerobiologia* 16, no. 1: 93–99. https://doi.org/10.1023/A:1007649427549.

Benabdelmouna, A., Y. Shi, M. Abirached-Darmency, and H. Darmency. 2001. "Genomic in Situ Hybridization(GISH) Discriminates between the A and the B Genomes in Diploid and Tetraploid Setaria Species." *Genome* 44, no. 4: 685–90. https://doi.org/10.1139/gen-44-4-685.

Bendixen, Leo E., and U.B. Nandihalli. 1987. "Worldwide Distribution of Purple and Yellow Nutsedge(Cyperus Rotundus and C. Esculentus)." *Weed Technology* 1, no. 1: 61–65. http://www.jstor.org/stable/3986985.

Benfeito, S., T. Silva, J. Garrido, P. Andrade, M. Sottomayor, F. Borges, F., and E. Garrido. 2014. "Effects of Chlorophenoxy Herbicides and Their Main Transformation Products on DNA Damage and Acetylcholinesterase Activity." *BioMed Research International* 2014: 1–10. https://doi.org/10.1155/2014/709036.

Bensky, Dan, Andrew Gamble, and Ted J. Kaptchuk. 2004. *Chinese Herbal Medicine: Materia Medica.* 3rd ed. Seattle, WA: Eastland Press.

Berhaut, Jean. 1975. *Flore Illustrée Du Sénégal: Dicotylédones.* Vol. 3. Dakar: Gouvernement du Sénégal.

Bernfeld, Siegfried. 1946. "An Unknown Autobiographical Fragment by Freud." *American Imago* 4, no. 1: 3–19. http://search.proquest.com/docview/1289640320/

citation/CD0067DF87CC4800PQ/18.

Bevan, Michael W., Richard B. Flavell, and Mary-Dell Chilton. 1983. "A Chimaeric Antibiotic Resistance Gene as a Selectable Marker for Plant Cell Transformation." *Nature* 304, no. 5922: 184–87. https://doi.org/10.1038/304184a0.

Blackley, Charles Harrison. 1873. *Experimental Researches on the Causes and Nature of Catarrhus Æstivus(Hay-Fever Or Hay-Asthma).* London: Baillière, Tindall & Cox.

Blackmore, Stephen, Alexandra H. Wortley, John J. Skvarla, and John R. Rowley. 2007. "Pollen Wall Development in Flowering Plants." *New Phytologist* 174, no. 3: 483–98. https://doi.org/10.1111/j.1469-8137.2007.02060.x.

Blatchley, Willis Stanley. 1912. *The Indiana Weed Book.* Indianapolis: Nature Publishing Company.

Błoszyk, Elżbieta, Urszula Rychłewska, Beata Szczepanska, Miloš Buděšínský, Bohdan Drożdż, and Miroslav Holub. 1992. "Sesquiterpene Lactones of Ambrosia Artemisiifolia L. and Ambrosia Trifida L. Species." *Collection of Czechoslovak Chemical Communications* 57, no. 5: 1092–102. https://doi.org/10.1135/cccc19921092.

Bockholts, P., and I. Heidebrink. 2012. *Chemical Spills and Emergency Management at Sea: Proceedings of the First International Conference on "Chemical Spills and Emergency Management at Sea."* Amsterdam, The Netherlands, November 15–18, 1988. Springer Science and Business Media.

Bonner, James C. 2009. *History of Georgia Agriculture, 1732–1860.* University of Georgia Press.

Bordas-Le Floch, Véronique, Maxime Le Mignon, Julien Bouley, Rachel Groeme, Karine Jain, Véronique Baron-Bodo, Emmanuel Nony, Laurent Mascarell, and Philippe Moingeon. 2015. "Identification of Novel Short Ragweed Pollen Allergens Using Combined Transcriptomic and Immunoproteomic Approaches." *PLOS ONE*, edited by Bernhard Ryffel 10, no. 8: e0136258. https://doi.org/10.1371/journal.pone.0136258.

Bousquet, P.-J., B. Leynaert, F. Neukirch, J. Sunyer, C. M. Janson, J. Anto, D. Jarvis, and P. Burney. 2008. "Geographical Distribution of Atopic Rhinitis in the European Community Respiratory Health Survey." *Allergy* 63, no. 10: 1301–9. https://doi.org/10.1111/j.1398-9995.2008.01824.x.

Bradley, K. 2018. "Dicamba Injury Mostly Confined to Specialty Crops, Ornamentals, and Trees so Far." *Integrated Pest Management—University of Missouri*(blog). June 6. https://ipm.missouri.edu/IPCM/2018/6/dicambaInjuryConfined.

Bradshaw, L.D., S.R. Padgette, S.L. Kimball, and B.H. Wells. 1997. "Perspectives on Glyphosate Resistance." *Weed Technology* 11: 189–98. https://doi.org/www.jstor.org/stable/3988252.

Breese, W. W. 1888. "Florida as It Is." *Daily Inter Ocean*. August 13.

Brooks, George E. 1975. "Peanuts and Colonialism: Consequences of the Commercialization of Peanuts in West Africa, 1830–70." *Journal of African History* 16, no. 1: 29–54. http://www.jstor.org/stable/181097.

Brown, Harry Bates. 1938. *Cotton: History, Species, Varieties, Morphology, Breeding, Culture, Diseases, Marketing, and Uses*. London: McGraw-Hill.

Bruce, J.A., and J.J. Kells. 1990. "Horseweed(Conyza Canadensis) Control in No-Tillage Soybeans(Glycine Max) with Preplant and Preemergence Herbicides." *Weed Technology* 4, no. 3: 642–47. https://doi.org/10.1017/S0890037X00026130.

Brutnell, Thomas P., Lin Wang, Kerry Swartwood, Alexander Goldschmidt, David Jackson, Xin-Guang Zhu, Elizabeth Kellogg, and Joyce Van Eck. 2010. "Setaria Viridis: A Model for C4 Photosynthesis." *Plant Cell* 22, no. 8: 2537–44. https://doi.org/10.1105/tpc.110.075309.

Buchanan, G.A., D.S. Murray, and E.W. Hauser. 1982. "Weeds and Their Control in Peanuts." In *Peanut Science and Technology*, edited by H. E. Pattee and C.T. Young, 206–49. Stillwater, OK: American Peanut Research and Education Society. https://apresinc.com/wp-content/uploads/2015/12/PST-Chapter-8.pdf.

Buchholtz, K.P., B.H. Grigsby, O.C. Lee, F.W. Slife, J.C. Willard, and N.J. Volk. 1960. *Weeds of the North Central States*. Vol. 718. North Central Regional Publication 36. Urbana, IL: University of Illinois Agricultural Experiment Station.

Bullock, James M., D. Chapman, S. Schafer, R.M. Girardello, T. Haynes, and S. Beal et al. 2010. "Assessing and Controlling the Spread and the Effects of Common Ragweed in Europe." Final. Wallingford, UK: Natural Environment Research Council, UK. https://circabc. europa. eu/sd/d/d1ad57e8-327c-4fddb908-dadd5b859eff/Final_Final_Report. pdf.

Burow, Mark D., Charles E. Simpson, Michael W. Faries, James L. Starr, and Andrew H. Paterson. 2009. "Molecular Biogeographic Study of Recently Described B- and A-Genome Arachis Species, Also Providing New Insights into the Origins of Cultivated Peanut." *Genome* 52, no. 2 (January 15): 107–19. https://doi.org/10.1139/G08-094.

Burrows, Edwin G., and Mike L. Wallace. 1999. *Gotham: A History of New York City to 1898*. New York: Oxford University Press.

Byng, James W., Mark W. Chase, Maarten J.M. Christenhusz, Michael F. Fay, Walter S. Judd, David J. Mabberley, Alexander N. Sennikov, Douglas E. Soltis, Pamela S. Soltis, and Peter F. Stevens. 2016. "An Update of the Angiosperm Phylogeny Group Classification for the Orders and Families of Flowering Plants: APG IV." *Botanical Journal of the Linnean Society* 181, no. 1: 1–20.

Callen, E.O. 1976. "The First New World Cereal." *American Antiquity* 32, no.4: 535–38. https://www.jstor.org/stable/2694082.

Candolle, Alphonse de. 1855. *Géographie botanique raisonnée: ou, Exposition des faits principaux et des lois concernant la distribution géographique des plantes de l'epoque actuelle*. V. Masson.

Cañizares-Esguerra, Jorge, and Benjamin Breen. 2013. "Hybrid Atlantics: Future Directions for the History of the Atlantic World." *History Compass* 11, no.8(August 1): 597–609. https://doi.org/10.1111/hic3.12051.

Cardina, J., C.P. Herms, D.A. Herms, and F. Forcella. 2007. "Evaluating Phenological Indicators for Predicting Giant Foxtail(Setaria Faberi) Emergence." *Weed Science* 55: 455–64. https://doi.org/10.1614/WS-07-005.1.

Cardina, John, and Heather M. Norquay. 1997. "Seed Production and Seedbank Dynamics in Subthreshold Velvetleaf(Abutilon Theophrasti) Populations." *Weed Science* 1: 85–90. www.jstor.org/stable/4045717.

Cardina, John, Emilie Regnier, and Kent Harrison. 1991. "Long-Term Tillage Effects on Seed Banks in Three Ohio Soils." *Weed Science* 39, no. 2: 186–94. http://www.jstor.org/stable/4044914.

Cardina, John, and Denise H. Sparrow. 1997. "Temporal Changes in Velvetleaf(Abutilon Theophrasti) Seed Dormancy." *Weed Science* 1: 61–66. http://www.jstor.org/stable/4045714.

Carney, J.A. and R.N. Rosomoff. 2009. *In the Shadow of Slavery: Africa's Botanical Legacy in the Atlantic World.* Berkeley: University of California Press.

Carrier, Lyman. 1923. *The Beginnings of Agriculture in America.* New York: McGraw-Hill.

Chaganti, Vijayasatya Nagendra, and Steven W. Culman. 2017. "Historical Perspective of Soil Balancing Theory and Identifying Knowledge Gaps: A Review." *Crop, Forage and Turfgrass Management* 3, no. 1: 1–7. https://doi.org/10.2134/cftm2016.10.0072.

Chase, Agnes. 1948. "The Meek That Inherit the Earth." In *Grass, The Yearbook of Agriculture,* edited by A. Stefferud, 8–15. Washington, DC: U.S. Government Printing Office.

Chauvel, Bruno, Fabrice Dessaint, Catherine Cardinal-Legrand, and François Bretagnolle. 2006. "The Historical Spread of Ambrosia Artemisiifolia L. in France from Herbarium Records." *Journal of Biogeography* 33, no. 4: 665–73. https://doi.org/10.1111/j.1365-2699.2005.01401.x.

Chernow, Ron. 2017. *Grant.* New York: Penguin Press.

Chin, Josh, and Brian Spegele. 2014. "China Details Vast Extent of Soil Pollution." *Wall Street Journal,* World section. https://www.wsj.com/articles/china-says-nearlyone-fifth-of-its-arable-land-is-contaminated-by-pollution-1397726425.

Chukwuma, E.R., N. Obioma, and O.I. Cristopher. 2010. "The Phytochemical Composition and Some Biochemical Effects of Nigerian Tigernut(Cyperus Esculentus L.) Tuber." *Pakistan Journal of Nutrition* 9, no. 7: 709–15.

Clarke, George F. 1829. "On Green Crops buried as Manure." In *Southern Agriculturist and Register of Rural Affair Volume 2,* edited by J.D. Legare, October: 451–454. https://books.google.com/books?id=WfyOHMSoTnIC 451-454.

Codina-Torrella, Idoia, Buenaventura Guamis, and Antonio J. Trujillo. 2015. "Characterization and Comparison of Tiger Nuts(Cyperus Esculentus L.) from Different Geographical Origin." *Industrial Crops and Products* 65: 406–14. https://doi.org/10.1016/j.indcrop.2014.11.007.

Conquest, Robert. 1986. *The Harvest of Sorrow: Soviet Collectivization and the Terror-Famine.* New York: Oxford University Press.

Coryndon, Shirley C., A. W. Gentry, John M. Harris, D.A. Hooijer, Vincent J. Maglio, and F. Clark Howell. 1972. "Mammalian Remains from the Isimila Prehistoric Site, Tanzania." *Nature* 237, no. 5353: 292. https://doi.org/10.1038/237292a0.

Cox, Caroline, and Michael Surgan. 2006. "Unidentified Inert Ingredients in Pesticides: Implications for Human and Environmental Health." *Environmental Health Perspectives* 114, no. 12: 1803–6. https://doi.org/10.1289/ehp.9374.

Crosby, Alfred W. 2003. *The Columbian Exchange: Biological and Cultural Consequences of 1492*. Westport, CT: Greenwood.

Cumo, Christopher Martin. 2015. *Foods That Changed History: How Foods Shaped Civilization from the Ancient World to the Present*. Santa Barbara, CA: ABC-CLIO.

Cunze, S., M.C. Leiblein, and O. Tackenberg. 2013. "Range Expansion of Ambrosia Artemisiifolia in Europe Is Promoted by Climate Change." *ISRN Ecology* Article ID 610126: 1–9. http://dx.doi.org/10.1155/2013/610126.

Curtis, John D., and Nels R. Lersten. 1995. "Anatomical Aspects of Pollen Release from Staminate Flowers of Ambrosia Trifida(Asteraceae)." *International Journal of Plant Sciences* 156, no. 1: 29–36. https://doi.org/10.1086/297225.

Darlington, William. 1826. *Florula Cestrica, an Essay*. Westchester, PA: S. Siegfried. https://doi.org/10.5962/bhl.title.24908.

Darlington, William. 1847. *Agricultural Botany: An Enumeration and Description of Useful Plants and Weeds Which Merit the Notice or Require the Attention of American Agriculturists*. Philadelphia: J.W. Moore.

Darlington, William. 1859. *American Weeds and Useful Plants*. 2nd ed. New York: A.O. Moore. http://hdl.handle.net/2027/chi.086350831.

Darwin, Charles. 1897. *The Power of Movement in Plants*. New York: Appleton.

Dauer, Joseph T., David A. Mortensen, and Robert Humston. 2006. "Controlled Experiments to Predict Horseweed(Conyza Canadensis) Dispersal Distances." *Weed Science* 54, no. 3: 484–89. https://doi.org/10.1614/WS-05-017R3.1.

Davidson, O.G. 1996. *Broken Heartland: The Rise of America's Rural Ghetto*. 2nd ed. Iowa City: University of Iowa Press.

Davis, Adam S, and George B. Frisvold. 2017. "Are Herbicides a Once in a Century Method of Weed Control?" *Pest Management Science* 73, no. 11: 2209–20. https://doi.org/10.1002/ps.4643.

Davis, Donald E. 1979. "Herbicides in Peace and War." *BioScience* 29, no. 2 (February 1): 84–94. https://doi.org/10.2307/1307743.

De Castro, Olga, Roberta Gargiulo, Emanuele Del Guacchio, Paolo Caputo, and Paolo De Luca. 2015. "A Molecular Survey Concerning the Origin of Cyperus Esculentus(Cyperaceae, Poales): Two Sides of the Same Coin(Weed vs. Crop)." *Annals of Botany* 115, no. 5: 733–45. https://doi.org/10.1093/aob/mcv001.

De Wet, J.M.J., and J.R. Harlan. 1975. "Weeds and Domesticates: Evolution in the Man-Made Habitat." *Economic Botany* 29, no. 2: 99–108. https://doi.org/10.1007/BF02863309.

Dekker, Jack. 2000. "Emergent Weedy Foxtail(Setaria Spp.) Seed Germinability Behaviour." In *Seed Biology: Advances and Applications: Proceedings of the Sixth International Workshop on Seeds, Mérida, México*, edited by Michael Black, Kent J. Bradford, and Jorge Vázquez-Ramos, 411–23. Wallingford, UK: CABI.

Dekker, Jack. 2003. "The Foxtail(Setaria) Species-Group." *Weed Science* 51, no. 5: 641–56. https://doi.org/10.1614/P2002-IR.

Delye, C., M. Jasieniuk, and V. Le Corre. 2013. "Deciphering the Evolution of Herbicide Resistance in Weeds." *Trends in Genetics* 29, no. 11: 649–59. http://dx.doi.org/10.1016/j.tig.2013.06.001.

Dentzman, K. 2018. "'I Would Say That Might Be All It Is, Is Hope': The Framing of Herbicide Resistance and How Farmers Explain Their Faith in Herbicides." *Journal of Rural Studies* 57: 118–27. https://doi.org/10.1016/j.jrurstud.2017.12.010.

Derpsch, Rolf, Theodor Friedrich, Amir Kassam, and Hongwen Li. 2010. "Current Status of Adoption of No-till Farming in the World and Some of Its Main Benefits." *International Journal of Agricultural and Biological Engineering* 3, no. 1: 1–25. https://doi.org/10.25165/ijabe.v3i1.223.

Devine, Jenny Barker, and David D. Vail. 2015. "Sustaining the Conversation: The Farm Crisis and the Midwest." *Middle West Review* 2, no. 1: 1–9. https://doi.org/10.1353/mwr.2015.0044.

Dewey, L.H. 1895. "Weeds and How to Kill Them." U.S. Dept. of Agriculture. Farmers' Bulletin. Washington, DC: U.S. Department of Agriculture. https://archive.org/details/CAT87203839/page/n1.

Dies, Edward Jerome. 1942. *Soybeans: Gold from the Soil,*. New York. http://hdl.handle.net/2027/mdp.39015063890720.

Diethart, Bernadette, Saskia Sam, and Martina Weber. 2007. "Walls of Allergenic Pollen: Special Reference to the Endexine." *Grana* 46, no. 3: 164–75. https://doi.org/10.1080/00173130701472181.

Ding, Jianqing, Richard N. Mack, Ping Lu, Mingxun Ren, and Hongwen Huang. 2008. "China's Booming Economy Is Sparking and Accelerating Biological Invasions." *Bio-Science* 58, no. 4: 317–24. https://doi.org/10.1641/B580407.

Dodge, C.R. 1894. *A Report on the Uncultivated Bast Fibers of the United States: Including the History of Previous Experiments with the Plants of Fibers, and Brief Statements Relating to the Allied Species That Are Produced Commercially in the Old World.* Fiber Investigations Report. Washington, DC: U.S. Government Printing Office. https://books.google.com/books?id=rmbMwAEACAAJ.

Dodge, C.R. 1880. "Vegetable Fibers." Report of the Commissioner of Agriculture. Washington, DC: U.S. Department of Agriculture. https://books.google.com/books?id=CkFDAQAAMAAJ.

Dodoens, Rembert. 1987. *Cruydeboeck.* 1563; reprint Westport, CT: Meckler/Chadwyck-Healey.

Dow, George Francis. 1927. *Slave Ships and Slaving.* Kennikat Press.

Drost, Dirk C., and Jerry D. Doll. 1980. "The Allelopathic Effect of Yellow Nutsedge(Cyperus Esculentus) on Corn(Zea Mays) and Soybeans(Glycine Max)." *Weed Science* 28, no. 2: 229–33. https://doi.org/10.1017/S004317450005517X.

Duke, Stephen O., and Stephen B. Powles. 2008. "Glyphosate: A Once-in-a-Century Herbicide." *Pest Management Science* 64, no. 4: 319–25. https://doi.org/10.1002/ps.1518.

El Kelish, Amr, Feng Zhao, Werner Heller, Jörg Durner, J Winkler, Heidrun Behrendt, Claudia Traidl-Hoffmann et al. 2014. "Ragweed(Ambrosia Artemisiifolia) Pollen Allergenicity: SuperSAGE Transcriptomic Analysis upon

Elevated CO2 and Drought Stress." *BMC Plant Biology* 14, no. 1: 176. https://doi.org/10.1186/1471-2229-14-176.

Ellstrand, Norman C. 2019. "The Evolution of Crops That Do Not Need Us Anymore." *New Phytologist* 224, no. 2: 550–51. https://doi.org/10.1111/nph.16145.

Emerson, Ralph Waldo. 1878. *Fortune of the Republic.* Boston: Houghton, Osgood. https://catalog.hathitrust.org/Record/006507827.

Essl, Franz, Krisztina Biró, Dietmar Brandes, Olivier Broennimann, James M. Bullock, Daniel S. Chapman, Bruno Chauvel et al. 2015. "Biological Flora of the British Isles: Ambrosia Artemisiifolia." *Journal of Ecology* 103, no. 4: 1069–98. https://doi.org/10.1111/1365-2745.12424.

Ewan, Joseph, and Nesta Dunn Ewan. 1970. *John Banister and His Natural History of Virginia, 1678–1692.* Champaign: University of Illinois Press.

Faulkner, Edward H. 1943. *Plowman's Folly.* Norman: University of Oklahoma Press.

Ferguson, W.C. 1925. "Chaetochloa Italica." C.V. Starr Virtual Herbarium. New York Botanical Garden. http://sweetgum.nybg.org/science/vh/specimen-details/?irn=2016269.

Fernald, M.L. 1944. "Setaria Faberii in Eastern America." *Rhodora* 46, no. 542: 57–58. https://www-jstor-org.proxy.lib.ohio-state.edu/stable/23302297.

Festinger, Leon. 1983. *The Human Legacy.* New York: Columbia University Press.

Finlay, Mark R. 2009. *Growing American Rubber: Strategic Plants and the Politics of National Security.* New Brunswick, NJ: Rutgers University Press.

Ford, C.W. 1978. "In Vitro Digestibility and Chemical Composition of Three Tropical Pasture Legumes, Desmodium Intortum Cv. Greenleaf, D. Tortuosum and Macroptilium Atropurpureum Cv. Siratro." *Australian Journal of Agricultural Research* 29, no. 5: 963–74.

Foresman, Chuck, and Les Glasgow. 2008. "US Grower Perceptions and Experiences with Glyphosate-Resistant Weeds." *Pest Management Science* 64: 388–91. https://doi-org.proxy.lib.ohio-state.edu/10.1002/ps.1535.

Franklin, Benjamin. 1786. "Remarks Concerning the Savages of North America." *New London Magazine* 2, no. 16 (September): 452–55. https://search.proquest.com/openview/e90d798d96afb2ba/1?pq-origsite=gscholar&cbl=2346.

Frick, K.E., R.D. Williams Jr., P.C. Quimby, and R.F. Wilson. 1979. "Comparative Biocontrol of Purple Nutsedge(Cyperus Rotundus) and Yellow Nutsedge(C. Esculentus) with Bactra Verutana under Greenhouse Conditions." *Weed Science*, 27, no. 2: 178–83. https://www.jstor.org/stable/4042999.

Friedman, Jannice, and Spencer C. H. Barrett. 2008. "High Outcrossing in the Annual Colonizing Species Ambrosia Artemisiifolia(Asteraceae)." *Annals of Botany* 101, no. 9: 1303–9. https://doi.org/10.1093/aob/mcn039.

Fumanal, B., B. Charvel, and F. Bertagnolle. 2007. "Estimation of Pollen and Seed Production of Common Ragweed in France." *Annals of Agricultural and Environmental Medicine* 14, no. 2: 233–36.

Gallagher, R.S., and J. Cardina. 1998a. "Phytochrome-Mediated Amaranthus Germination I: Effect of Seed Burial and Germination Temperature." *Weed Science* 46: 48–52. www.jstor.org/stable/4046007.

Gallagher, R. S., and J. Cardina. 1998b. "Phytochrome-Mediated Amaranthus Germination II: Development of Very Low Fluence Sensitivity." *Weed Science* 46: 53–58. https://doi.org/10.1017/S0043174500090160.

Galzina, Natalija, Klara Baric, Maja Šcepanovic, Matija Gorsic, and Zvonimir Ostojic. 2010. "Distribution of Invasive Weed Ambrosia Artemisiifolia L. in Croatia." *Agriculturae Conspectus Scientifi Cus* 75, no. 2: 75–81. https://hrcak.srce.hr/62460.

Gambo, A., and A. Da'u. 2014. "Tiger Nut(Cyperus Esculentus): Composition, Products, Uses and Health Benefits—a Review." *Bayero Journal of Pure and Applied Sciences* 7, no. 1: 56–61. http://dx.doi.org/10.4314/bajopas.v7i1.11.

Garabrant, David H., and Martin A. Philbert. 2002. "Review of 2,4-Dichlorophenoxyacetic Acid(2,4-D) Epidemiology and Toxicology." *Critical Reviews in Toxicology* 32, no. 4 (January 1): 233–57. https://doi.org/10.1080/20024091064237.

Gatewood Jr., B., and M. Whayne. 1996. *The Arkansas Delta: Land of Paradox.* Fayetteville: University of Arkansas Press. https://muse.jhu.edu/.

Gerhard, Frederick. 1857. *Illinois as It Is: Its History, Geography, Statistics, Constitution, Laws, Government, Finances, Climate, Soil, Plants, Animals, State of Health...* Chicago: Keen and Lee. http://galenet.galegroup.com/servlet/Sabin?af=RN&ae=CY107814412&srchtp=a&ste=14.

Gould, William B. 2002. *Diary of a Contraband: The Civil War Passage of a Black Sailor.* Stanford, CA: Stanford University Press. http://goulddiary.stanford.edu/.

Gouse, Marnus, Debdatta Sengupta, Patricia Zambrano, and José Falck Zepeda. 2016. "Genetically Modified Maize: Less Drudgery for Her, More Maize for Him? Evidence from Smallholder Maize Farmers in South Africa." World Development 83: 27–38. https://doi.org/10.1016/j.worlddev.2016.03.008.

Gray, Asa. 1862. *Manual of the Botany of the Northern United States.* 3rd ed. Chicago: Ivison, Phinney. https://www.biodiversitylibrary.org/item/63069.

Gray, Asa, Benjamin Lincoln Robinson, and Merritt Lyndon Fernald. 1906. *Gray's New Manual of Botany.* 7th ed. New York: American Book Company.

Greene, David. 2019. "Is Fear Driving Sales of Monsanto's Dicamba-Proof Soybeans?" Radio transcript. *The Salt*(blog). February 7. https://www.npr.org/templates/transcript/transcript.php?storyId=691979417.

Gremillion, Kristen J. 1996. "Early Agricultural Diet in Eastern North America: Evidence from Two Kentucky Rockshelters." *American Antiquity* 61, no. 3: 520–36. https://doi.org/10.2307/281838.

Gressel, Jonathan. 2002. *Molecular Biology of Weed Control.* Boca Raton: CRC Press.

Gronovius, Johannes Fredericus, and John Clayton. 1762. *Flora Virginica.* Lugduni Batavorum. https://www.biodiversitylibrary.org/bibliography/60264.

Grover, R., J. Maybank, and K. Yoshida. 1972. "Droplet and Vapor Drift from Butyl Ester and Dimethylamine Salt of 2,4-D." *Weed Science* 20, no. 4: 320–24. https://doi.org/10.1017/S004317450003575X.

Grube, Arthur, David Donaldson, Timothy Kiely, and La Wu. 2011. "Pesticide Industry Sales and Usage." Biological and Economic Analysis Division. Washington, DC: U.S. Environmental Protection Agency.

Gunnell, D., R. Fernando, M. Hewagama, F. Koradsen, and M. Eddleston.

2007. "The Impact of Pesticide Regulations on Suicide in Sri Lanka." *International Journal of Epidemiology* 36, no. 6: 1235–42. https://doi.org/10.1093/ije/dym164.

Hakim, D. 2017. "Seeds, Weeds and Divided Farmers." *New York Times.* September 22, sec. B. https://www.nytimes.com/2017/09/21/business/monsanto-dicambaweed-killer.html.

Hammons, Ray O., Danielle Herman, and H. Thomas Stalker. 2016. "Origin and Early History of the Peanut." In *Peanuts,* edited by H. Thomas Stalker and Richard F. Wilson, 1–26. Amsterdam: Elsevier.

Harari, Yuval N. 2015. *Sapiens: A Brief History of Humankind.* London: Vintage.

Harlan, Jack R., and J.M.J. de Wet. 1965. "Some Thoughts about Weeds." *Economic Botany* 19, no. 1: 16–24. https://doi.org/10.1007/BF02971181.

Harris, S.A., and K.R. Solomon. 1992. "Human Exposure to 2,4-D Following Controlled Activities on Recently Sprayed Turf." *Journal of Environmental Science and Health, Part B* 27, no. 1: 9–22. https://doi.org/10.1080/03601239209372764.

Harvey, James S., Jr. 2018. *Ethical Tensions from New Technology: The Case of Agricultural Biotechnology.* Wallingford, UK: CABI.

Haughton, C.S. 1978. *Green Immigrants: The Plants That Transformed America.* New York: Harcourt Brace Jovanovich.

Hauser, E.W., and G.A. Buchanan. 1977. "Control of Broadleaf Weeds in Peanuts with Dinoseb." *Georgia Agricultural Research,* no. 2: 4–7.

Heap, I. 2019. "The International Survey of Herbicide Resistant Weeds." www.weedscience.org.

Henry, Augustine. 1891. "Memorandum on the Jute and Hemp of China." *Kew Gardens Bulletin of Miscellaneous Information* 218, no. 58–59: 248–56.

Hodgins, K.A., and L. Rieseberg. 2011. "Genetic Differentiation in Life-History Traits of Introduced and Native Common Ragweed(Ambrosia Artemisiifolia) Populations." *Journal of Evolutionary Biology* 24, no. 12: 2731–49. https://doi.org/10.1111/j.1420-9101.2011.02404.x.

Holm, L.G., D.L. Plucknett, J.V. Pancho, and J.P. Herberger. 1977. *The World's Worst Weeds: Distribution and Biology.* Honolulu: The University Press of Hawaii.

Hooker, William Jackson, George Bentham, Joseph Dalton Hooker, Philip Barker Webb, and Theodore Vogel. 1849. *Niger Flora; or, An Enumeration of the Plants of Western Tropical Africa.* London: H. Baillière. http//catalog.hathitrust.org/Record/001494619.

Horak, Michael J., and Dallas E. Peterson. 1995. "Biotypes of Palmer Amaranth(Amaranthus Palmeri) and Common Waterhemp(Amaranthus Rudis) Are Resistant to Imazethapyr and Thifensulfuron." *Weed Technology* 9: 192–95. https://doi.org/10.1017/S0890037X00023174.

Hornbeck, Richard. 2012. "The Enduring Impact of the American Dust Bowl: Shortand Long-Run Adjustments to Environmental Catastrophe." *American Economic Review* 102, no. 4: 1477–507. www.nber.org/papers/w15605.pdf.

Horning, B.G., L.S. Morgan, B.H. Kneeland, and A.H. Hammar. 1941. "The Community Health Education Program: The Hartford Plan." *American Journal of Public Health* 31, no. 4: 310–18. https://ajph.aphapublications.org/doi/pdf/10.2105/AJPH.31.4.310.

Howson, Henry. "American Jute." Philadelphia: The Franklin Institute, 1862. http://galenet.galegroup.com/servlet/Sabin?af=RN&ae=CY100171476&srchtp=a&ste=14

Hu, Shiu-ying. 1955. *Flora of China, Family 153: Malvaceae.* Boston: Arnold Arboretum. http://hdl.handle.net/2027/coo.31924001223308.

Hughes, Harold De Mott, Maurice E. Heath, and Darrel S. Metcalfe. 1951. *Forages, the Science of Grassland Agriculture.* Ames: Iowa State College Press.

Hurt, R. Douglas. 1981. *The Dust Bowl: An Agricultural and Social History.* Chicago: Taylor.

Hutcheson, B. 2016. "Tiptonville Man Charged with Murder, Pleads Not Guilty." Newspaper. *Arkansas State Gazette*(blog). October 4. https://www.stategazette.com/story/2344760.htm.

Hwang, Ji Hong, Qinglong Jin, Eun-Rhan Woo, and Dong Gun Lee. 2013. "Antifungal Property of Hibicuslide C and Its Membrane-Active Mechanism in Candida Albicans." *Biochimie* 95, no. 10: 1917–22. https://doi.org/10.1016/j.biochi.2013.06.019.

Hymowitz, T., and J.R. Harlan. 1983. "Introduction of Soybean to North

America by Samuel Bowen in 1765." *Economic Botany* 37, no. 4: 371–79.

Iaffaldano, Brian. 2016. "Evaluating the Development and Potential Ecological Impact of Genetically Engineered Taraxacum Kok-Saghyz." The Ohio State University.

Integrated Taxonomic Information System(ITIS). 2019. "ITIS Standard Report Page: Setaria Faberi." Online database. https://www.itis.gov/.

Ioannou, D., J. Fortun, and H.G. Tempest. 2019. "Meiotic Nondisjunction and Sperm Aneuploidy in Humans." *Reproduction* 157: R15–31. https://doi.org/10.1530/REP-18-0318.

Jasieniuk, M. 1995. "Constraints on the Evolution of Glyphosate Resistance in Weeds." *Resistant Pest Management Newsletter* 7, no. 2: 25–26.

Jefferson, Thomas. 1944. *Thomas Jefferson's Garden Book, 1766–1824, with Relevant Extracts from His Other Writings.* Philadelphia: American Philosophical Society.

Jefferson, Thomas. 1999. *Notes on the State of Virginia, 1785.* London: Penguin.

Jenkins, Virginia. 2015. *The Lawn: A History of an American Obsession.* Washington, DC: Smithsonian Institution.

Jensen, Merrill. 1969. "The American Revolution and American Agriculture." *Agricultural History* 43, no. 1: 107–24. http://www.jstor.org/stable/4617633.

Jing, Siqun, Saisai wang, Qian Li, Lian Zheng, Li Yue, Shaoli Fan, and Guanjun Tao. 2016. "Dynamic High Pressure Microfluidization-Assisted Extraction and Bioactivities of Cyperus Esculentus(C. Esculentus L.) Leaves Flavonoids." *Food Chemistry* 192: 319–27. https://doi.org/10.1016/j.foodchem.2015.06.097.

JinQing, Li, Su ZhiPing, Chen YanPing, Qi WeiZhen, Qi JiaLin, Duan XiaoHui, He LiNa, and Lu Min. 2017. "Analysis on Pests Intercepted Situation in Imported Renewable Resources at Shandong Port during 2006–2016." *Journal of Food Safety and Quality* 8, no. 11: 4120–24. https://www.cabdirect.org/cabdirect/abstract/20183006511.

Johnson, F.R. 1964. *The Peanut Story.* Murfreesboro, NC: Johnson.

Jomo, K.S., Anis Chowdhury, Krishnan Sharma, and Daniel Platz. 2016. "Public-Private Partnerships and the 2030 Agenda for Sustainable Development:

Fit for Purpose?" New York: United Nations Department of Economic and Social Affairs. https://pdfs.semanticscholar.org/973a/1fe95a1b0f303eb5eaa50f6af 07ae152c71b.pdf.

Jones, B.W. 1885. *The Peanut Plant: Its Cultivation and Uses...* New York: Orange Judd Company.

Jones, G.T., J.K. Norsworthy, and T. Barber. 2019. "Response of Soybean Offspring to a Dicamba Drift Event the Previous Year." *Weed Technology* 33, no. 1: 41–50. https://doi.org/doi: 10.1017/wet.2019.2.

Jordan, Carl F. 2002. "Genetic Engineering, the Farm Crisis, and World Hunger." *Bio-Science* 52, no. 6: 523. https://doi.org/10.1641/0006-3568(2002)052[0523:GETFCA]2.0.CO;2.

Kalm, Pehr. 1937. *The America of 1750: Peter Kalm's Travels in North America; the English Version of 1770, Rev. from the Original Swedish and Edited by Adolph B. Benson, with a Translation of New Material from Kalm's Diary Notes.* New York: Wilson-Erickson.

Kaufmann, Eric. 1999. "American Exceptionalism Reconsidered: Anglo-Saxon Ethnogenesis in the 'Universal' Nation, 1776–1850." *Journal of American Studies* 33, no. 3: 437–57. https://www.jstor.org/stable/27556685.

Kilpatrick, Jane. 2014. *Fathers of Botany: The Discovery of Chinese Plants by European Missionaries.* Chicago: University of Chicago Press.

Kiss, L., and Z.T. Beres. 2006. "Anthropogenic Factors behind the Recent Population Expansion of Common Ragweed(Ambrosia Artemisiifolia L.) in Eastern Europe: Is There a Correlation with Political Transitions?" *Journal of Biogeography* 33, no. 12: 2156–57. https://doi.org/10.1111/j.1365-2699.2006.01633.x.

Kline, David. 1990. *Great Possessions: An Amish Farmer's Journal.* San Francisco: North Point Press.

Kniss, Andrew R. 2017. "Long-Term Trends in the Intensity and Relative Toxicity of Herbicide Use." *Nature Communications* 8: 14865. https://doi.org/10.1038/ncomms14865.

Koo, Dal-Hoe, William T. Molin, Christopher A. Saski, Jiming Jiang, Karthik Putta, Mithila Jugulam, Bernd Friebe, and Bikram S. Gill. 2018.

"Extrachromosomal Circular DNA-Based Amplification and Transmission of Herbicide Resistance in Crop Weed *Amaranthus Palmeri*." *Proceedings of the National Academy of Sciences* 115, no. 13: 3332–37. https://doi.org/10.1073/pnas.1719354115.

Koon, David. 2017. "Farmer vs. Farmer: The Fight over the Herbicide Dicamba Has Cost One Man His Life and Turned Neighbor against Neighbor in East Arkansas." Newspaper. *Arkansas Times*(blog). August 10. https://www.arktimes.com/arkansas/farmer-vs-farmer/Content?oid=8526754.

Kremer, Gary R. 2011. *George Washington Carver: A Biography*. Santa Barbara, CA: ABC-CLIO.

Kremer, Robert J. and Neal R. Spencer. 1989. "Impact of a Seed-Feeding Insect and Microorganisms on Velvetleaf(*Abutilon theophrasti*) Seed Viability." *Weed Science* 37: 211–16. http://www.jstor.org/stable/4044846.

Kroma, Margaret M, and Cornelia Butler Flora. 2003. "Greening Pesticides: A Historical Analysis of the Social Construction of Farm Chemical Advertisements." *Agriculture and Human Values* 20: 21–35.

Krstić, B., D. Stanković, R. Igić, and N. Nikolic. 2018. "The Potential of Different Plant Species for Nickel Accumulation." *Biotechnology and Biotechnological Equipment* 21, no. 4: 431–36. https://doi.org/10.1080/13102818.2007.10817489.

Kupperman, Karen Ordahl. 2012. *The Atlantic in World History*. New York: Oxford University Press.

Lapham, J., and D.S.H. Drennan. 1990. "The Fate of Yellow Nutsedge(Cyperus Esculentus) Seed and Seedlings in Soil." *Weed Science* 38: 125–28. https://doi.org/1 0.1017/S0043174500056253.

Latham, John. 1835. "Species of Trefoil or Clover." *Southern Agriculturist*, sec. 8.

Leiblein-Wild, Marion Carmen, Rana Kaviani, and Oliver Tackenberg. 2014. "Germination and Seedling Frost Tolerance Differ between the Native and Invasive Range in Common Ragweed." *Oecologia* 174, no. 3: 739–50. https://doi.org/10.1007/s00442-013-2813-6.

Liebman, M., C.L. Mohler, and C.P. Staver. 2001. *Ecological Management of Agricultural Weeds*. Cambridge: Cambridge University Press.

Lim, Dong-Ok, Ha-Song Kim, and Moon-Soo Park. 2009. "Distribution and Management of Naturalized Plants in the Northern Area of South Jeolla Province, Korea." *Korean Journal of Environment and Ecology* 23, no. 6: 506–15. http://www.koreascience.or.kr/article/JAKO200912368301273.page.

Linnaeus, C. von. 1753. *Species Plantarum.* 1st ed. Vol. 2. Stockholm: Laurentii Salvii.

Loomis, Dana, Kathryn Guyton, Yann Grosse, Fatiha El Ghissasi, Véronique Bouvard, Lamia Benbrahim-Tallaa, Neela Guha, Heidi Mattock, Kurt Straif, and International Agency for Research on Cancer Monograph Working Group, IARC, Lyon, France. 2015. "Carcinogenicity of Lindane, DDT, and 2,4-Dichlorophenoxyacetic Acid." *The Lancet. Oncology* 16, no. 8 (August): 891–92. https://doi.org/10.1016/S1470-2045(15)00081-9.

Lorenzi, H. 2000. "Plantas Daninhas Do Brasil: Terrestres, Parasitas, Aquáticas e Tóxicas." *Nova Odessa: Plantarum*: 90.

Loux, Mark M., and Mary Ann Berry. 1991. "Use of a Grower Survey for Estimating Weed Problems." *Weed Technology* 5, no. 2: 460–66. http://www.jstor.org/stable/3987462.

Madison, James. 1810. "From James Madison to Congress, 5 December 1810." Founders nline, National Archives. http://founders.archives.gov/documents/Madison/03-02-02-0192.

Madison, James. 1815. "Special Message to Congress February 20, 1815." Founders Online, National Archives. http://founders.archives.gov/documents/Madison/03-08-02-0206.

Makra, László, Miklós Juhász, Rita Béczi, and Emöke Borsos. 2005. "The History and Impacts of Airborne Ambrosia(Asteraceae) Pollen in Hungary." *Grana* 44, no. 1: 57–64. https://doi.org/10.1080/00173130510010558.

Makra, László, I. Matyasovszky, L. Hufnagel, and G. Tusdady. 2015. "The History of Ragweed in the World." *Applied Ecology and Environmental Research* 13, no. 2: 489–512. https://doi.org/10.15666/aeer/1302_489512.

Marcato, Ana Claudia de Castro, Cleiton Pereira de Souza, and Carmem Silvia Fontanetti. 2017. "Herbicide 2,4-D: A Review of Toxicity on Non-Target Organisms." *Water, Air, and Soil Pollution* 228, no. 3: 120. https://doi.

org/10.1007/s11270-017-3301-0.

Marguiles, J. 2012. "No-Till Agriculture in the USA." In *Organic Fertilisation, Soil Quality, and Human Health*, edited by Eric Lichtfouse, 11–30. Dordrecht: Springer.

Markus, Catarine, Ales Pecinka, Ratna Karan, Jacob N. Barney, and Aldo Merotto. 2018. "Epigenetic Regulation—Contribution to Herbicide Resistance in Weeds? Epigenetic Regulation of Herbicide Resistance." *Pest Management Science* 74, no. 2: 275–81. https://doi.org/10.1002/ps.4727.

Mart, Michelle. 2015. *Pesticides, A Love Story: America's Enduring Embrace of Dangerous Chemicals.* Lawrence: University Press of Kansas. https://muse.jhu.edu/book/42335.

Martin, Alexander Campbell, Herbert Spencer Zim, and Arnold L. Nelson. 1961. *American Wildlife and Plants: A Guide to Wildlife Food Habits: The Use of Trees, Shrubs, Weeds, and Herbs by Birds and Mammals of the United States.* New York: Dover Publications.

Martin, Michael D., Elva Quiroz-Claros, Grace S. Brush, and Elizabeth A. Zimmer. 2018. "Herbarium Collection-Based Phylogenetics of the Ragweeds(Ambrosia, Asteraceae)." *Molecular Phylogenetics and Evolution* 120: 335–41. https://doi.org/10.1016/j.ympev.2017.12.023.

Mayer, Amy. 2018. "China Wants Fewer Weed Seeds in U.S. Soybeans It Imports." Iowa Public Radio. January. https://www.iowapublicradio.org/post/china-wants-fewerweed-seeds-us-soybeans-it-imports.

Mears, S.M., and E. Charles. 1898. "More Fiber Plants: New Experiments with Oregon's Fertile Soil." *Oregonian*. March 14.

Medović, Aleksandar, and Ferenc Horváth. 2012. "Content of a Storage Jar from the Late Neolithic Site of Hódmezővásárhely-Gorzsa, South Hungary: A Thousand Carbonized Seeds of Abutilon Theophrasti Medic." *Vegetation History and Archaeobotany* 21, no. 3: 215–20. https://doi.org/10.1007/s00334-011-0319-x.

Miller, Philip. 1754. *The Gardeners Dictionary.* 4th ed. London: Printed for the author and sold by John and James Rivington. https://www.biodiversitylibrary.org/item/150892.

Mitich, Larry W. 1989. "Common Dandelion—the Lion's Tooth." *Weed Technology* 3, no. 3: 537–39. https://doi.org/10.1017/S0890037X00032735.

Mitman, Gregg. 2003. "Hay Fever Holiday: Health, Leisure, and Place in Gilded-Age America." *Bulletin of the History of Medicine* 77, no. 3: 600–635. https://www.jstor.org/stable/44447795.

Montagnani, C., R. Gentili, M. Smith, M.F. Guarino, and S. Citterio. 2017. "The Worldwide Spread, Success, and Impact of Ragweed(Ambrosia Spp.)." *Critical Reviews in Plant Sciences* 36, no. 3: 139–78. https://doi.org/10.1080/07352689.2017.1360112.

Moreman, D. 2003. "Native American Ethnobotany Database." Native American Ethnobotany. http://naeb.brit.org/uses/search/?string=ambrosia.

Moretzsohn, Marcio de Carvalho, Mark S. Hopkins, Sharon E. Mitchell, Stephen Kresovich, Jose Francisco Montenegro Valls, and Marcio Elias Ferreira. 2004. "Genetic Diversity of Peanut(Arachis HypogaeaL.) and Its Wild Relatives Based on the Analysis of Hypervariable Regions of the Genome." *BMC Plant Biology* 4 (July 14): 11. https://doi.org/10.1186/1471-2229-4-11.

Morison, Samuel Eliot. 1950. *The Ropemakers of Plymouth: A History of the Plymouth Cordage Company, 1824–1949*. Boston: Houghton Mifflin.

Morison, Samuel Eliot. 1961. *The Maritime History of Massachusetts 1783–1860*. Boston: Houghton Mifflin.

Muhlenberg, Henry. 1793. "Index Florae Lancastriensis." *Transactions of the American Philosophical Society* 3: 157–84. https://doi.org/10.2307/1004866.

Murphy, Kathleen S. 2011. "Translating the Vernacular: Indigenous and African Knowledge in the Eighteenth-Century British Atlantic." *Atlantic Studies* 8, no. 1 (March 1): 29–48. https://doi.org/10.1080/14788810.2011.541188.

Nachtigal, Nicole C. 2001. "A Modern David and Goliath Farmer v. Monsanto: Advising a Grower on the Monsanto Technology Agreement." *Great Plains Natural Resources Journal* 6: 50. https://heinonline.org/HOL/Page?handle=hein.journals/gpnat6&id=56&div=&collection=.

Nandula, Vijay K., Thomas W. Eubank, Daniel H. Poston, Clifford H. Koger, and Krishna N. Reddy. 2006. "Factors Affecting Germination of Horseweed(Conyza Canadensis)." *Weed Science* 54, no. 5: 898–902. https://doi.

org/10.1614/WS-06-006R2.1.

National Academies of Sciences, Engineering, and Medicine. 2016. "Committee on Gene Drive Research in Non-Human Organisms: Recommendations for Responsible Conduct; Board on Life Sciences; Division on Earth and Life Studies; National Academies of Sciences, Engineering, and Medicine. Gene Drives on the Horizon: Advancing Science, Navigating Uncertainty, and Aligning Research with Public Values." Washington, DC: National Academies of Sciences, Engineering, and Medicine. https://www.ncbi.nlm.nih.gov/books/NBK379273/.

Negbi, M. 1992. "A Sweetmeat Plant, a Perfume Plant and Their Weedy Relatives: A Chapter in the History of Cyperus Esculentus L and C. Rotundus L." *Economic Botany* 46, no. 1: 64–71. https://doi-org.proxy.lib.ohio-state.edu/10.1007/BF02985255.

Nesom, G.L. 1990. "Further Definition of Conyza(Asteraceae: Astereae)." *Phytologia* 68, no. 3: 229–33. https://doi.org/10.5962/bhl.part.16712.

Neve, Paul. 2018. "Gene Drive Systems: Do They Have a Place in Agricultural Weed Management?" *Pest Management Science* 74, no. 12: 2671–79. https://doi.org/10.1002/ps.5137.

New Jersey, State of. 1881. "Annual Report New Jersey Bureau of Statistics, Labor, and Industries." Annual. Trenton: State of New Jersey. https://books.google.com/books?id=lwZbAAAAYAAJ.

Noyes, Richard D. 2007. "Apomixis in the Asteraceae: Diamonds in the Rough." *unctional Plant Science and Biotechnology* 1, no. 2: 207–22.

Nurse, R.E., S.J. Darbyshire, C. Bertin, and A. DiTommaso. 2009. "The Biology of Canadian Weeds. 141. Setaria Faberi Herrm." *Canadian Journal of Plant Science* 89, no. 2: 379–404. https://doi.org/10.4141/CJPS08042.

O'Connor, C. 2008. "Meiosis, Genetic Recombination, and Sexual Reproduction." *Nature Education* 1, no. 1: 174.

Oh, Choong-Hyeon, Yong-Hoon Kim, Lee Ho-Young, and Su-Hong Ban. 2009. "The Naturalization Index of Plant around Abandoned Military Camps in Civilian Control Zone." *Journal of the Korean Society of Environmental Restoration Technology* 12, no. 5: 59–76. http://ocean.kisti.re.kr/downfile/volume/kserrt/HKBOB5/2009/v12n5/HKBOB5_2009_v12n5_59.pdf.

Okoli, C.A.N., D.G. Shilling, R.L. Smith, and T.A. Bewick. 1997. "Genetic Diversity in Purple Nutsedge(Cyperus RotundusL.) and Yellow Nutsedge(Cyperus EsculentusL.)." *Biological Control* 8, no. 2: 111–18. https://doi.org/10.1006/bcon.1996.0490.

Olabiyi, Ayodeji Augustine, Ganiyu Oboh, and Stephen Adeniyi Adefegha. 2017. "Effect of Dietary Supplementation of Tiger Nut(Cyperus Esculentus l.) and Walnut(Tetracarpidium Conophorum Müll. Arg.) on Sexual Behavior, Hormonal Level, and Antioxidant Status in Male Rats." *Journal of Food Biochemistry* 41, no. 3: e12351. https://doi.org/10.1111/jfbc.12351.

Ortega, Suzanne T., David R. Johnson, Peter G. Beeson, and Betty J. Craft. 1994. "The Farm Crisis and Mental Health: A Longitudinal Study of the 1980s." *Rural Sociology* 59, no. 4: 598–619. https://doi.org/10.1111/j.1549-0831.1994.tb00550.x.

Osband, Kent. 1985. "The Boll Weevil Versus 'King Cotton.'" *Journal of Economic History* 45, no. 3: 627–43. http://www.jstor.org.proxy.lib.ohio-state.edu/stable/2121755.

Padgette, Stephen R., K. H. Kolacz, X. Delannay, D.B. Re, B.J. LaVallee, C.N. Tinius, W.K. Rhodes, Y.I. Otero, G.F. Barry, and D.A. Eichholtz. 1995. "Development, Identification, and Characterization of a Glyphosate-Tolerant Soybean Line." *Crop Science* 35, no. 5: 1451–61.

Palhano, M.G., J.K. Norsworthy, and T. Barber. 2018. "Cover Crops Suppression of Palmer Amaranth(Amaranthus Palmeri) in Cotton." *Weed Technology* 32, no. 1: 60–65.

Panero, Jose L., Susana E. Freire, Luis Ariza Espinar, Bonnie S. Crozier, Gloria E. Barboza, and Juan J. Cantero. 2014. "Resolution of Deep Nodes Yields an Improved Backbone Phylogeny and a New Basal Lineage to Study Early Evolution of Asteraceae." *Molecular Phylogenetics and Evolution* 80: 43–53. https://doi.org/10.1016/j.ympev.2014.07.012.

Pascual, B., J.V. Maroto, S. Lopez-Galarza, A. Sanbautista, and J. Alagarda. 2000. "Chufa(Cyperus Esculentus L. Var. Satifus Boeck.): An Unconventional Crop. Studies Related to Applications and Cultivation." *Economic Botany* 54, no. 4: 439–48. https://doi-org.proxy.lib.ohio-state.edu/10.1007/BF02866543.

Pasqualini, Stefania, Emma Tedeschini, Giuseppe Frenguelli, Nicole Wopfner,

Fatima Ferreira, Gennaro D'Amato, and Luisa Ederli. 2011. "Ozone Affects Pollen Viability and NAD(P)H Oxidase Release from Ambrosia Artemisiifolia Pollen." *Environmental Pollution* 159, no. 10: 2823–30. https://doi.org/10.1016/j.envpol.2011.05.003.

Peacock, L.N. 2018. "EPA Ignores Its Scientists on Dicamba Buffers; New Rules May Allow Dicamba Use in Arkansas." *Arkansas Times*(blog). November 21. https://www.arktimes.com/ArkansasBlog/archives/2018/11/21/epa-ignores-its-scientistson-dicamba-buffers-new-rules-may-allow-dicamba-use-in-arkansas.

Perry, Melissa J. 2008. "Effects of Environmental and Occupational Pesticide Exposure on Human Sperm: A Systematic Review." *Human Reproduction Update* 14, no. 3 (May 1): 233–42. https://doi.org/10.1093/humupd/dmm039.

Peterson, D., M. Jugulam, C. Shyam, and E. Borgato. 2019. "Palmer Amaranth Resistance to 2,4-D and Dicamba Confirmed in Kansas." Kansas State University. K-State Agronomy eUpdates, March 1. https://webapp.agron.ksu.edu/agr_social/m_eu_article.throck?article_id=2110&eu_id=322.

Peterson, Gale. E. 1967. "The Discovery and Development of 2,4-D." *Agricultural History* 41, no. 3: 243–54. https://www-jstor-org.proxy.lib.ohio-state.edu/stable/3740338.

Pickering, Charles. 1879. *Chronological History of Plants: Man's Record of His Own Existence Illustrated through Their Names, Uses, and Companionship*. Boston: Little, Brown.

Pohl, R. W. 1951. "The Genus Setaria in Iowa." *Iowa State College Journal of Science*. 25: 501–8.

Price, A.J., C.D. Monks, A.S. Culpepper, L.M. Duzy, J.A. Kelton, M.W. Marshall, L.E. Steckel, L.M. Sosnoskie, and R.L. Nichols. 2016. "High-Residue Cover Crops Alone or with Strategic Tillage to Manage Glyphosate-Resistant Palmer Amaranth(Amaranthus Palmeri) in Southeastern Cotton(Gossypium Hirsutum)." *Journal of Soil and Water Conservation* 71, no. 1: 1–11. https://doi.org/10.2489/jswc.71.1.1.

Rasmussen, Nicolas. 2001. "Plant Hormones in War and Peace: Science, Industry, and Government in the Development of Herbicides in 1940s America." *Isis* 92, no. 2 (June 1): 291–316. https://doi.org/10.1086/385183.

Rastogi, S.M., M. Pandey, and A.K.S. Rawat. 2011. "An Ethnomedicinal, Phytochemical and Pharmacological Profile of Desmodium Gangeticum(L.) DC. and Desmodium Adscendens(Sw.) DC." *Journal of Ethnopharmacology* 136: 283–96.

Ratner, Sidney. 1972. *The Tariff in American History*. New York: Van Nostrand.

Regnier, E., S.K. Harrison, J. Liu, J.T. Schmoll, C.A. Edwards, N. Arancon, and C. Holloman. 2008. "Impact of an Exotic Earthworm on Seed Dispersal of an Indigenous US Weed." *Journal of Applied Ecology* 45, no. 6: 1621–29. https://doi.org/10.1111/j.1365-2664.2008.01489.x.

Regnier, Emilie E., S. Kent Harrison, Mark M. Loux, Christopher Holloman, Ramarao Venkatesh, Florian Diekmann, Robin Taylor et al. 2016. "Certified Crop Advisors' Perceptions of Giant Ragweed(Ambrosia Trifida) Distribution, Herbicide Resistance, and Management in the Corn Belt." *Weed Science* 64, no. 2: 361–77. https://doi.org/10.1614/WS-D-15-00116.1.

Reznik, Sergey Ya. 2009. "Common Ragweed(Ambrosia Artemisiifolia L.) in Russia: Spread, Distribution, Abundance, Harmfulness and Control Measures." *Ambrosie* 26: 88–97. http://www.zin.ru/labs/expent/pdfs/Reznik_2009_Ambrosia.pdf.

Ribeiro, Daniela N., Zhiqiang Pan, Stephen O. Duke, Vijay K. Nandula, Brian S. Baldwin, David R. Shaw, and Franck E. Dayan. 2014. "Involvement of Facultative Apomixis in Inheritance of EPSPS Gene Amplification in Glyphosate-Resistant Amaranthus Palmeri." *Planta* 239, no. 1: 199–212. https://doi.org/10.1007/s00425-013-1972-3.

Richards, A.J. 1973. "The Origin of Taraxacum Agamospecies." *Botanical Journal of the Linnean Society* 66, no. 3: 189–211. https://doi.org/10.1111/j.1095-8339.1973.tb02169.x.

Robbins, Paul. 2012. *Lawn People: How Grasses, Weeds, and Chemicals Make Us Who We Are*. Philadelphia: Temple University Press.

Robbins, Wilfred W., Alden S. Crafts, and Richard N. Raynor. 1952. *Weed Control*, 2nd ed. New York: McGraw-Hill.

Rodney, Walter. 1970. *A History of the Upper Guinea Coast, 1545–1800*. Oxford Studies in African Affairs. Oxford: Clarendon.

Rogers, Christine A., Peter M. Wayne, Eric A. Macklin, Michael L. Muilenberg, Christopher J. Wagner, Paul R. Epstein, and Fakhri A. Bazzaz. 2006. "Interaction of the Onset of Spring and Elevated Atmospheric CO2 on Ragweed(Ambrosia Artemisiifolia L.) Pollen Production." *Environmental Health Perspectives* 114, no. 6: 865–69. https://doi.org/10.1289/ehp.8549.

Rogin, Michael Paul. 1991. *Fathers and Children: Andrew Jackson and the Subjugation of the American Indian*. New Brunswick, NJ: Transaction Publishers.

Romans, Bernard. (1775) 1962. *A Concise Natural History of East and West Florida*. Floridiana Facsimile and Reprint Series. Gainesville: University of Florida Press. https://catalog.hathitrust.org/Record/001264063.

Rominger, James M. 1962. "Taxonomy of Setaria(Gramineae) in North America." *Illinois Biological Monographs* 29: 156. https://archive.org/details/taxonomyofsetari29romi.

Rüegg, W.T., M. Quadranti, and A. Zoschke. 2007. "Herbicide Research and Development: Challenges and Opportunities." *Weed Research* 47, no. 4: 271–75. https://doi.org/10.1111/j.1365-3180.2007.00572.x.

Rutherford, P.P., and A.C. Deacon. 1974. "Seasonal Variation in Dandelion Roots of Fructosan Composition, Metabolism, and Response to Treatment with 2,4-Dichlorophenoxyacetic Acid." *Annals of Botany* 38, no. 2: 251–60. https://doi.org/10.1093/oxfordjournals.aob.a084809.

S.W.B. 1878. "Editorial Correspondence." *Georgia Weekly Telegraph*. November 19.

Sammons, Robert Douglas, and Todd A. Gaines. 2014. "Glyphosate Resistance: State of Knowledge." *Pest Management Science* 70, no. 9: 1367–77. https://doi.org/10.1002/ps.3743.

Sato, Yukie, Yuta Mashimo, Ryo O. Suzuki, Akira S. Hirao, Etsuro Takagi, Ryuji Kanai, Daisuke Masaki, Miyuki Sato, and Ryuichiro Machida. 2017. "Potential Impact of an Exotic Plant Invasion on Both Plant and Arthropod Communities in a Semi-Natural Grassland on Sugadaira Montane in Japan." *Journal of Developments in Sustainable Agriculture* 12: 1352–64. https://doi-org.proxy.lib.ohio-state.edu/10.11178/jdsa.12.52.

Sauer, J.D. 1957. "Recent Migration and Evolution of the Dioecious Amaranths."

Evolution 11, no. 1: 11–31. https://doi.org/10.1111/j.1558-5646.1957.tb02872.x.

Sauer, J.D. 1967. "The Grain Amaranths and Their Relatives: A Revised Taxonomic and Geographic Survey." *Annals of the Missouri Botanical Garden* 54, no. 2: 102–37. https://www.jstor.org/stable/2394998.

Sauer, J.D. 1988. *Plant Migration: The Dynamics of Geographic Patterning in Seed Plant Species.* Berkeley: University of California Press.

Scheepens, P.C., and A. Hoogerbrugge. 1991. "Host Specificity of Puccinia Canaliculata, a Potential Biocontrol Agent for Cyperus Esculentus." *Netherlands Journal of Plant Pathology* 97, no. 4: 245–50. https://doi.org/10.1007/BF01989821.

Schippers, Peter, Siny J. Ter Borg, and Jan Just Bos. 1995. "A Revision of the Infraspecific Taxonomy of Cyperus Esculentus(Yellow Nutsedge) with an Experimentally Evaluated Character Set." *Systematic Botany* 20, no. 4: 461–81. https://www.jstor.org/stable/2419804.

Schubert, B.G. 1945. "Flora of Peru: Desmodium Desv." *Publications of Field Museum of Natural History* 13: 413–39.

Selby, A.D. 1897. *A First Ohio Weed Manual.* Bulletin of the Ohio Agricultural Experiment Station 83. Wooster, OH: Ohio Agricultural Experiment Station.

Sharma, Budh Dev. 1993. *Flora of India. 3. Portulacaceae-Ixonanthaceae.* Totnes, Devon, UK.: Botanical survey of India.

Sheahan, Megan, Christopher B. Barrett, and Casey Goldvale. 2017. "Human Health and Pesticide Use in Sub-Saharan Africa." *Agricultural Economics* 48, no. S1: 27–41. https://doi.org/10.1111/agec.12384.

Simberloff, Daniel. 2006. "Invasional Meltdown 6 Years Later: Important Phenomenon, Unfortunate Metaphor, or Both?" *Ecology Letters* 9: 912–19. https://doi.org/10.1111/j.1461-0248.2006.00939.x.

Simpson, C.E., A. Krapovickas, and J.F.M. Valls. 2001. "History of Arachis Including Evidence of A. Hypogaea L. Progenitors." *Peanut Science* 28, no. 2 (July 1): 78–80. https://doi.org/10.3146/i0095-3679-28-2-7.

Sloane, Hans. 1707. *A Voyage to the Islands Madera, Barbados, Nieves, S. Christophers and Jamaica: With the Natural History... of the Last of Those Islands;*

to Which Is Prefix'd an Introduction, Wherein Is an Account of the Inhabitants, Air, Waters, Diseases, Trade, &... Illustrated with the Figures of the Things Describ'd, ... By Hans Sloane, ... In Two Volumes. Vol. 2. London: printed by B.M. for the author.

Smith, Andrew F. 2002. *Peanuts: The Illustrious History of the Goober Pea*. The Food Series. Urbana: University of Illinois Press.

Smith, F.G., C.L. Hamner, and R.F. Carlson. 1946. "Control of Ragweed Pollen Production with 2,4-Dichlorophenoxyacetic Acid." *Science* 103, no. 2677: 473–74. https://doi.org/10.1126/science.103.2677.473.

Smith, Jared Gage. 1896. *Fodder and Forage Plants: Exclusive of the Grasses*. U.S. Department of Agriculture, Division of Agrostology.

Smith, P. 2016. "Dicamba: The 'Time Bomb' Went Off and No One Was Prepared." Magazine. *AGFACTS: Progressive Farmer*(blog), December 29. https://agfax.com/2016/12/29/dicamba-the-time-bomb-went-off-and-no-one-was-prepared-dtn/.

Solbrig, Otto T. 1971. "The Population Biology of Dandelions." *American Scientist* 59: 686–94. http://adsabs.harvard.edu/abs/1971AmSci..59..686S.

Sosnoskie, L.M., T.M. Webster, D. Dales, G.C. Rains, T.L. Grey, and A.S. Culpepper. 2009. "Pollen Grain Size, Density, and Settling Velocity for Palmer Amaranth(Amaranthus Palmeri)." *Weed Science* 57, no. 4: 404–9. https://doi.org/10.1614/WS-08-157.1.

Spence, R.A. 1902. "Social Rise of the Peanut." *Good Housekeeping*.

Steckel, Lawrence E. 2007. "The Dioecious Amaranthus Spp.: Here to Stay." *Weed Technology* 21, no. 2: 567–70. https://doi.org/10.1614/WT-06-045.1.

Steffen, Will, Johan Rockström, Katherine Richardson, Timothy M. Lenton, Carl Folke, Diana Liverman, Colin P. Summerhayes et al. 2018. "Trajectories of the Earth System in the Anthropocene." *Proceedings of the National Academy of Sciences* 115, no. 33: 8252–59. https://doi.org/10.1073/pnas.1810141115.

Stępalska, Danuta, Dorota Myszkowska, Leśkiewicz Katarzyna, Piotrowicz Katarzyna, Borycka Katarzyna, Chłopek Kazimiera, Grewling Łukasz et al. 2017. "Co-Occurrence of Artemisia and Ambrosia Pollen Seasons against the Background of the Synoptic Situations in Poland." *International Journal of*

Biometeorology 61, no. 4: 747–60. https://doi.org/10.1007/s00484-016-1254-4.

Stepanek, L., J. Evertson, and K. Martens. 2018. "Herbicide Damage to Trees." University of Nebraska. Nebraska Forest Service, April 18. https://nfs.unl.edu/publications/herbicide-damage-trees.

Stewart-Wade, S.M., S. Neumann, L.L. Collins, and G.J. Boland. 2002. "The Biology of Canadian Weeds. 117. Taraxacum Officinale G.H. Weber Ex Wiggers." *Canadian Journal of Plant Science* 82, no. 4: 825–53. https://doi.org/10.4141/P01-010.

Stoller, E.W. 1981. "Yellow Nutsedge: A Menace in the Corn Belt." USDA Technical Bulletin. Washington, DC: U.S. Department of Agriculture, Economic Research Service.

Sturtevant, E. Lewis. 1886. "A Study of the Dandelion." *American Naturalist* 20, no. 1: 5–9.

Swartz, Olof Peter. 1788. *Nova genera and species plantarum seu prodromus descriptionum vegetalium, maximam partem incognitorum quæ sub itinere in Indiam occidentalem annis 1783–1787 digessit Olof Swartz. M.D.* in bibliopolis Acad. M. Swederi.

Swingle, Walter T. 1945. "Our Agricultural Debt to Asia." In *The Asian Legacy and American Life*, 3rd ed., edited by Arthur E. Christy, 84–114. Toronto: Asia Press.

Tabuti, J.R.S, K.A Lye, and S.S. Dhillion. 2003. "Traditional Herbal Drugs of Bulamogi, Uganda: Plants, Use, and Administration." *Journal of Ethnopharmacology* 88, no. 1 (September): 19–44. https://doi.org/10.1016/S0378-8741(03)00161-2.

Tandyekkal, Dhruvan. 1997. "Desmodium Tortuosum(Sw.) DC.(Fabaceae): A New Record for Kerala." *Journal of Economic and Taxonomic Botany* 21, no. 3: 663–66. https://www.cabdirect.org/cabdirect/abstract/19982303287.

Taramarcaz, P., C. Lambelet, B. Clot, C. Keimer, and C. Hauser. 2005. "Ragweed(Ambrosia) Progression and Its Health Risks: Will Switzerland Resist This Invasion?" *Swiss Medical Weekly* 135, no. 3738: 538–48. https://smw.ch/journalfile/view/article/ezm_smw/en/smw.2005.11201/de6402c6a28db5f0ccc2f94b28c2ae1fc9feddd1/smw.2005.11201.pdf/rsrc/jf.

Thoreau, Henry David. 1962. *Walden*. New York: Time Inc.

Thoreau, Henry David. 1993. *Faith in a Seed: The Dispersion of Seeds*. Washington, DC: Island Press.

Thoreau, Henry David. 2001. *Wild Fruits: Thoreau's Rediscovered Last Manuscript*. New York: W. W. Norton.

Thullen, R.J., and P.E. Keeley. 1979. "Seed Production and Germination in Cyperus Esculentus and C. Rotundus." Weed Science 27, no. 5: 502–5. https://doi.org/10.1017/S0043174500044489.

Timmons, F.L. 1970. "A History of Weed Control in the United States and Canada." *Weed Science* 18, no. 2: 294–307. https://doi.org/10.1017/S0043174500079807.

Troyer, James R. 2001. "In the Beginning: The Multiple Discovery of the First Hormone Herbicides." *Weed Science* 49, no. 2: 290–97. https://doi.org/10.1614/0043-1745(2001)049[0290:ITBTMD]2.0.CO;2.

Trucco, Federico, and Patrick J. Tranel. 2011. "Amaranthus." In *Wild Crop Relatives: Genomic and Breeding Resources*, edited by Chittaranjan Kole, 11–21. Berlin: Springer. https://doi.org/10.1007/978-3-642-20450-0_2.

Tsai, Jen-Chieh. 2011. "Antioxidant Activities of Phenolic Components from Various Plants of Desmodium Species." *African Journal of Pharmacy and Pharmacology* 5, no. 4 (April 30): 468–76. https://doi.org/10.5897/AJPP11.059.

Tumbleson, M.E., and Thor Kommedahl. 1961. "Reproductive Potential of Cyperus Esculentus by Tubers." *Weeds* 9, no. 4: 646–53. https://doi.org/10.2307/4040817.

Unglesbee, Emily. 2019. "How Dicamba's Visibility Could Change Ag Pesticide Use Forever." Farmer magazine. *Production Blog*(blog), March 27. https://www.dtnpf.com/agriculture/web/ag/perspectives/blogs/production-blog/blog-post/2019/03/27/dicambas-visibility-change-ag-use.

United Nations. 2009. Department of Public Information. *Millennium Development Goals Report 2009*. New York: United Nations Publications.

U.S. Department of Agriculture. PLANTS database. https://plants.sc.egov.usda.gov/.

U.S. Department of Agriculture. 1942. "Soybean Oil and the War: Grow More

Soybeans for Victory." USDA Bureau of Agricultural Economics, Extension Flier. No. 5.

Valencius, C.B. 2002. *The Health of the Country: How American Settlers Understood Themselves and Their Land.* New York: Basic Books.

Van Dijk, Peter. 2009. "Apomixis: Basics for Non-Botanists." In *Lost Sex*, edited by Isa Schön, Koen Martens, and Peter Van Dijk, 47–62. Dordrecht: Springer.

VanGessel, Mark J. 2001. "Glyphosate-Resistant Horseweed from Delaware." *Weed Science* 49, no. 6: 703–5. https://doi.org/www.jstor.org/stable/4046416.

Van Horn, Christopher R., Marcelo L. Moretti, Renae R. Robertson, Kabelo Segobye, Stephen C. Weller, Bryan G. Young, William G. Johnson et al. 2018. "Glyphosate Resistance in Ambrosia Trifida: Part 1. Novel Rapid Cell Death Response to Glyphosate." *Pest Management Science* 74, no. 5:1071–078. http://onlinelibrary.wiley.com/doi/abs/10.1002/ps.4567

Van Wychen, L. 2018. "Survey of the Most Common and Troublesome Weeds in Broadleaf Crops, Fruits and Vegetables in the United States and Canada." *Weed Science Society of America*(blog). http://wssa.net/wp-content/uploads/2016-Weed-Survey_Broadleaf-crops.xlsx.

Vavílov, N.I. 1992. *Origin and Geography of Cultivated Plants.* New York: Cambridge University Press.

Venables, Robert W. 2004. *American Indian History: Five Centuries of Conflict and Coexistence.* Santa Fe, NM: Clear Light Publishers.

Vries, Femke T. de. 1991. "Chufa(Cyperus Esculentus, Cyperaceae): A Weedy Cultivar or a Cultivated Weed?" *Economic Botany* 45, no. 1: 27–37. https://doi.org/10.1007/BF02860047.

Waite, Kathryn J. 1995. "Blackley and the Development of Hay Fever as a Disease of Civilization in the Nineteenth Century." *Medical History* 39, no. 2: 186–96. https://doi.org/10.1017/S0025727300059834.

Walzer, M., and B.B. Siegel. 1956. "The Effectiveness of the Ragweed Eradication Campaigns in New York City: A 9-Year Study(1946–1954)." *Journal of Allergy* 27, no. 2: 113–26. https://doi.org/10.1016/0021-8707(56)90002-8.

Wang, Rong-Lin, Jonathan F. Wendel, and Jack H. Dekker. 1995. "Weedy

Adaptation in Setaria Spp. II. Genetic Diversity and Population Genetic Structure in S. Glauca, S. Geniculata, and S. Faberii(Poaceae)." *American Journal of Botany* 82, no. 8: 1031–39. https://doi.org/10.2307/2446233.

Ward, Sarah M., Theodore M. Webster, and Larry E. Steckel. 2013. "Palmer Amaranth(Amaranthus Palmeri): A Review." Weed Technology 27, no. 1: 12–27. https://doi.org/10.1614/WT-D-12-00113.1.

Watts, Meriel. 2011. "Paraquat." Penang, Malaysia: Pesticide Action Network Asia and the Pacific. http://wssroc.agron.ntu.edu.tw/note/Paraquat.pdf.

Wayne, Peter, Susannah Foster, John Connolly, Fakhri Bazzaz, and Paul Epstein. 2002. "Production of Allergenic Pollen by Ragweed(Ambrosia Artemisiifolia L.) Is Increased in CO2-Enriched Atmospheres." *Annals of Allergy, Asthma and Immunology* 88, no. 3: 279–82. https://doi.org/10.1016/S1081-1206(10)62009-1.

Webster, Theodore M., and John Cardina. 2004. "A Review of the Biology and Ecology of Florida Beggarweed(Desmodium Tortuosum)." *Weed Science* 52, no. 2: 185–200. http://www.wssajournals.org/doi/abs/10.1614/WS-03-028R.

Webster, Theodore M., and Harold D. Coble. 1997. "Changes in the Weed Species Composition of the Southern United States: 1974 to 1995." *Weed Technology* 11, no. 2: 308–17. http://www.jstor.org/stable/3988731.

Webster, Theodore M., and Robert L. Nichols. 2012. "Changes in the Prevalence of Weed Species in the Major Agronomic Crops of the Southern United States: 1994/1995 to 2008/2009." *Weed Science* 60, no. 2: 145–57. http://www.jstor.org.proxy.lib.ohio-state.edu/stable/pdf/41497617.pdf.

Webster, Theodore M., and Lynn M. Sosnoskie. 2010. "Loss of Glyphosate Efficacy: A Changing Weed Spectrum in Georgia Cotton." Weed Science 58, no. 1: 73–79. https://doi.org/10.1614/WS-09-058.1.

Weed Science Society of America "Composite List of Weeds." http://wssa.net/wssa/weed/composite-list-of-weeds/.

Weiner, J., and R.P. Freckleton. 2010. "Constant Final Yield." *Annual Review of cology, Evolution, and Systematics* 41: 173–92. www.jstor.org/stable/27896219.

Whaley, W.G., and J.S. Bowen. 1947. *Russian Dandelion(Kok-Saghyz): An Emergency Source of Natural Rubber*. Washington, DC: U.S. Department of Agriculture.

Whitney, G.G. 1996. *From Coastal Wilderness to Fruited Plain: A History of Environmental Change.* Cambridge: Cambridge University Press.

Wilbur, Robert L. 1963. "The Leguminous Plants of North Carolina." *Technical Bulletin/North Carolina Agricultural Experiment Station*, Tech. bul./North Carolina Agricultural Experiment Station; no. 151, 151: 294.

Wilcut, John W., Glenn R. Wehtje, Tracy A. Cole, T. Vint Hicks, and John A. McGuire. 1989. "Postemergence Weed Control Systems without Dinoseb for Peanuts(Arachis Hypogaea)." *Weed Science* 37, no. 3: 385–91. http://www.jstor.org/stable/4044727.

Willingham, Samuel D., Barry J. Brecke, Joyce Treadaway-Ducar, and Gregory E. MacDonald. 2008. "Utility of Reduced Rates of Diclosulam, Flumioxazin, and Imazapic for Weed Management in Peanut." *Weed Technology* 22, no. 1: 74–80. https://doi.org/10.1614/WT-07-074.1.

Wright, S.I., S. Kalisz, and T. Slotte. 2013. "Evolutionary Consequences of Self-Fertilization in Plants." *Proceedings of the Royal Society B: Biological Sciences* 280, no. 1760 (April 17): 20130133-20130133. https://doi.org/10.1098/rspb.2013.0133.

Wulf, Andrea. 2015. *The Invention of Nature: Alexander Von Humboldt's New World.* London: John Murray.

Yakkala, K., M.R. Yu, J.K. Yang, and Y.Y. Chang. 2013. "Adsorption of TNT and RDX Contaminants by Ambrosia Trifida L. Var. Trifida Derived Biochar." *Research Journal of Chemistry and Environment* 17, no. 4: 62–71. https://www.scopus.com/inward/record.uri?eid=2-s2.0-84880684950&partnerID=40&md5=284ce3c00b700a735c4535b2d5545536.

Yuan, Dawei, Ludovic Bassie, Maite Sabalza, Bruna Miralpeix et al. 2011. "The Potential Impact of Plant Biotechnology on the Millennium Development Goals." *Plant Cell Reports* 30, no. 3: 249–65. https://doi.org/10.1007/s00299-010-0987-5.

Zeisberger, David, A.B. Hulbert, and W.N. Schwarze. 1910. *David Zeisberger's History of the Northern American Indians.* Columbus, OH: Ohio State Archaeological and Historical Society. http://hdl.handle.net/2027/uiug.30112003956056.

Zhang, Yingxiao, Brian J. Iaffaldano, Xiaofeng Zhuang, John Cardina, and Katrina Cornish. 2017. "Chloroplast Genome Resources and Molecular Markers Differentiate Rubber Dandelion Species from Weedy Relatives." *BMC Plant Biology* 17, no. 1: 34. https://doi.org/10.1186/s12870-016-0967-1.

Zimdahl, R.L. 1989. *Weeds and Words. The Etymology of the Scientific Names of Weeds and Crops*. Ames: Iowa State University Press.

Ziska, Lewis H., Dennis E. Gebhard, David A. Frenz, Shaun Faulkner, Benjamin D. Singer, and James G. Straka. 2003. "Cities as Harbingers of Climate Change: Common Ragweed, Urbanization, and Public Health." *Journal of Allergy and Clinical Immunology* 111, no. 2: 290–95. https://doi.org/10.1067/mai.2003.53.

Ziska, Lewis H., Kim Knowlton, Christine A. Rogers, Dan Dalan, Nicole Tierney, Mary Ann Elder, Warren Filley et al. 2011. "Recent Warming by Latitude Associated with Increased Length of Ragweed Pollen Season in Central North America." *Proceedings of the National Academy of Sciences* 108, no. 10: 4248–51. https://doi-org.proxy.lib.ohio-state.edu/10.1073/pnas.1014107108.

Zohary, D., and M. Hopf. 2000. *Domestication of Plants in the Old World: The Origin and Spread of Cultivated Plants in West Asia, Europe, and the Nile Valley.* Vol. 2. Oxford: Oxford University Press.

감사의 말

*
*
*

일일이 언급할 지면이 모자라고 세세히 떠올릴 기억력이 부족할 정도로 많은 사람에게 신세를 졌다. 먼저 이 책이 세상의 빛을 볼 수 있도록 이 프로젝트를 지지해주고 나를 독려해준 코넬대학교 출판사의 키티 류 편집장에게 감사하고 싶다.

나에게는 최초이자 최고이며 오랜 물색 끝에 마침내 발견한 편집자 바버라 후키예의 애정, 지원, 열정이 아니었다면 이 책은 휴지 조각에 휘갈긴 낙서 신세를 면치 못했을 것이다. 후키예가 각 장의 초안을 세심히 읽고 친절한 조언을 건네준 덕분에 나는 자료 속에서 길을 찾고 새롭고 또렷한 시선으로 원고를 볼 수 있었다.

이 원고를 나의 형 팀에게 맡길 수 있었다는 것은 크나큰 행운이었다. 그가 꼼꼼하게 읽고 편집에 관한 제안을 하고 역사와 의학에 관한 오류를 바로잡아준 덕분에 즐겁게 작업할 수 있었다. 애정 어린 마음으로 주옥같은 조언을 아끼지 않은 두 딸 케이틀린과 몰리에게 무한한 감사를 전한다. 친숙하지 않은 주제에 과감히 도전한 대니얼 올리비에리와 제임스 F. 새서먼을 비롯해 도움을 주신 여러 교정자에게도 감사한다.

나는 시인이자 풍경 사진가인 존 홀리거와 함께 시골길과 들판에서 많은 시간을 보내며 잡초에 카메라 렌즈를 돌려보도록 그를 설득했다. 예술과 인생에 대한 그의 태도는 내가 잡초의 세계를 좀 더 명확하게 바라보고 이해하는 데에 도움이 되었다.

수많은 식물학 문헌 자료를 전산화하고 제공해준 총명한 분들의 노력 덕분에 이를 마음껏 가져다 쓸 수 있었다. 특별히 코니 브리턴, 플로리언 디크먼, 로라 밀러, 그웬 쇼트를 포함한 오하이오주립대학교의 사서들과 조지아 해안평야실험장 도서관의 덩컨 매클루스키, 그리고 도움을 준 필라델피아 자연과학 아카데미와 뉴욕 식물원의 관계자들에게 감사한다.

친애하는 두 동료 테드 웹스터, 벤 스티너와 출간의 기쁨을 함께 나눌 수 없어 몹시 애석하다. 그들의 우의와 식견을 충실히 담아내려고 노력했지만 직접 원고를 읽어주고 통찰을 보탤 수 있었다면 훨씬 더 나은 책이 되었을 것이다.

나는 많은 학계 동료의 아이디어와 통찰 덕분에 잡초를 새로운 시각으로 바라보게 되었다. 내 일정과 집필 방식에 알맞게 다양한 장소와 방법으로 일하도록 배려해준 오하이오주립대학교 원예작물학과의 짐 메츠거 학과장에게 특별히 감사한다. 잡초와 인간의 상호작용에 관한 연구 아이디어는 여러 사람에게서 얻었다. M.K. 안트위, 카트리나 코니시, 애덤 데이비스, 잭 데커, 토니 디토마소, 더그 두한, M.K. 자시마투, 프랭크 포셀라, 조너선 프레스네도-라

미레스, 켄트 해리슨, 댄 험스, 케이시 호이, 자히드 후세인, 파르윈 더 그리왈, 조지 케고데, 맷 클라인헨즈, 데이비드 클라인, 라몬 레온, 마크 룩스, 에드 매코이, 리처드 무어, 에밀리 레니에, 데비 스티너, 찰스 스완 등에게 감사한다. 대학원생들과 진행한 연구는 내가 이 책을 쓰는 자극제 역할을 했다. 그 연구가 행여나 그들의 진로에 걸림돌이 되지는 않기를 바란다. 특히 린 소스노스키, 스테파니 웨드릭, 로버트 갤러거, 징 루오, 마크 손, 브라이언 이아팔다노에게 감사한다. 모두가 탐낼 만한 최정예 연구 조교, 특히 캐서린 험스, 데니즈 스패로, 폴 맥밀런, 스티브 핸슨에게 기술적인 연구 지원을 받은 것은 큰 행운이었다.

실천적 문제와 철학적 관점에서 특별한 도움을 주고 공감해주며 끈기 있게 나의 선생님 겸 안내인이 되어준 여러 농부, 정원사, 농촌지도소 관계자 들께 감사한다. 내가 혹시 깜박해 언급하지 않은 분이 있다면 미리 사과드린다. 이야기에 언급된 분들께도, 사건의 서술에 어떤 식으로든 잘못된 부분이 있다면 미리 용서를 구한다.

지은이 **존 카디너** John Cardina

존 카디너는 오하이오주립대학교에서 농업경제학 학사 학위를 받은 후 평화봉사단 자원봉사자로 가나에서 2년을 보냈다. 귀국 후 버지니아공과대학교에서 사료작물학 석사 학위를, 펜실베이니아주립대학교에서 박사 학위를 취득했다. 조지아주 티프턴의 해안평야실험장에서 미 농무부 농업연구청 소속의 연구원으로 5년간 땅콩-옥수수-목화 재배 시스템을 연구했고, 1988년부터 오하이오주립대학교 농업경제학을 가르치고 있다.

카디너 박사는 침입 식물의 생태와 관리에서 생겨나는 문제들을 연구한다. 최근에는 새로운 작물의 개발, 작물 생산을 위한 지속 가능한 농업, 자연 시스템의 관리와 유지 보존에 관심을 기울이고 있다. 그는 잡초 종자은행, 잡초 개체군 역학, 식물을 이용한 환경 문제 해결에 관해 광범위한 저술 활동을 펼쳐왔다. 특히 식물과 인간의 상호작용, 사람들이 식물을 인지하고, 존중하고, 이용하고, 돌보는 방식에 관심이 많다.

옮긴이 **강유리**

성균관대학교 영어영문학과를 졸업하고 외국계 기업의 인사부서 근무 중 번역의 세계에 발을 들였다. 현재는 펍헙번역그룹에서 좋은 책을 발굴하고 우리말로 옮기는 일에 즐겁게 매진하고 있다. 옮긴 책으로는 『딸아, 너는 생각보다 강하단다』, 『굿바이 스트레스』, 『스타벅스 웨이』, 『탁월한 생각은 어떻게 만들어지는가』, 『나는 퇴근 후 사장이 된다』, 『크리에이터의 생각법』 등 다수가 있다. 베란다라는 작은 생태계에서 30여 종의 식물을 기르고 시행착오를 반복하면서 초록 친구들과의 행복한 공생을 꿈꾸는 1n년 차 식집사다.

아직 쓸모를 발견하지 못한 꽃과 풀에 대하여

미움받는 식물들

펴낸날 초판 1쇄 2022년 7월 8일
　　　초판 3쇄 2022년 11월 19일
지은이 존 카디너
옮긴이 강유리
펴낸이 이주애, 홍영완
편집장 최혜리
편집2팀 박효주, 홍은비, 김혜원
편집 양혜영, 유승재, 박주희, 문주영, 홍은비, 장종철, 강민우, 김하영, 김혜원, 이정미
디자인 윤신혜, 박아형, 김주연, 기조숙, 윤소정
마케팅 김지윤, 김태윤, 김예인, 김미소, 정혜인, 최혜빈
해외기획 정미현
경영지원 박소현
펴낸곳 (주)윌북 출판등록 제 2006-000017호
주소 10881 경기도 파주시 회동길 337-20
전화 031-955-3777 팩스 031-955-3778
홈페이지 willbookspub.com 전자우편 willbooks@naver.com
블로그 blog.naver.com/willbooks 포스트 post.naver.com/willbooks
페이스북 @willbooks 트위터 @onwillbooks 인스타그램 @willbooks_pub
ISBN 979-11-5581-495-6 03480